ちくま学芸文庫

所有と分配の人類学

エチオピア農村社会から私的所有を問う

松村圭一郎

筑摩書房

はじめに――「わたしのもの」のゆらぎ

「所有」という問いを考えはじめたのは、ふたつのささいな出来事がきっかけだった。最初にエチオピアの村に入ったとき、私は村の大通りに面した長屋を間借りして生活をはじめた。あるとき、長屋の大家が古ぼけたテープレコーダーをもってきた。私の部屋と大家の部屋とは裏の物置のようなところでつながっており、彼はいつもふらりと私の部屋にやってきた。

大家はカセットを入れる部分がむき出しになった壊れかけのテープレコーダーを机の上におくと、「日本の音楽でも聴いたらいい」と言う。急にどうしたのかと、いぶかしく思っていると、彼は机の上にあった私の短波ラジオを手にとり、「小さくて、いいラジオだよな」と言って、そのまま何やらつぶやきながら自分の部屋にもっていってしまった。一瞬、何が起きたのかわからなかった。たしかに彼は「貸してくれ」とも、「ちょっと聴かせてくれ」とも言わずに、私のラジオを自分の部屋にもちかえった。テープレコーダーを代わりにもってきてくれたのだから、と自分を納得させようとしたが、彼の行動への違和感をどうしても拭い去ることができなかった。

そして、その後、彼がそのラジオを自分の仕事場であるコーヒー農園にもっていったことを知って、さらに違和感は大きくなった。せめて自分がいるこの長屋のなかで聴くのならいい。それが私の目の届かない場所にもっていくとはどういうことだ。ほとんど怒りに近い感情を覚えた。「わたしのもの」なのだから、私の許可を得て使うのが当然だ。そんな気持ちが渦巻いていた。

よっぽど大音量で聴きつづけたのか、結局、ラジオは二、三日で電池切れになってもどってきた。私はすぐにラジオを自分のザックのなかにしまいこんだ。このあと、しだいに大家との関係がぎくしゃくしはじめた。彼は、ことあるごとに私がケチだと不平をもらしはじめた。やがて「貧乏外人!」と罵られるまでになった。

「わたしのもの」がまるで私のものではないかのように扱われてしまう。「わたしのもの」をめぐる感覚が、エチオピア人と私とでは違うのだろうか。もしかしたら、自分の認識がおかしいのかもしれない。ひとり悩む日々がつづいた。

日本でも似たような経験をしていた。卒論研究で訪れた沖縄県・八重山地方の黒島《くろしま》という島でのことだ。

あるとき、島で敬老会が催された。私は民宿からもたされた弁当を手に、中年の男性たちのテーブルに加わった。昼食の時間になっても、男たちはテーブルにそれぞれもってきた弁当をひろげたまま、誰も手をつけようとしない。まわりを見渡すと、老人たちは、配られた折詰を食べはじめている。なぜ、みんな手をつけないのだろうか。私は朝から何も食べておらず、お腹がすいてたまらなかった。ついにもってきた弁当を手にとり、ひとりで食べはじめた。テーブルを囲む男たちの驚いたような、きまり悪そうな視線を感じたものの、いったん取り出した箸をおくわけにはいかなかった。

　そして、私が自分の弁当をひとりでほとんど平らげてしまったころ、男たちはもってきた弁当や寿司などを中央に寄せあい、みんなでつまみあうようにして食べはじめた。「おいしそうな弁当、食ってたな」。ひとりの男性の皮肉まじりの言葉で、やっと気がついた。

　自分の弁当を自分だけで食べてはいけない。「わたしのもの」を私が独り占めしてはいけない。自分があたりまえだと思っていた感覚が島ではまったく逸脱した行為だったことにショックを受けた。ずいぶんあとになってからも「おまえ、あのとき弁当ひとりで食ってたやつだろ」と言われて恥ずかしい思いをした。いまでもあのときのことを思い出すと、みぞおちのあたりにほろ苦いものがひろがる。

　同じ日本という国に生きていながら、私と黒島の人びととでは「所有」の感覚が違うのではないか。人口二〇〇人あまりの小さな南の島に、独特の「所有観」が残っている。そんなことを想像しながら、黒島の牧場に住み込んで働いていた[1]。

　エチオピアと沖縄で遭遇したふたつの出来事。それは、いずれも「わたしのもの」という感覚がゆらいでしまう経験だった。これまでのエチオピアの農村部での調査は、ある意味、あのときの「違和感」や「ずれ」に自分なりに答えを出そうと考えつづけてきた過程でもあった[2]。

*　*　*

エチオピアでの調査は、手探りからはじまった。最初は、放牧されている牛のあとをついてまわって数をかぞえたり、村の土地利用図をつくるためにGPSを片手に藪のなかにかきわけていったり、そんな調査で月日が流れた。私と彼らとのあいだで「所有」についての何かが違うことは強く感じながらも、それがいったい何なのか、うまく理解することができなかった。どうやってその問いの糸口をみつければいいのか、見当もつかなかった。「所有」というテーマの漠然としたひろがりに、ただ時間だけが過ぎていった。

それでも、たびたび日本とエチオピアを往復するうちに、私自身がしだいにデータをとるための「調査」という型から解き放たれていくようになった。村人とともに日々を過ごす。そんな時間が積み重なっていくと、何かをこちらの尺度から「調べる」のではなく、人びとの暮らしのささやかな営みに目が向きはじめる。畑を耕す牛、畑からとれる穀物、その穀物を入れる袋、庭の果物や野菜、台所道具、店にならぶ商品。気がついてみれば、村の生活のありとあらゆるモノが、この「所有」という問いとつながっていた。

朝、目が覚めると、家のまわりでは、女性たちのこんな声が響きわたる。

「ちょっと火はある？　もらっていくわよ」

「昨日もっていったうちのおたまはどこなの？　使うから、返してよ」

「お母さん、この麻袋は誰のものなの？　使っていいかしら？」

昼間、ひとり家にいると、こっそりと隣のお母さんが台所に入ってくる。

「ちょっと、お皿、もっていくわね」

屋敷地のなかのモノは、次つぎに女性たちの手にわたる。そして、次の朝には、「うちの皿がないわよ！　黙ってもっていったでしょう？　返してよ！」と、またモノがもとの場所にもどっていく。


人びとは、それぞれのモノを誰かのものとして位置づけあい、よくそのモノの所在をめぐって言い争っていた。モノが誰かのものとされたり、ほかの誰かの手に渡ったりする。このことを人びとはどう考え、いかに行動しているのか。身近な場所で展開するミクロな行為の現場に目を向けることで、しだいに所有という問いの糸口がみえてきた。ただし、それは「所有感覚が異なる」といった最初の直感とは、まるで違うものになりそうだ。ここでは、「所有」を成り立たせているものの違い、とだけいっておこう。

この「わたしのもの」という問いは、いまの世界を見渡してみると、重大な問題につながっている。二〇〇六年一二月、国連大学の世界開発経済研究所がこんな調査結果を発表した。

「世界の成人人口の二%の富裕層が、世界の富の五割以上を保有している。〔中略〕二〇〇〇年現在、成人人口の一%の豊かな者で、世界の富の四〇%を保有し、一〇%ですべての富の八五%を保有している。逆に、成人人口の貧しい半数で、世界の富の一%を分けあっている」〈3〉。

＊　＊　＊

長い歴史のなかで、ひとは「わたしのもの」という寓話をくり返し語りつづけてきた。この土地は「われわれのもの」、川から向こうは「彼らのもの」、彼らを打ち負かせば、それは自分たちのものになる。最初は誰のものでもなかった土地を、そしてそこから生み出される富を「誰かのもの」にしてきた。そしていま、みんなが自分のものだといって手にしているものを目のあたりにして、愕然としている。なぜ世界の一割の人間で全世界の八割を超える富を独占するようになったのか。どうしてそれが正当なものとして認められているのか。誰にもわからなくなっている。

「所有」が問題となるのは、土地や資本のようなわかりやすい「富」だけではない。とくに科学技術の発達やグローバル化の進展は、これまでけっして問題にならなかった「所有」をめぐる問いをわれわれに突きつけている。それは、知的財産であり、身体あるいは命の所有という問いである。

デジタル化された音楽や映像は、インターネット上で簡単にコピーされ、世界中に拡散する。著作者の所有権はどこまで認められるのか。そもそも、それをどれほど強制することができるのか。エイズ治療薬を開発した製薬会社は、その薬の生み出す利益と製造方法への排他的な権利をどの程度まで認められるべきなのか。安価なコピー薬をつくることは、その権利を侵害する不法行為なのだろうか。自分の臓器を他人に売却したり、他者の臓器を購入したりする行為は、倫理的に認められるのか。国内では禁止されている臓器の売買を、日本人が海外で行なっている現実にどう向きあったらよいのか。

現在、われわれは、こうしたさまざまな「所有」をめぐる問いを考えなければならない時代に生きている。なかでも、「わたしのもの」を最大限に個人に帰属するものとして扱う「私的所有」という原則については、学問の垣根を越えた大きな問いになっている。「わたし」は、「わたしのもの」に対する排他的な決定権をもつ。この私的所有権は、現在、多くの社会で基本的な自由を守る権利として受け入れられている。ただ、私的所有という概念が、さまざまな新しい「所有」をめぐる問いに対して、どれほど有効で、そして、はたして正当なのか、答えはでていない。

「わたしのもの」をめぐる問いかけは、社会のあり方そのものを考え直す問いでもある。「わたしのもの」は、いったい誰のものなのだろうか？　それは、どこまで「わたしのもの」でありうるのか？

この小著で、あまり壮大なテーマに真っ向から挑むことはできない。いま私にできるのは、エチオピアのひとつの村における「富の所有と分配」という問いを考えていくことだけだ。ただ、それを通して、「誰かのもの」にしてしまう「所有」という装置が現実の場面でどのように生成しているのか、どういう手順をへてそれが「誰かのもの」になってきたのか、その過程をつぶさに描いていきたいと思っている。

エチオピア農村社会の民族誌という小さな針の穴から、われわれの世界の「所有」のあり方を見通してみる。それは、「私的所有」という命題へのささやかな挑戦でもある。

目次

所有と分配の人類学——エチオピア農村社会から私的所有を問う

【凡例】

1．本文中のローカル・タームは，イタリック体になっている。原則として調査地域の多数派であるオロモ語（表記法 *qubee*）で表記し，アムハラ語の語彙のときには（Am.）と明示している（アムハラ語の第一母音から第七母音までは次のように表記する。1st *ä*; 2nd *u*; 3rd *i*; 4th *a*; 5th *e*; 6th *ə*; 7th *o*）。アムハラ語とオロモ語ともに同じ語彙が使われている場合は，（Am./Or.）と記す。

2．「人名」・「地名」・「クラン名」・「民族名」など固有名詞の表記にあたっては，とくに何語由来であるかが重要でない場合，あるいは明確でない場合は，いずれも先頭を大文字にしたアルファベット表記とする。この場合，イタリック体にはなっていない。

3．エチオピアでは，9月11日（あるいは12日）を新年としてグレゴリオ暦と7～8年ずれのある暦が使われている。本文中では，聞き取りなどで得られたエチオピア暦（EC）の年号は，基本的にグレゴリオ暦に換算して表記している。たとえば，エチオピア暦の1991年は，「1998/99年」となる。

4．本文中で用いるエチオピアの通貨単位ブル（birr）は，調査期間中（1998～2006年）のレートで日本円に換算すると1ブル（=100サンティム）=約13～15円。また，調査地域で土地の面積などを示す単位は，1チャバ（*caba*）=4ファチャーサ（*facasa*）=1.44 haである。

5．事例などの会話文や引用文中の〔　〕は，筆者の補足説明を示す。

序　論

第1章　所有と分配の人類学

所有という問題を考えるとき、われわれはつねに「法」のパラダイムにつきまとわれる。たとえば、ある土地の所有体制は、「私的所有」なのか、「共同所有」なのか。その土地への権利は、「収益権」なのか、「所有権」なのか、そこには「可処分権」はあるのか。慣習では、その土地の所有についてどんな「規則」が定められているのか。「権利」や「規則」という言葉で想定されている「法」というシステム、あるいは論理から、われわれはなかなか自由になれない。この第1章の大部分は、所有という問いをこうした「法」という制度からとらえることの限界を論証し、それを超えるあらたな視点を模索する試みにあてられている。

まず、人類学を中心に所有という問題が、いかに「法」のパラダイムでとらえられてきたかを概観していく。とくに所有論のなかで基本的な財産として中心的に議論されてきた土地所有に関する先行研究をたどる。すると、土地の所有という問いが、長いあいだ、財産所有を支える「概念」の問題として、そして土地への「権利」をかたちづくる「制度」の問題として論じられてきたことがわかる。さらに、狩猟採集民研究における富の所有と分配に関する議論を振りかえり、そこでも権利構成の違いとしての所有というとらえ方が優勢になっていることを示す。また、農村研究においては、富の所有や分配という行為が、農村社会の文化的な特質や志向性に根ざしていると論じられてきたことを示す。こうした所有と分配をめぐる人類学の先行研究をふまえたうえで、本書がそれらの視座を克服する試みであることをあきらかにする。

1 「土地所有」という問い――制度から交渉へ

財産所有の進化論

人類学において、財産の所有というテーマは歴史が古い。モーガンの『古代社会』のなかでも、財産をめぐる所有観念の発達は重要なエッセンスのひとつであった。

「蓄積された生活資料の代表としての財産の所持に対する熱情は、野蛮状態における零《ゼロ》に始まり、いまや文明種族の人間精神を支配するにいたった」[モルガン 1958/上(1877): 21]。

そこでは、財産という観念自体が文明の開始を告げるものであり、その所有形態の段階が進化の指標とされた。なかでも「土地」の所有については、ひとつの図式がくり返し示されている。それは土地の「共同所有」から「私的所有」への漸進的進化という図式である。モーガンは、「未開時代の下期の終わり」に生じた土地保有の変化として、古代アテネやローマ社会で公有地や私有地といった複数の所有形態が並存していたことを指摘しながら、諸部族間の共有から、氏族員間での分割、単独の個人的所有権の成立へと歴史的に発展してきたと論じた〈1〉。

モーガンのこうした議論は、エンゲルスによってさらに洗練される。エンゲルスは、『家族・私有財産・国家の起源』で、モーガンの進化論的枠組みが「マルクスと同一の結論に到達した」唯物史観であるとして、土地や財産の共産制的な「共同体所有」から「私有財産制」への移行が、氏族制度の崩壊、商品経済や社会的分業の進展、国家の発明といった歴史過程において生じてきたことを示した［エンゲルス 1965(1891)］〈2〉。

モーガンやエンゲルス、あるいはマルクスなどによって、こうした図式が提示されてきた背景を理解するためには、その文明批判としての意味を無視するわけにはいかない。モーガンは「財産がその究極目的である」ような社会情勢を次のように批判している。

「人間の知性が財産を支配するまで高められ、国家とその保護する財産との関係、そして、それとともにその所有者の義務と権利の限界を定める時が来るであろう。社会の利益は個人的利益に優先する。そしてこの両者は正当でかつ調和ある関係にもたらされなければならない。〔中略〕それは古代氏族の自由、平等および友愛のより高度の形態における復活であろう」［モルガン 1961/下（1877）：389–390］。

このモーガンの宣言は、エンゲルスの『家族・私有財産・国家の起源』の結びにそのまま引用されている。資本主義の浸透にともなう階級搾取の深刻化という社会状況において、古代の「共産制共同体」による財産の所有形態は、「私的所有」の問題性を浮かび上がらせる対概念としての役割を担わされていた〈3〉。

このモーガンの研究とマルクス主義との結びつきについて、ブロックは、マルクスとエンゲルスが、少数の者に生産手段が独占される資本主義の出現という歴史的性格をあきらかにするために、私的所有権が存在しない先行段階の存在を強調しなければならず、そこでヨーロッパの資本主義制度と全面的に対立するシステムの存在を示したモーガンの研究に依拠することになった、と指摘している［ブロック 1996（1983）］。

思想史的にも、人間社会の原初的な土地所有形態として共同体所有を想定する立場は、私的所有の正当性を主張してきたロック以来のリベラル・パラダイムに対抗するひとつの流れとなっていった〈4〉。

所有概念の相対化

人類学の研究が進むにつれて、モーガンやエンゲルスの単線的な進化論や「共同所有」と「私的所有」の二項対立的な所有形態の図式は批判にさらされていく。人類の原初的な所有形態には、多様なタイプが存在する。人類学者によって記述されていったのは、西洋の所有概念とは同一線上で語ることのできない「未開社会」の特異な所有のあり方であった。マリノフスキーは、トロブリアンド諸島におけるカヌーの所有について論じるなかで、「純粋の個人所有と共有制とのあいだには、あらゆる中間混合型や組合せが存在する」と指摘し、次のように述べている[5]。

「所有という語にわれわれ自身の社会が与えている一定の意味あいでこの語を使うのは、重大な誤りである。というのは、この意味内容は、われわれの社会のように、高度に発達した経済、法律の条件が存在することを前提とするのであるから、われわれが使う「所有する《オウン》」という語は、現地社会に適用しても意味をなさない。もっとわるいことに、このような適用をすると、たくさんの先入観念がわれわれの記述にそっとはいりこんできて、住民たちの間の実態を説明するまえに、読者の見方を曲げてしまうからである」[マリノフスキー 2010(1922):165]。

西洋の所有概念をそのまま他の社会に適用することはできない。この主張は、人類学者によってくり返し唱えられてきた。とくにアフリカを調査する人類学者によって提示されたのは、ひとつの土地に対して同時に複数の「権利」が結びつけられている、独特な所有のあり方だった〈6〉。たとえばグラックマンは、アフリカのロジ社会を事例に、土地に対して、それを利用する者から、家族や村、国家の代表へとそれぞれの身分に応じた「権利の束」が重なりあう「領有地の階層性 hierarchy of estate」という概念を示した［Gluckman 1965: 36-42］。このグラックマンの概念は、アフリカの典型的な土地所有のあり方として、大きな影響力をもつことになる。

ナイジェリアのティブについて研究したボハナンは、さらにふみこんで「土地保有 land tenure」という概念そのものが西洋社会とは異なると論じた［Bohannan & Bohannan 1968］。ティブ社会では、父系リネージにおける立場や変化する毎年の必要量に応じて、「土地」を「ゴムシート」のように伸縮するものととらえている。そして、複合居住地（コンパウンド）の長、成人男性、その妻といった者たちが、それぞれ系譜上の権利として、ひとつの畑に対して耕作期間だけ継続して耕すための「耕作保有権 farm tenure」をもっている。ボハナンは、それが土地を固定的な準拠点として社会組織を変化させる西洋の観念とはまったく逆の「民俗地理学 folk geography」であるとした〈7〉。

人類学的研究の多くは、西洋の所有概念が特殊なものであり、未開社会にはそれとは別の所有概念、あるいは土地や社会組織への異なるとらえ方にもとづいた土地所有がみられると指摘してきた。当時のアフリカの土地所有に関する研究について、シプトンは次のようにまとめている。

「アフリカの土地所有は、共産主義的でも個人主義的でもない。土地への重層的で連動的な権利は、人びとが社会的な構造と考えるものの一部であり、親族や官僚階級、年齢階梯などの原則のまわりに織り込まれている。この事実は、アフリカの土地所有のエッセンスだと長いあいだ考えられてきた」[Shipton 1994: 349]。

しかし、「共同所有」と「私的所有」という単純な図式から脱却し、西洋の所有権概念ではとらえられない「所有」のあり方を描くことは、同時にアフリカにおける土地の所有を「慣習法」といったエキゾチックな「もうひとつの制度」として固定的にとらえるものでしかなかった〈8〉。ティブ社会の「民俗システム」を示したボハナンにしても、その土地所有の記述には、権利や規則といった「法」にまつわる用語がちりばめられている。たしかに西洋の所有権とは内容が異なるものの、そこには権利と義務を定めるある種の制度が存在し、人びとはその制度的秩序にしたがって生活していることが含意されていた〈9〉。

一九七〇年代以降、このように土地所有を固有の所有概念とそれにもとづく制度化された構造としてとらえる見方は、構造内の複雑な要素間の関係や変化するプロセスを重視する視点によって批判されていく。なかでも法人類学の研究は、「法」そのものの複合性や流動性を指摘することで、「慣習法」として実体化されてきた土地所有の問題に対してもあらたな視点を提起するものであった。

所有の多元性と流動性への視点

法人類学の体系的な理論をまとめたポスピシルは、すべての社会には複合的な法システムと法レベルがあることを指摘した［Pospisil 1971］。家族からリネージやコミュニティ、国家にいたるまでそれぞれのサブ集団はそれぞれの法をもっており、そのなかで個人が違うレベルの規則に同時にしたがうこともあれば、その規則自体が争われたり、同じレベルのサブ集団の規則が異なっていたりすることもある。この議論は、「法」が社会を覆いつくす単一の慣習制度として存在する、という単純な図式を克服するものであった。

ムーアの研究は、このポスピシルの議論をふまえたうえで、さらに流動性やプロセスを強調している［Moore 2000(1978)］。彼女は「部分的な秩序と部分的なコントロール」に焦点をあて、その「法的なコントロールが、一時的で、不完全で、その結果は完全には予想しえない」不確定性に満ちたものであることを指摘した。彼女は、タンザニアのチャガ社会における土地所有の変化をとりあげ、国家の法的な変化とローカルな場における慣習法との相互関係を理解するモデルとして、「半自律的な社会フィールド semi-autonomous social field」という概念を提示した〈10〉。

このムーアの観点は、国家の法という大きな構造のなかに、それぞれの規則をもった小さな構造が生成し、大構造が小構造に影響を与えるというよりは、むしろそれらが相互に作用しあって予想できない結果を招くことを強調するものであった。それは、一元的な法に統治された社会秩序という観念そのものへの挑戦だともいえる。ただ、すべての「半自律的な社会フィールド」が何らかの規則を生み出す領域を維持しているという意味では、ローカルな場での土地所有がある種の「法」によって規定される枠組み自体は維持されている。

その後、アフリカにおける土地所有という問いは、さらにダイナミックに流動する過程をとらえる方向へと進んでいく。旱魃や食糧危機、内戦、国家政策や開発プロジェクトの影響、農業の社会主義化や私的所有権の導入、人口密度の高まり、商業資本主義の浸透。一九八〇年代以降のアフリカにおいて、土地所有は、こうした急速に変化するコンテクストのなかで論じられる現代的テーマになった［Downs & Reyna 1988; Shipton & Goheen 1992; Bassett & Crummey 1993; Shipton 1994］。

土地をめぐるさまざまな要素は、複雑に絡みあい、流動的に変化し、予想しがたい結果をもたらす。ベリーは、ムーアも指摘したような不確定な状況において、アフリカの人びとが社会関係のネットワークを駆使しながら、いかにあいまいな国家の法や規則、慣習といった制度を再解釈し、交渉し、操作してきたのか、その歴史過程を分析している［Berry 1993］。土地所有をめぐる「法」は、秩序をもたらす根拠というよりも、交渉・操作されるべき対象になった〈11〉。

ベリーは、アフリカの複数の事例をもとに、植民地期や独立後の土地政策をめぐる過程を分析し、こうした規則と社会関係の「交渉可能性」がアフリカ社会の根本的な特徴のひとつであると論じた［Berry 1993］。ムーアたちによって批判された法の一元的秩序という観点は、ほとんど原型をとどめないほどに解体されることになった。

この論調の背景には、アフリカにおいて国際機関や援助国などのイニシアティブで進められた私的所有権の導入や土地登記の普及といった政策が、ことごとく期待された結果をもたらさなかったことへの失望や不信感がうかがえる［Moore 1998］。ある意図をもって定められたり、生起したりする規則そのものよりも、それを解釈したり、再編成したり、操作する個人や集団のあり方に、ますます目が向けられるようになった。そこでキーワードとなっているのは、「交渉 negotiation」という言葉である。

「すべてにおいて鍵となる言葉は、〈交渉〉というものである。われわれはつねに交渉している。たとえ交渉しているつもりはなくとも。いかなる対立する社会的状況においても、どんなに瑣末にみえるものであれ、破壊や服従、抵抗や支持、回避や確認、逸脱や説得、これらの行動はすべて特定の秩序を（再）交渉する方法である。この観点において、所有権は、〈もの〉へのアクセスやその利用、コントロールに関わる人びとの社会的関係が、同時にこれらの社会関係の再構築と転換における規則化と状況的な調整の過程を構成しているような、ひとつの領域と考えることができる」[Juul & Lund 2002: 4-5]。

たしかに、マクロなレベルにおいても、ミクロなレベルにおいても、「交渉」がきわめて重要であることは間違いない。本書でも、所有をめぐるさまざまな交渉の過程をとりあげる。しかし、たんに「交渉されている」というだけでは、われわれは所有のあり方を理解する足場を失ってしまう。「交渉」は過程そのものであって、分析のための枠組みではないからだ。さらに重要なことは、「交渉」という言葉では、交渉の主体のあいだに潜んでいる権力関係が中和されてみえなくなってしまう。土地や富の所有をめぐる相互行為には、対等な関係を示す「交渉」という語ではとらえきれない「力学」が潜んでいる。個人の操作や交渉がどのような「力」にもとづいて行なわれているのか、そのことのほうがむしろ所有を考えるときに大切な視点になる。「法」の概念と「所有」との関係をきちんと整理することなく、それらをすべて「交渉」の産物にしてしまうのは性急であろう。少なくとも、その「交渉」がどのような力学のうえで成り立っているのか、その枠組みをあきらかにする必要がある。

「共同所有」と「私的所有」という所有形態の議論から、「権利の束」といったエキゾチックな所有の表象にいたり、近年、制度としての土地所有という問題設定は、動態的な分析の視点によって解体されはじめている。本書では、「所有」という現象を分析する足がかりをとりもどすためにも、これまで無批判に使われてきた「権利」や「規則」という概念を再検討することで、土地や富の所有をとらえるあらたな枠組みを模索していく。その前に、「富の所有と分配」に関する人類学の先行研究の議論についてもたどっておきたい。

2　所有と分配の人類学

狩猟採集民研究における所有と分配

富の所有と分配をめぐる問題は、とくに狩猟採集民研究を中心にして、いまでも大きなテーマとして議論されている［岸上 2003；北西 2004；竹内 2001；丹野 2005；寺嶋 2004］。狩猟採集社会では、獲得された食物が平等に分配されている。なぜそれほど頻繁に分配が起きるのか、その平等主義を支えるものは何なのか、長いあいだ議論がつづいてきた〔12〕。

狩猟採集民の研究が本格化したのは、一九五〇年代以降のことである。リチャード・リーらの研究は、狩猟採集民社会において、平等主義的システムにもとづいたバンド内での食物分配がひろくみられることを指摘した［Lee & DeVore 1968］。そこでは、資源への排他的な権利が確立されておらず、個人が私有財をもつことはほとんどない。こうした視点の背景には、モーガンやエンゲルスの「原始共産制」のイメージが垣間みえている。サーリンズは、『石器時代の経済学』のなかで、さまざまな狩猟採集民研究を引用しながら、次のようにまとめている。

「あえていえば、狩猟民は《非経済人》にほかならない。〔中略〕彼の欲求は稀少であって、その手段は（相関的に）潤沢である。したがって彼は、「物質的重圧から比較的に自由」で、「なんの占有欲」もなく、「所有意欲が未発展」で、「物質的切迫にまったく無頓着」であり、テクノロジー装備の開発にはあきらかに「関心を欠いて」いる。狩猟民のこの世の財にたいするこの関係こそ、巧妙かつ卓越した要点なのである」［サーリンズ 1984（1972）: 23］。

このサーリンズが描いた狩猟採集民像では、彼らがまったく富を所有することに無頓着であるからこそ、食物がみなに分配される、といった説明になる。しかし、その後の人類学者の調査によって、狩猟採集民が食物などの富の所有や分配に対して強いこだわりと細やかな配慮をみせていることが指摘されるようになった。つまり、富を個人的に所有しないのではなく、個人が富を独占しないよう社会のなかで周到に働きかけることで、平等な分配が達成されているのである［市川 1991］〈13〉。

なかでもウッドバーンは、ハッザやクンなどの研究をもとに、彼らが獲物に対して単一の所有権という観念をはっきりと保持していることを示している。しかし、そのことが肉の分配などから他者を排除する「排他的所有」にはつながっていない［Woodburn 1998 : 51］。さらにウッドバーンは、この平等主義はすべての狩猟採集民社会の特徴ではなく、労働・収穫・消費のサイクルが短い即時リターン経済をともなった社会の特徴であると論じた［Woodburn 1980］。遅延リターン経済の社会では、わなの設置や貯蔵施設など生産プロセスにおける投資を必要としているため、これらの投資が排他的な権利の焦点となりうる。

いずれにしても、現在の狩猟採集民研究においては、西洋的な所有権のあり方とは異なるものの、権利としての所有にもとづいて平等社会が成立していることが論じられるようになった。とりわけ、インゴルドらが編集した『狩猟採集民――所有・権力・イデオロギー』は、そうした明確な視点に貫かれている。その序論には、次のような記述がある。

「われわれは、所有権が根本的であるという考えをもっている。すなわちこれらの社会では、財産への権利を通して、そしてそうした権利とつながるイデオロギーを通して、平等性と不平等の構造がつくられ、維持されていると考えている」［Barnard & Woodburn 1988: 10]。

「所有権」が根本的な分析概念であることがはっきりと宣言されている。狩猟採集社会の所有についての議論でも、「共同所有」なのか、「私的所有」なのか、という二項対立的な議論が行なわれてきた。こうした二元論を乗り越えたうえで、平等主義的な分配という現象をその社会で設定されている所有権にもとづいて議論していく姿勢が表明されているのである。[14]これは、原始共産制のように、狩猟採集民を所有権のない社会としてとらえることへの明確なアンチ・テーゼであった。この方向性は、土地所有の議論が進んできた道のりとも重なっている。

しかし、そこには大きな違いもある。「土地」は、植民地支配や国家建設の基盤となるきわめて政治的な富であった。一方、狩猟採集民がバンド内で分配するような富は、国家など外部世界にとっては、とるに足らないものでしかない。もちろん、それが政治的な大きな枠組みで争点となることはない。現在の土地所有をめぐる議論が、国家の政策や開発援助といった不確実性にみちたマクロな影響を考慮に入れなければならないのに対し、狩猟採集民における富の所有や分配の問題は、閉じた社会的条件のなかで議論が進められてきた。そのため、分配方法を規定する「権利」や「規則」という静態的な「法」の枠組みが優勢になっている。

農村研究における富の分配

農村研究における富の分配の問題は、こうした狩猟採集民研究とは、やや異なる視点から論じられてきた。所有観念の有無や所有権の問題というよりは、むしろ農民の文化慣習や行動規範に関連づけて議論されることが多かった。

たとえばギアツは、人口増加とプランテーション経済というふたつの圧力にさらされた植民地期のジャワ農村社会において、限られた経済的パイを細分化することで社会経済的な同質性が維持されてきたことを、「農業のインボリューション」と「貧困の共有 shared poverty」という言葉で表現した［ギアーツ 2001（1963）］。これは同質的な土地所有の全体構造を変化させることなく、分益小作制の精巧化と拡張によって、労働の分散と生産物の分配をはかるものであった。ギアツは、こうした農業の特質が、ジャワ農村の伝統的パターン全体の輪郭が維持され、ある面では強化されてきた結果であると指摘している［ギアーツ 2001（1963）：142–4］。

スコットは、こうした農村社会における富の平準化を「モラル・エコノミー」としてとらえた［スコット 1999（1976）］。東南アジアの農村共同体においては、村内のすべての家族が最低限の生活を保障されるべきだという原則が共有されている。こうした原則のもとで互酬的な交換が行なわれ、一種のインフォーマルな社会保障がかたちづくられている。

アフリカの農村社会研究においても、こうした「モラル・エコノミー論」の視点を共有するものは多い。なかでもハイデンは、アフリカの小農的生産様式のもとでは、彼が「情の経済 economy of affection」と呼ぶ、血縁・地縁にもとづいた紐帯や互酬的交換のネットワークが形成されていると指摘している［Hyden 1980］〈15〉。そこに共通しているのは、共同体・親族・村といった社会関係の親密な場では、お互いの生存を維持するために食物を融通しあう互酬的な「モラル／倫理／情」が育まれている、という認識である。

農村社会の富の平準化について農民の「認識的志向性」に注目して論じたのが、メキシコで調査を行なってきたフォスターである［Foster 1972, 1988］。彼は、農民たちが「限られた財（善）のイメージ the image of limited good」をもっており、誰もが小さなパイの共有のバランスを壊すことを恐れているという。土地や富といった欲望の対象はつねに限られており、ある者が豊かになると、ほかの誰かの本来もつべき富が奪われたことになる。モラル・エコノミー論の相互扶助的なイメージとは対照的に、人びとは猜疑心が強く、相互に協力することがない。成功した者には妬みと敵意をあらわにし、悪い噂を流すなどの制裁をくわえて、経済的な差異が生じないようバランスを保持しようとする。

描かれている農民像はそれぞれ異なるものの、これらの議論は、富の分配がその社会の文化的な特質や志向性に支えられている点では共通している。しかし、こうした「文化」にもとづいた説明が、どの程度まで地域固有のもので、どれほど他の社会にも適用可能なのか、そしてその「文化」がどういう背景で成立してきたかは、かならずしも明確ではない［Cancian 1989］。

たとえば、ギアツの指摘する分益小作制の精巧化と労働の分散による資源制約への対応は、エチオピアの調査地でもひろくみられる（第7章で詳述）。またフォスターのいう「成功した者への妬みや敵意」という傾向も、同じようにエチオピアでは顕著である（第4章）。ギアツがジャワ文化の特質として描いたインボリューション、モラル・エコノミー論が「農村共同体」の性質として指摘した互酬性規範、そしてフォスターが「ペザント文化」の行動原理として指摘した認識的志向性、これらは、いずれも文化的に均質な農村社会、そして伝統的な価値観を共有する共同体や農民の特徴として描かれている。しかし、こうした特徴は、商品作物を栽培する移住村のような村落ではみられないことなのか、多様な文化を内包する都市的社会にはあてはまらないのか。市場経済や賃労働への依存を高め、都市と農村を越えた人口移動も活発になっている今日の世界において、農民の経済行動を農村社会の文化的特質をもとに説明する視点は、その方法論的な見直しを迫られている［Roseberry 1989］。

本書では、商品作物の栽培が浸透し、さまざまな民族が流入してきたエチオピアの農村の事例を検討する。大きな変化の途上にある現代的な農村社会を対象とすることで、これまで伝統的な狩猟採集社会や農村共同体という枠組みで議論されることの多かった富の所有や分配という現象を、人びとの実践のプロセスから動態的にとらえなおしていく。

とくに、大きな政治経済の変動を経験してきた農村社会で土地から得られる富がいかに分配されているのか、分配される生産物のなかで自給作物と商品作物がどのような関係にあるのか、多民族化してきた社会で土地や作物といった富の所有や分配がどのようなプロセスで遂行されているのか、考えていきたい。このように富の分配に注目することは、じつは土地所有を考えることと密接なつながりをもっている。

エチオピアの農村で土地所有について調べていくうちに、土地を誰がどのように使うのかという「利用」と、生産された作物が誰のものになるのかという「分配」、このふたつをあわせて考える必要があることに気づかされた。土地は「利用」しなければ価値を生み出すことはない。そして土地からつくり出される富は、ときに人に分け与えられたり、自分たちのものとして蓄積されたり、売られたりする。「所有」の焦点となる「富」はかたちをかえながら、多くの人びととの関係を通して流れていく。だからこそ、土地にもとづいた「富」が誰の手に渡っていくのかという「所有」・「利用」・「分配」のそれぞれの局面は、人びとの細かな配慮や抜け目ない思惑が絡みあう場となる。

土地を所有すること、土地を利用すること、土地がもたらす富を分配すること、これらは「所有」という現象のまわりに分かちがたく連関している。本書でも、第Ⅰ部では「分配」、第Ⅱ部では「利用」、第Ⅲ部では「所有（の歴史性）」にそれぞれ軸足をおきながら

「所有」という現象を浮き彫りにしていく。分配や利用との関係をふまえながら「所有」という問いを考えるには、どういった枠組みから分析していけばよいのだろうか。キーワードになるのは、「権利」ではなく、「権威の所在」という視点である。

次の節では、所有をめぐる用語上の問題を整理したうえで、なぜ「権利」ではなく、「権威の所在」に着目するのか、論じていきたい。そこには三つの論点がある。①なぜ、どういう意味で「所有」という言葉を用いるのか。②「所有」を概念上の問題として分析することの限界。③「所有」を「権利」という法のパラダイムで語ることの限界。

3 制度・権利・交渉――「所有」を問いなおす視座

所有概念のねじれ――「土地所有」と「土地保有」

人類学の調査を日本語の論文にするとき、われわれはつねに二重にねじれた「翻訳」の問題にぶつかる。欧米の研究者が用いる英語などの（あるいはそれが日本語に翻訳されたうえでの）分析概念、そして現地の人びとの言葉であらわされる現象。これらをどのような日本語の語彙で表現することが適切なのか、とてもやっかいな問題である。まずこの用語上の問題を少し整理しておきたい。

所有というテーマに興味をもちはじめて以来、ずっと悩まされてきたのが、英語の

〈property〉の訳である。一般的に、〈property〉は「財産」を意味するが、抽象的な概念としては「所有」という語をあてたほうが適切な場合も多い。また、英語の〈property〉は、「固有の」という形容詞〈proper〉に由来しており、それが私的所有の根底にある「固有なる自己」という人間像と結びつけられてきた。[16] しかし、日本語の「財産」や「所有」には、そうした語義は認められない。〈property〉が日本語の「財産」ないし「所有」におきかえられたとしても、それらが完全に同一の意味になることはない。

ほかにも、英語には〈property〉と関連したさまざまな用語がある。たとえば、〈possession〉〈holding〉〈tenure〉〈own（ownership）〉といった複数の用語が、人が財産をもつことに関係する言葉として使われている。日本語では、それぞれ「占有」、「保持」、「保有」、「所有（権）」などの訳があてられるものの、まったく同一の概念としてきちんと対応するものではない。たとえば〈land tenure〉という言葉は、一般的には「土地保有」と訳されることが多い。この〈tenure〉には、「特定の建物にある一定期間住むことができたり、特定の土地を利用したりすることのできる法的な権利」という意味がある。[17] つまり、その土地を売却したり、処分したりすることはできないが、ある期間だけは利用できる法的な権利ということになる。

ところが、じつは日本の民法ではほとんど「保有」という言葉は使われていない。代わりに、同じ意味を指す言葉として「占有」が用いられている。この「占有」はむしろ

〈possession〉の訳として使われることが多いが、英語の〈possession〉には法的な権利の意味は含まれていない。この例は、法的に定義される用語と慣用表現とのねじれを示している。そして、この「所有」と「保有」という用語をめぐる概念のねじれは、アフリカの土地所有研究においても、ひとつの検討すべき問題を引き起こしてきた。

日本語で書かれたアフリカの土地制度に関する研究では、「土地所有」ではなく「土地保有」という言葉が用いられることが多い[18]。これは、英語文献のなかで使われる〈land tenure〉の訳であるだけでなく、アフリカの「慣習法的」な土地制度が西欧の〈ownership〉＝「所有権」概念とは明確に区別されてきたことを示している。一般に、アフリカにおける慣習的な土地制度では「共同体保有」が優勢で、そこでは個人の処分権が認められていない、と考えられてきた[19]。しかし、前節までにみてきたように、アフリカの土地をめぐる状況は多義的であり、また変化の過程にある。ことさらに「保有」という言葉を使うことで、近代法のもとでの〈ownership〉と本質的な差異があるかのように含意させると、誤解を生む可能性が高い。

本書でも「一時的に保持している」という意味を明確に表現するために「保有」や「占有」という語を使用したり、〈land tenure〉の訳を「土地保有」とする場合もある。ただ、「土地を誰かのものにすること」をめぐる用語としては、一貫して、「土地所有」という言葉を用いたいと考えている。この背景には、本書があつかうエチオピアの歴史的状況が関わっている。

私が調査の対象とした地域では、二〇世紀初頭にはすでに個人による土地の売買が行なわれていた。その意味では、かならずしも処分権を含まない「保有」というかたちが常態だったとはいえない。また農村部の土地をめぐる動きは、いまだ国家の法的な制度と完全には一致していない。

エチオピアでは、現在、すべての土地は公有（public ownership）とされ、実質的には土地の国有体制が維持されている。[20]そのため法的には、農民は土地の「所有権」（占有権・収益権・処分権を含むものとしての）をもたない。土地を耕したり、相続したり、貸借することはできても、売却などによって処分することは禁止されている（社会主義時代には、貸借することも禁止されていた）。ところが場所によっては、ふつうに土地が売買されている。法的には「違法」であるが、現実には公然と行なわれており、行政村レベルでは黙認されている。

こうした状況では、法的な定義だけにもとづいて「所有者」なのか、「占有者」なのか、「収益権者」なのかを区別してもほとんど意味がない。農民があたかも「所有権」をもった「所有者」のようにふるまって土地を売却しているのに、「法的な所有権は国にあるのだから、この農民は所有者ではなく保有者だ」というのは、あまりに国家の法だけに依拠しすぎている。一九世紀末以降、エチオピアはたび重なる政治体制の変化を経験してきた。

法的な立場から論じていけば、農民と土地との関係に変わりがなくても、国の政策ひとつでその「所有」が「保有」になったり、「所有」そのものが否定されたりする。本書で注目していくのは、むしろそのずれが生じている状況である。

さて、そのうえで、現地の人びとは「土地を所有する者」のことをどのように呼んでいるのか。調査村の多数を占めるオロモの言葉では、「アッバ・ラファ *abba lafa*」といわれる。これは字義どおりに訳せば、「土地の父」となる。「父親」や「主」が土地を所有するメタファーとして用いられるのは、他の社会でもめずらしいことではない[21]。

一九七〇年前後にエチオピア西部のオロモ社会を調査したハルティンは、この言葉が「出自集団と特定の領域とのあいだの関連」を示す言葉であると指摘している［Hultin 1984: 454］。ハルティンは、父親が息子に土地を生前贈与する場合を例にあげ、「父親は彼自身が耕している土地だけでなく、息子が耕している土地に対してもアッバ・ラファでありつづける」と述べている。つまり、父系の出自にそって譲渡・相続される特定の土地において、じっさいの利用者とその土地との関係だけでなく、その父親や祖父などのその土地への関係も含意されている。

出自集団の土地の領域が数世代にわたって利用・相続されていたころには、こうした土地への系譜的な関係を示す意味が強かったのかもしれない。しかし、私の調査地域では、一九世紀末からの移民など外部者による土地取得の増加、一九七四年以降の社会主義時代の土地再分配や集村化政策といった大きな変動を経験するなかで、すでに土地と出自集団との関係はそれほど連続性のあるものではなくなっている。

現在、調査村では、アッバ・ラファといった場合、ふつう「(税金のために登録された)土地の持ち主」という意味で使われている。たとえ、アッバ・ラファという言葉がハルティンの示したような概念であったとしても、それを支えていた出自集団にもとづく土地所有がみられない現在まで、その概念がオロモの人びとの土地との関係を規定しつづけているとは考えにくい。まずは、それぞれの土地をめぐって人びとがどのような関係を築いているのか、その具体的な場面を詳しくみていくよりほかにない。本書では、土地や富が「誰かのもの」として主張されたり、行為される実際のプロセスに着目しながら、所有と分配という問題を考えていく。

オロモ語では、何らかのモノをもっている場合、ふつうはたんに「もつ *qabuu*」という語が用いられるか、あるいは「所有格を意味する接頭語 *kan*」+「人称の所有格」+「接尾語 *tii*」によって、「誰それのもの」が意味される。同じく村で使われているアムハラ語には、「もつ」という意味の語彙はなく、ふつう「ある *allä*」という語で「もつ」という意味が示される。所有という問題を考えるにあたって、アッバ・ラファがどういう範疇の者を指すのか、あるいは彼らにとって「もつ *qabuu*」あるいは「財産 *qabiyyee*」がどういう意味内容を含んだ概念なのか、問われるかもしれない。たとえば、〈*qabiyyee*〉という語は、オロモ研究において土地の「先占権」を含意する重要な用語としてとりあげられてきた[Guluma 1984; Mohammed 1990]。

現地語の言語体系から民俗概念を抽出することは、これまでの人類学的研究の中心的な手法のひとつだった(22)。しかし、さまざまな民族が生活し、ほとんどの者が複数の言語を日常的に用いる調査村のような場所では、ある特定の言語の語彙から所有のあり方を定義づけることはあまり有効とはいえない(第2章第2節参照)。土地や財産をめぐる語彙も、アムハラ語起源のものがオロモ語のなかに入り込んでいたり、その逆もあったりと、単純に「言語=文化=民俗概念」という構図が成り立たない。ところが、所有という現象がこうした言語的な「概念」だけによって構築されていると考えることには、歴史的変化や多言語使用の状況という以外にも、そもそも限界がある。

「概念としての所有」の限界

たとえば、日本で「わたしが所有するもの」という場合、その「所有」をどういう概念として認識しているだろうか。「わたしが所有するもの」は、「わたし」が自由に使用することができるし、それで何らかの利益を得ることもできるし、売却することもできる。「わたし」の許可なしに他人がそれを勝手に使用したり、利益をあげたり、処分したりすることはできない。日本の民法でも規定されているように、所有という概念を「使用する権利（使用権）」、「利益を享受する権利（収益権）」、「処分する権利（可処分権）」という三つの権利とそこからの「他者の排除」によって構成されると考えるのは、われわれの日常感覚からしても、それほどかけ離れたことではない。[23]

しかし、たとえわれわれがそうした「所有」の概念をもっていたとしても、じっさいに現象としてあらわれる「所有」はそのとおりにはいかない。「わたしが所有するもの」の「もの」に、いろいろな言葉を入れてみれば、それがよくわかる。「土地」であれば、そのままあてはまるかもしれない。ところが、それが「臓器」だと同じようにはいかない。さきほどの「所有」の概念からすれば、「わたし」は自分の「臓器」を使用したり、利益を得たり、売却したりできることになる。しかし、社会の制度や倫理的な制約のなかで、少なくとも日本では「売却」することは許されない。所有の概念がどういうものであろうと、それが対象とする「もの」によって、その所有のあり方はまったく違ってくる。所有はその概念だけでなく、「もの」のもつ社会的価値や意味に制約されているのである。

さらに、「わたし」に「未成年」を、「もの」に「煙草」を入れてみよう。「未成年が所有する煙草」となる。たとえ自分のお金であったとしても、未成年が煙草を購入することや吸う（使用する）ことは、法律で禁じられている。ここでは所有の概念が、その「主体」の性質の違い、あるいは「主体」と「もの」との関係によって制約を受けることになる。

法律や制度のほかにも「所有」を制約するものはいくらでもある。「わたし」に「男」

を、「もの」に「口紅」を入れると、「男が所有する口紅」となる。もちろん、男が化粧することを禁じる法律はない。ただ、たとえば大学院のゼミに男子学生が口紅をつけて（使用して）あらわれたり、いつもポケットに入れて持ち歩いていたら、逸脱的な行為となる。この背後には「男は口紅をつけるものではない」という暗黙のうちに共有された規範があって、「男」の「口紅」に対する所有のあり方を制約している。もちろん、演劇の舞台などで男性が口紅をつけていても、それほど変ではない。それは、その「場（舞台）」によっても「所有」が違ったあらわれ方をすることを示唆している。

こうした例から強調しておきたいのは、現実の「所有」という現象が、かならずしも単一の概念から構成されているわけではないということである。人類学では、ロックの身体と労働の自己所有という考えが西洋近代の私的所有概念の基盤にあるとされ、それとは異なる非西洋の所有概念を抽出する試みがなされてきた。しかし、「所有」は社会の多様な要素によってかたちづくられており、たとえ近代社会であっても私的所有概念だけにもとづいているわけではない。そこには「概念（言説）としての所有」と「実践（行為）としての所有」との混同がある。

人びとの「所有」にまつわる語彙の意味範疇を分析することは重要である。しかし、それだけでは「所有」という現象を十分にとらえることはできない。くり返しになるが、「所有」を「保有」といいかえても、現地語の概念をひとつひとつ定義しても、「所有」をうまく理解できるわけではない。むしろ、その「もの」や「主体」、「場」によって、あるいはそれらの関係によって、さまざまな制約を受けて異なる様相を呈する「所有」のあり方に焦点をあてることのほうが有意義だと思われる。これが、「私的所有」や民族固有の所有概念という議論を克服するための本書の視座である。

立岩は、『私的所有論』のなかで、ロックの示した身体の自己所有にもとづいて労働の産物に対する個人の所有権を認める論理に批判をくわえている［立岩 1997］。「私的所有」をめぐる多くの哲学的議論においても、私的所有を内在的に支える論理をめぐる考察がなされてきた［コーエン 2005（1995）；森村 1995］。

本書では、私的所有という概念の論理的な不整合を指摘するつもりはない。むしろ、その「概念」としての私的所有を、人びとの日常的な「実践」から相対化していく。エチオピアの農村の事例からみえてくるのは、「所有」という現象が、そもそもひとつの原理・原則から導かれるものではない、ということである。そして、われわれ自身のことを振りかえってみても、私的所有概念だけを正当なものとして行為しているわけではない。そこから私的所有権などの単一の原則にもとづいた「所有」のあり方が、何らかの「力」に根ざしたひとつの主張にすぎないことを示したいと考えている。

所有は「権利」の問題なのか？

「権利」という言葉についても検討しておきたい。本書のひとつの論点は、所有という問いを「法のパラダイム」から考えることがはたして妥当なのか、ということである。その問いの根底には、「権利」という語の意味するところに対して感じてきた違和感がある。

　われわれは「権利」という言葉を用いるとき、そこに他者を侵害する可能性を感じとっている。たとえば、「わたしには公園で足を高くあげる権利がある」とはいわない。足をあげたければ、いつまでもあげていればよい。その行為が他者と競合することはない。しかし、「われわれには公園で野球をする権利がある」という言い方はできる。公園のなかで野球をすることで、他の人の利用を妨げてしまう可能性があるからだ。つまり「権利」とは、限られた関係／状況において意味をもつのであって、ある人や事物につねに内在しているわけではない[24]。

　そこで考えなければならないのは、その正当性を認証する主体がどこにあるのか、ということだ。たとえば、そこが市営の公園だとしよう。この場合、公園で野球をする権利を認証するのは市役所かもしれない。しかし、市役所によって認定された「権利」が有効なのは、市営の公園においてである。県営の運動公園では、通用しない。つまり、この「公園で野球をする権利」は、ひとつの正当性を認証する枠組みにおいてのみ作用する。それでは、この権利を認証する主体が複数存在したら、どうなるだろうか。ある日、野球をしに公園に行くと、すでに他の野球の試合が行なわれている。私たちは、市役所の福祉厚生課からその日に公園で野球をする権利を認められていた。彼らは市の教育委員会から野球をする権利を認められたという。このふたつの並存する権利の競合は、解決されない。どちらも「権利」と呼ぶことさえできなくなる。

「野球をする権利」は、普遍的な「権利」ではない。それは、市の行政という、ある限られた範囲の権威の枠組みを抜きにしては考えられない。しかも、その認証する主体が同じ枠組みのなかに複数存在してしまうと、「権利」はその実効性を失い、ひとつの「主張」になってしまう。「所有」について語るとき、たんにそこにある「権利」がどういう性質のものであるかを論じていても何も理解できない。むしろその「権利」を可能にしている権威の所在に目を向ける必要がある。

われわれが「権利」という言葉を用いるとき、ひとつの「法」のもとに構成された一元的な秩序の世界を暗に想定している。しかし、複数の枠組みが多元的に関与する場では、「権利」という言葉は、とたんにむなしいものになる。国家の法では、土地を売却してはならないという。ところが、ローカルな社会では、土地の売却が公然と認められている。ここにはふたつの枠組みが並存している。もちろん、裁判になれば、国家の法が優勢となる。しかし、じっさいの土地争いは、かならずしも裁判という公的な枠組みだけを通して解決されるわけではない。それは、日本でも同じである。

「権利」という言葉を使うには、それを認証する権威の所在がどこなのか、その拘束力が有効に作用する枠組みが何なのかを問わなければいけない。「権利」という、土地や富の所有に関する研究で無批判に使われてきた言葉には、慎重でなければならない。これが、「所有」という問題を考えるときに「法」のパラダイムを乗り越えなければならないと主張する理由である。

規則性と不規則性のはざまで

ここまでの議論で、すでに本書の視座の大枠は示してきた。この序論のねらいは、「所有」という現象を語るときに、いかに「概念」や「法」としての理解を克服できるか、その代わりにどういった分析の視点をもつことができるのか、という問題に道筋をつけることであった。

先行研究では、「権利」や「規則」という用語が使われるとき、そこに一元的な法の権威が隅々にまでいきわたる、ひとつの境界に区切られた「社会」の存在が想定されていた。「ロジ王国では」、「ティブ社会では」、「狩猟採集民ハッザでは」といった言葉で記述される「所有」は、ひとつの「権利」や「規則」が整合性をもって継続的に実践される枠組みを暗に前提としている。本書では、むしろ複数の枠組みが社会のなかで参照されていることに焦点をあて、「所有」という現象の動態的な側面を浮かび上がらせたいと考えている。ただし、動態性ばかりを強調して、すべてを個人間の主体的な「交渉」の産物とみなす立場にも問題がないわけではない。

調査村における土地などの所有のあり方をみていると、一定の状態がくり返される規則性のなかに変化をうながす転換点がたびたびあらわれているのがわかる。ある者の耕している畑が、ある日から急に他人のものになってしまうことはない。基本的には毎年、同じように耕され、種が蒔かれ、収穫される。個人が所有し、利用する土地をむやみに侵害してはならないという認識は共有されている。その認識を確認するために毎回、交渉が重ねられるわけではない。

ところが、土地の所有者が亡くなって親族の者が相続する状況になったりすると、これまで保たれていた安定的な関係がくずれてしまう。もちろん、相続に関する慣習もある。しかし、じっさいに相続の方法を決定する過程では、いくつもの主張が噴出しはじめ、規則性を支えてきた「慣習」という権威は争われるべき枠組みのひとつとして後退してしまう。たとえば、ある年長者はイスラームでは「遺言は必ず守らなければならない」という決まりがあると主張する。別の者は、「子どもに平等に分配しなければならない」と定めるエチオピアの法律を持ち出す。そしてある者は、その「子ども」の定義をめぐって異議を申し立てる。この土地の相続をめぐる争議は、複数の枠組みが競合し、拮抗する場となる。

このとき注目しなければならないのは、①それぞれの主張がどのような枠組みを参照しているのか、②個人の行動が、いかにその枠組みが拘束力を発揮させるプロセスに関わっているのか、というふたつの側面である。

社会のなかで権威をもちうるいくつかの枠組みは、「所有」をめぐって争う「人」や対象とされる「もの」、その争いが持ち出される「場」によって拘束力をもったり、失ったりする。それらはかならずしも「交渉」によって容易に操作できるとは限らない。変化をもたらす転換点は、国家の政策であったり、村を離れていた者の帰還であったり、コーヒーの収量の増減であったり、少雨であったりと、つねにどこにでも生じうる。

規則性と不規則性は、交錯をくり返しながら進んでいく。本書では、こうした規則性と不規則性がどのような局面で生じているのか、そして、この規則性と不規則性が連続／途絶するプロセスのなかで、どのような枠組みが力を作用させているか、見定めていきたいと考えている。

ヴェーバーは、規則性のある社会的行為について、「慣習（Brauch）」・「習俗（Sitte）」・「習律（Konvention）」・「法（Recht）」の四つの分類を示した［ヴェーバー 1972(1922)］。おおまかにいえば、慣習や習俗とは、行為者がとくに考えずに（あるいは利害関係や便利さから）、「そうするものだ」としてくり返している行為のことを指し、「慣習」が永続的なものとして定着すると「習俗」となる。一方、人びとがある原則にしたがうときに、「そうすべきだ」とか「そうすることが正しい」と、何らかの理想や義務を感じている場合、それらの行為は、「正当な秩序」という効力をもつ「習律」や「法」として区別される。「習律」は、それに違反したときに、ある集団のなかで非難されるといった程度のもので、「法」とは、強制や処罰を専門とする機構によってその効力を外的に保障されているものである。このヴェーバーの分類は、社会的行為の規則性が「法」によって規定される領域が限定的であることを示している。〈25〉

前述のとおり、われわれの日常的な実践のなかの「所有」は、「未成年」と「煙草」のように「法」によって規定されているものから、「男」と「口紅」のように、「習俗」的に「そういうもの」として行為しているものまで、さまざまなレベルの規則性に拘束されている。所有について考えていくためには、狭義の「法のパラダイム」ではなく、こうした規則性を支えるさまざまな次元の「拘束性＝力」に注目する必要がある。〈26〉

近代法としての「国家の法」からローカルな場での「慣習」のようなものまでを、すべて「法」の相似形としてとらえることはできない。それらが何らかの拘束力をもつ規則性をもたらしていることは確かだが、その作用を「法」という特定の構造をもった制度的枠組みとして同列に論じることはできない［Comaroff & Roberts 1981］。本書では、複数の「枠組み」がそれぞれの場面でどのように拘束力をもったり、失ったりしているのか、その過程に注意しながら、規則性と不規則性とが交錯する状況を描いていく。

それは、「法」という用語に固執することで排除されてきた要素も含めて、土地や富の所有をかたちづくる多様な枠組みを考慮に入れていく試みでもある。人の行動を制約したり、その妥当性を保証したりするような、法のパラダイムには収まりきれない拘束力についても、連続的にとらえていきたいと考えている。

杉島は、『土地所有の政治史――人類学的視点』の序論のなかで、「歴史的もつれあい」という概念を示して、「「中核」諸国起源の規則や信念と「辺境」の地域社会の規則や信念が多様な解釈を介してせめぎあい、からみあう過程」を描くことを提起している［杉島 1999: 27, 28］。こうした視点は、「「辺境」の地域社会が「中核」諸国起源の規則や信念によって染めあげられてきたという「歴史ヴィジョン」を自明の事実」とする近代化や文化変容概念への批判として、重要な示唆を含んでいる。ただし、そこで言及されている「社会生活は多中心的な政治のうずまきからなり、そのそれぞれにおいて規則や信念が多様に解釈され、その承認をせまる教育や訓練がおこなわれることはさけがたい」［杉島 1999: 27］といった社会内部の多中心性は、国家のなかの多中心性（国家の政策と地域社会の制度）に限られている。

本書では、まさにその「多中心性」がローカル社会内部にもあることを見出してきた。調査対象としてとりあげるのは、ひとつの村というきわめて限られた社会空間にすぎない。ただし、そこに暮らす人びとは、国家や地域社会という枠組みにとどまらず、さまざまな民族や宗教、クラン、家族といった複数の境界に囲まれた社会に生きている。そこはまた、多元的な権威が力を拮抗させる世界でもある。小さな村のなかには、明確なものから、あまりはっきりとしないものまで、いくつもの境界や枠組みが重なりあって存在している。まさにそうした「多中心性」をはらんだ複合的な農村社会のあり方をどのように描いていけばよいのか。第2章では、私が調査してきた村を紹介しながら、こうした点について述べる。

4 本書の構成

本書は、第I部から第Ⅲ部までの三部構成をとっている。まず第I部では、ある農民世帯を中心にした村人の富をめぐるミクロな相互行為に注目する。そして、しだいに視野をひろげていき、第Ⅱ部では、コミュニティ・レベルの土地という資源について、その所有と利用の関係に着目しながら考察する。そして、第Ⅲ部において、本書がとりあげる村が、国家の政策や度重なる政治体制の転換を経験する激動の「歴史」のなかで、モノや社会関係といった富のコンテクストを支える「場」を形成してきたことを示す。

第I部「富をめぐる攻防」では、土地から生み出される作物などの富の所有と分配に焦点をあてる。畑でとれる作物は、さまざまな場面で、多くの者の手に渡っていく。この第I部では、土地からつくりだされた作物という富が、どのように自分たちで消費されたり、他人に分配されたり、売却されたりしているのか、その富のゆくえをたどる。最初に問題にするのは、なぜ作物が頻繁に分配されるのか、その背景には何があるのか、という点である。分配をめぐるジレンマや分配を求める圧力の存在を描きながら、その背後にある人びとの交錯した思いを考察する。そしてその作物の種類によって生じる違いにも注目する。作物のなかには、売却すれば現金をもたらす「商品」となりうるものから、売却されずに「分配」にまわされるものまでさまざまな違いがある。このふたつの経済領域の関係や、そこで作用している原理を浮き彫りにしていく。あたかも「所有」の輪郭が溶け出してしまっているかのように、日常的な相互行為の積み重ねのなかで、富は人の手から手へと渡っていく。その流れの裏には、人びとの内面にうごめく感情の力学が潜んでいる。そこからは、「権利」や「規則」によって支えられた社会像とはかけ離れた、多元的権威が遍在する社会の姿がみえてくる。

第Ⅱ部「行為としての所有」では、コミュニティのなかで土地がどのように所有・利用されているのかを述べていく。村における土地の所有と利用のあり方を詳細に記述することで、土地を「所有する」ことの意味をその「利用」という行為との関係で考えてみたい。まず、コミュニティのなかで利用されている土地ごとにその「所有」のあらわれ方が異なっていることを示し、ある者の土地とされる場所が誰にどのように利用されているのかをみていく。こうした土地の所有と利用との関係には、一定の規則性がみられる。しかしその一方には、人びとが土地の所有をめぐって絶えずせめぎあい、異なる「主張」をもとに争いをくり返している、という規則性とはかけ離れた現実がある。土地の所有と利用との規則的な関係を「なわばり論」を参考にしながら分析し、不規則性にみちた争いの事例を、土地所有を規定する力をもった複数の権威の枠組みに注目しながら分析する。そして、土地所有の規則性と不規則性とをつなぐ接点には、利益配分をめぐる潜在的なジレンマをはらんだ複合的な受益者間の関係があることを示す。

第Ⅲ部「歴史が生み出す場の力」では、ゴンマ王国時代（一八世紀末〜一九世紀末）からはじめて、エチオピア帝国への編入を経験した帝政時代（一九世紀末〜一九七四）、社会主義政策を推進した軍事独裁政権時代（一九七四〜一九九一）、市場開放路線の現政権時代（一九九一〜）にいたるまでの土地所有の歴史をたどっていく。いかなる政治体制においても、「土地」のコントロールは、もっとも重要な課題となる。国家建設の過程で次つぎに大きな枠組みのなかに取り込まれていくなかで、農民と土地との関係はいかに変化してきたのか。歴史研究や行政文書などをもとに構成した「制度の変遷」と、じっさいに村人から聞き取りをした「農民の行動史」という、ふたつの視点を往復しながら、国家のなかで生きはじめた農民と土地との関係の歴史を再構成し、農民にとっての「土地を所有する」ことの意味を「国家」との関係のなかで論じる。とくに農村社会の土地所有に大きな影響を及ぼした社会主義時代の変化の過程は、ひとつの焦点となる。国家という大きな枠組みにしだいに取り込まれ、農村社会の土地所有は一元的な国家という権威の傘のもとに統合されてきたかのようにみえる。しかし、国家という要素は農村内部のひとつの大きな要素になったにすぎず、土地所有をかたちづくっている権威はますます多元化するようになった。こうした国家との歴史的な絡みあいのなかで、農村の土地は、ある意味を帯びる「場」として再構成されてきた。道の形成と村の空間構成をたどると、その道のりは、モノを「商品」などとして意味づけ、人びとの行為をある方向に導く場の力が生み出されてきた過程でもあった。

第2章　多民族化する農村社会

本章では、調査対象としたエチオピア西南部・コンバ村の概観を示したうえで、どのような方法で本書を描いていくのかを述べていく。さまざまな民族が居住するコンバ村の「民族」をめぐる状況を説明し、中心的にとりあげる農民世帯や集落について紹介する。そして、本書がめざす「複合社会のモノグラフ」について論じ、この本の構成が意図するところを示す。

1　コーヒーの花咲く森で――ゴンマ地方北部・コンバ村

首都のアディスアベバから南西に三四〇キロほど離れたジンマへの道を車で走ると、窓から見える景色がしだいに変化していく。しばらくは標高二〇〇〇メートル台のエチオピア高原の広大な穀倉地帯がつづく。乾季になるとそこは金色に輝くテフ畑となる。ギベ川を越えるあたりから起伏の激しい地形となり、山の斜面にはトウモロコシの畑やエチオピア固有のエンセーテに囲まれた集落がひろがる。そして、ジンマの街へとつながる下り坂にさしかかったところで、道は急にうす暗い林のなかへと吸い込まれていく。目を凝らして木々のあいだを見ると、そこには光沢のある葉を茂らせたコーヒーの木が立ち並んでいる。

ジンマは、エチオピアのなかでも古くからコーヒー栽培やその交易の中心地であった場所として名高い。このジンマから北西に四五キロほど離れたところにアガロという町がある(図2-1)。アガロは人口三万人ほどの小都市で、ゴンマ郡(*wäräda*, Am.)の役場などがおかれている。調査地として選んだのは、このゴンマ郡の北部で、標高一六〇〇メートルほどの場所にあるコンバ村周辺である(図2-2)〈1〉。

このあたり一帯は、なだらかな丘陵地帯がつづいており、その斜面にはコーヒーが植えられた森がひろがっている。年間に一三〇〇ミリから一六〇〇ミリほどの降水量があり、エチオピアでも有数の緑豊かな地域である。乾季に数日間、雨が降ると、森のなかは真っ白なコーヒーの花におおわれ、森の小道には、さわやかな花の香りがただよう。

私が最初に村を訪れたのは一九九八年八月のことだった。当初、コンバ村に隣接する国営のコーヒー農園にねらいをさだめ、農園内の労働者村に住み込んでコーヒー農園の成立過程や労働者の社会関係などの調査をしたいと考えていた。しかし国の施設のため、農園内に住むことはできず、農園からすぐ近くのコンバ村に部屋を間借りして住みはじめた。

当時、沖縄の黒島で牛の共同放牧について調査をしていたこともあって、私の足はしだ

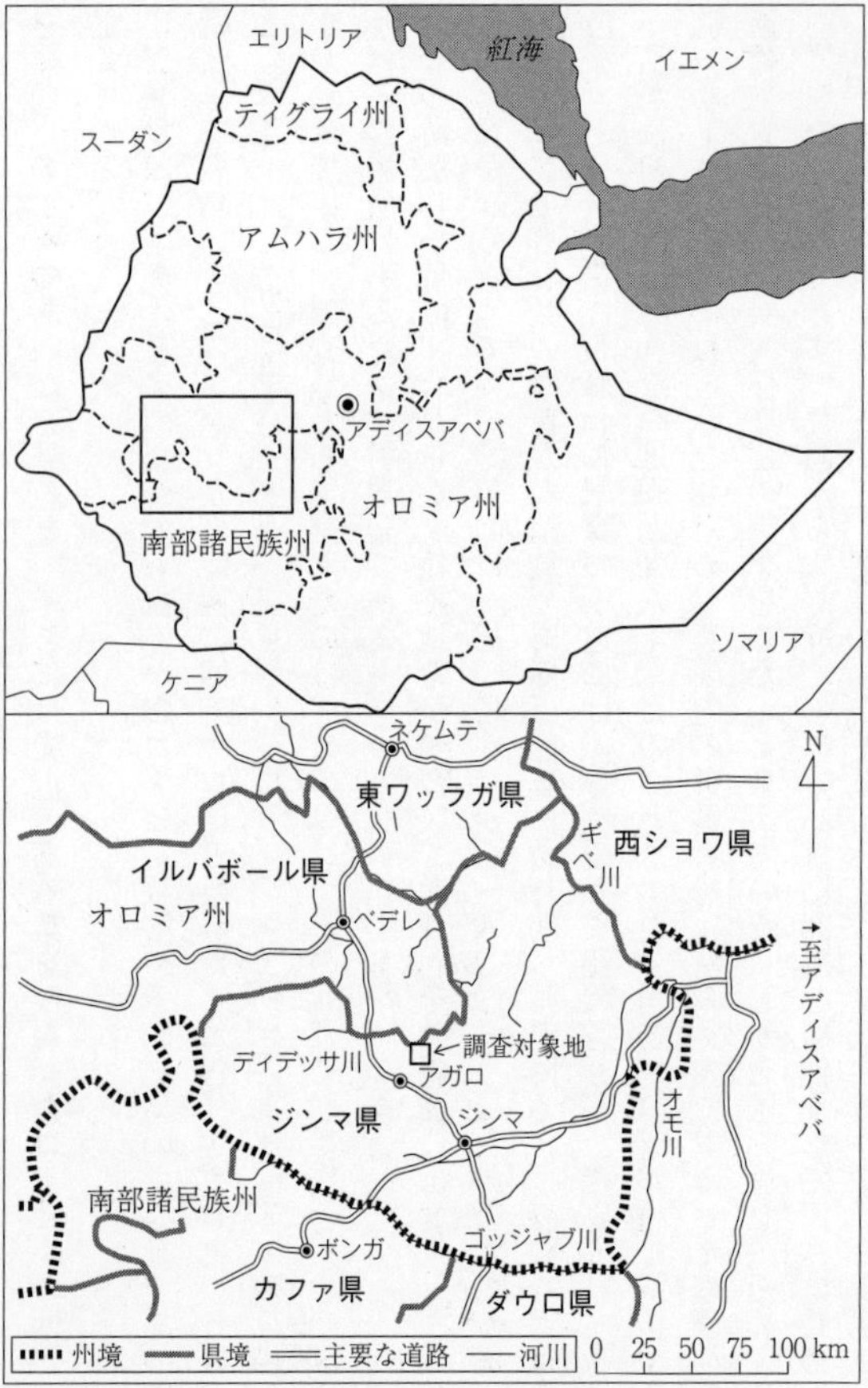

図 2-1　調査地域：エチオピア・オロミア州・ジンマ県

いに村で放牧されている牛の群れに向くようになった。コーヒー農園のなかを歩きまわって聞き取りなどをしても、それほど胸躍ることには出会わなかった。それにくらべて、三つに分かれている村の牛の群れがどのように放牧されているのか、そちらのほうがずいぶんと興味をそそられた。柵も何もない場所で、村の共有地のような草地から個人の刈り跡の畑、ときにコーヒー林のなかまで、さまざまな土地で牛の群れが放牧されている様子は、黒島で石垣と有刺鉄線に囲まれた牧場ばかりを見てきた私には一種のカルチャーショックだった。

放牧されている牛はいったい誰のもので、誰の土地で放牧することが許されているのか。言葉もろくにできなかった私は、毎日のように牛のあとをついてまわっていた。だいたいのことを理解するまでに一ヶ月はかかった（第7章で詳述）。その後、もっと農村の生活を知りたいという思いにかられ、農民の家に

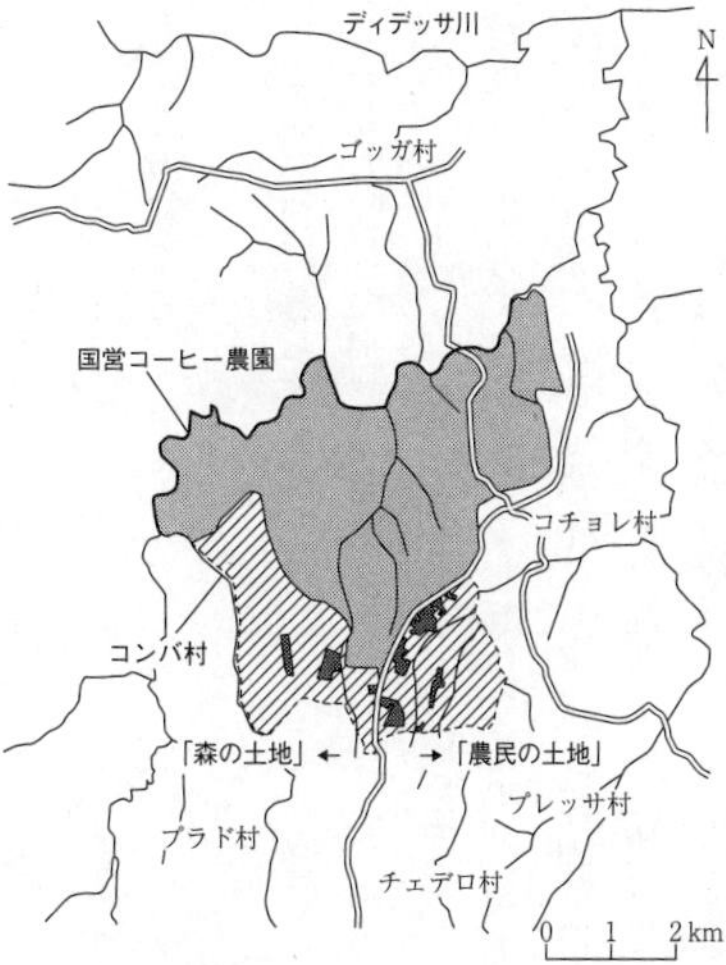

図 2-2　調査対象地：コンバ村と国営コーヒー農園

居候させてもらうようになった。そして現在にいたるまで、この家族のもとでお世話になりながら、調査を行なっている。コンバ村とその周辺での調査期間は、全部でおよそ一年半あまりになる。〈2〉

コンバ村に暮らす人びと

一九九四年の国勢調査によると、コンバ村の人口は四五一世帯・一九八七人（男一〇一一人・女九七六人）とされている［CSA 1996］。これをもとに算出したおおよその村の人口密度は一平方キロメートルあたり二九三人となり、農村部としてはきわめて高い水準にある。この背景には、七六年ごろ、近くに国営コーヒー農園が建設されて移民が急増したことがある。そのため調査村は周辺地域に比べて他民族の割合が大きい。

コンバ村には大小あわせて一二の集落がある（図2-3）。このうち二〇〇二年に世帯調査を行なった一〇集落（四〇四世帯・一六五〇人）における「世帯主」の民族構成は、オロモが六一・四％、つづいてアムハラが一八・〇％、クッロが八・〇％、その他が一二・七％となっていた（図2-4）。〈3〉オロモがもっとも多いが、このうち二〇世紀のあいだに他地域から移住してきた者が半数近くを占めており、オロモといってもけっして一枚岩ではない。この地域のオロモの多くはムスリムだが、移住してきたオロモのなかにはエチオピア正教徒も含まれている。本文中では、所属するクランがゴンマ王国時代までさかのぼれる

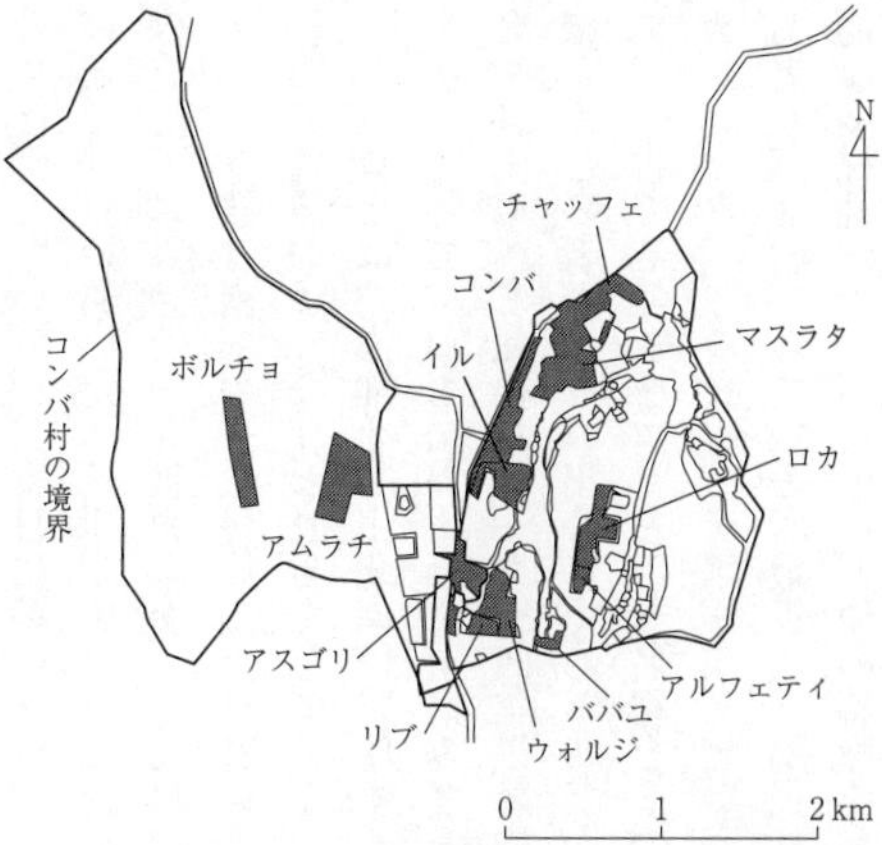

図 2-3　コンバ村における集落の配置

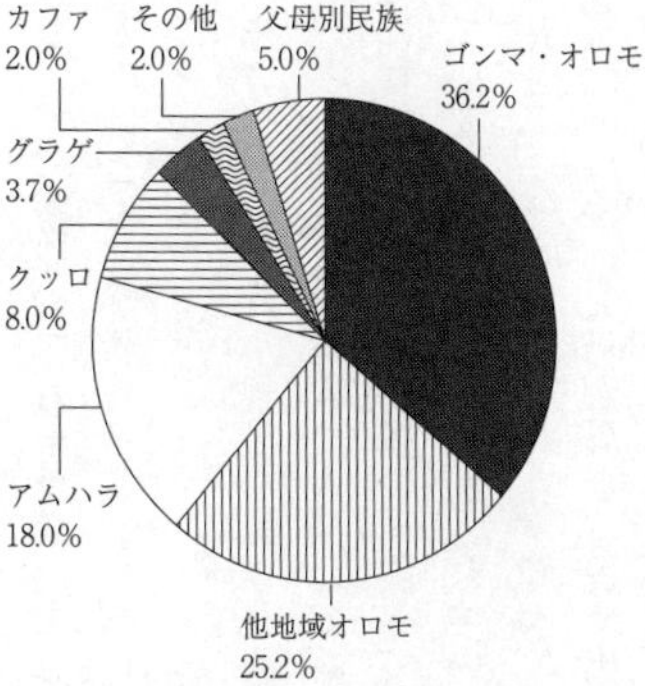

図 2-4　コンバ村・10 集落における世帯主の民族構成（n＝404 人）

ゴンマ地方のオロモを「ゴンマ・オロモ」、二〇世紀になってアディスアベバ周辺のショワ地方や、西部のワッラガ地方など他地域から移住してきたオロモを「他地域オロモ」として区別している。二番目に多いアムハラは、北部高地のキリスト教王朝の歴史をもつ人びとで、長いあいだエチオピアの支配的民族であった。とくにこの地域がエチオピア帝国の支配下に入った一九世紀末から一九六〇年代にかけて、多くのアムハラが流入してきた。アムハラ語は南部の少数民族の出身者も含め、村人のほとんどが話せることもあり、ある種の共通語のような使われ方をしている。

クッロとは、南部オモ川北岸に居住するダウロやコンタという小規模な民族集団のことを指す呼称で、おもにコーヒーを摘みとる出稼ぎ民として流入してきた人びとである。社会主義国家へと転換した一九七四年以降にこの地に移住してきた者が多い。調べてみると、ほとんどの者がダウロ出身者であることがわかっているが、現地では区別されていないので、本書でも「クッロ」という名称をそのまま使用する。そのほかには、グラゲ、カファ、カンバータ、ワライタ、ティグライといった民族集団のほか、父母が異なる民族出身である者が五％含まれている。最近は、異民族どうしの結婚もめずらしくない。こうした民族的な多様性がコンバ村のひとつの特徴でもある。詳しくは次の節で説明する。

生態環境と生業

写真 2-1　コンバ村の風景：トウモロコシ畑とコーヒー林

コンバ村周辺の生態環境や人びとの生業についても概説しておこう。村の北方一〇キロあまりのところを青ナイルにそそぐ「ディデッサ」と呼ばれる大きな川が西から東へと流れている（図2-2参照）。この川に向かって南から北へ無数の小さな川が流れこみ、この小川にそって低湿地と丘陵地が交互に帯状にのびて、調査地域の景観をかたちづくっている。このうち低湿地が「バッケエ *bakkee*」といわれ、おもに放牧地として使われてきた。またバッケエから五〇～六〇メートルほど高度差のある小高い丘陵地のことを「タッバ *tabba*」といい、畑や居住地として利用されている（写真2-1）。

この地域の土地利用のあり方には、このバッケエとタッバとで大きな違いがあり、これらがふたつの特徴的な空間を構成している（図2-5）。雨季の激しい雨のあとには浸水してし

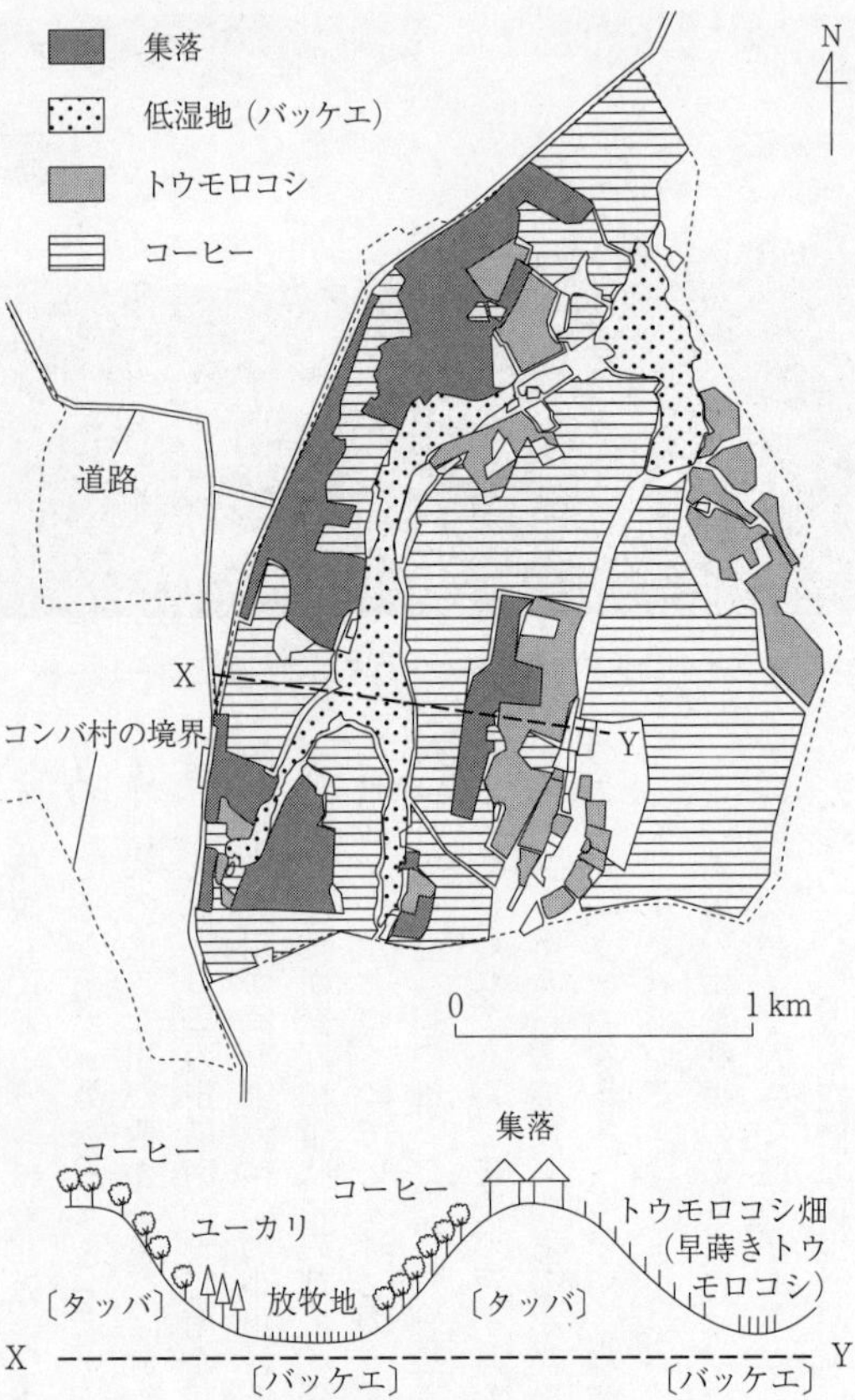

図 2-5　コンバ村の土地利用図

まうバッケエが、集落の共同放牧地として誰もが利用できる空間なのに対し、タッバの土地は基本的に境界で区切られた個人の土地として利用されている。

農民のほとんどがコーヒー栽培に生計を依存しており、同時にトウモロコシ栽培を行なうことで食糧を確保している。乾季のあいだにコーヒーの採集を行ない、乾季の終わりから雨季の終わりまではトウモロコシの栽培に従事する。これが農民たちの一般的な生活サイクルとなっている。ふつうは、コーヒーの摘みとり時期（九月から二月のうちの二〜三ヶ月ほど）に現金収入を得て、次のおもなトウモロコシの収穫期（一〇〜一一月）までしのぐことになる（表2-1）。

GPSを用いて作成した村の土地利用図をみると、丘陵地タッバの比較的高い場所に集落がひろがり、斜面地にコーヒー林やトウモロコシ畑がつくられているのがわかる（図2-5参照）。低湿地の一部では、早蒔きのトウモロコシが栽培され、雨季のもっとも困窮する時期（六〜八月）の貴重な食糧を提供している。ほかにもモロコシやテフが限られた畑で栽培されている。屋敷地内ではタロイモや葉菜類、ササゲ、エンセーテなどの栽培植物のほか、オレンジ、バナナ、パパイヤ、マンゴーといった果樹が小規模に栽培されている。コーヒーにつぐ現金収入源となっているのは、チャット（カート）といわれる覚醒作用のある植物で、柵に囲まれた屋敷地内で栽培されることが多い。人びとはやわらかい葉だけをちぎって口のなかに入れ、長時間にわたって噛みつづける。チャットは現金で売買

表2-1　おもな栽培植物の生業サイクル

和名	方名	9月	10月	11月	12月	1月	2月	3月	4月	5月	6月	7月	8月	
		←小乾季		→	← 乾季		→	← 小雨季		→	← 雨季		→	
トウモロコシ	*masa boqolo*		収穫				耕起		播種					
トウモロコシ(低湿地)	*caffe boqolo*				耕起	播種						収穫		
モロコシ	*bisingaa*		収穫				耕起	播種						
モロコシ（早生）	*bisingaa bobe*		収穫					耕起	播種					
コーヒー（赤い実）	*buna diimaa*		摘みとり			＊1								
コーヒー(乾燥・黒)	*buna gogga*				摘みとり									
テフ	*xaafii*			収穫							耕起	播種		
タロイモ	*godare*				収穫					植えつけ				
ササゲ	*boloqe*													＊2
葉菜類	*raafu*													＊2
チャット（カート）	*caatii*		摘みとり							摘みとり				
オレンジ	*burutokani*			収穫										

＊1　年によって時期が大きく変動。実際の摘みとり期間は2〜3週間程度。

＊2　雨季のあいだにくり返し収穫が可能。

される商品作物であるだけでなく、とくにムスリムにとって、お祈りや農作業といった日常生活のなかで欠かせないものとなっている。

村の土地は、中央を南北に走る道を境にして大きくふたつに分けて認識されている。道の西は「森の土地 *lafa baddaa*」、道の東は「農民の土地 *lafa gabaree*」といわれてきた（図2-2参照）。これは現在、国営コーヒー農園になっている道の西側が深い森に覆われていたのに対し、道の東は農民たちの畑がひろがっていたことに由来する。

かつて「森の土地」は、「コンバ Qomba」と呼ばれていた。花を摘みとるときなどに使われる擬態語をこの地域のオロモ語で〈*qamba*〉という。以前、森の土地では、マラリアや黄熱病といった感染病が蔓延したことがある。「その人の名前を呼んだときには、もう死んでいる」というくらい次々と人が死んでいくさまは、まさに花をひとつひとつ摘みとっていくかのような状態だったという。現在、村全体の名前ともなっている「コンバ」という地名には、こうした凄惨な歴史の記憶が織り込まれている。一方、「農民の土地」は「ロカ *loka*」と呼ばれていた。これは「ひらけた土地」といった意味合いの言葉で、道の東側が居住地や畑として農民たちの生活空間だったことを示している。現在、ロカという言葉は、ひとつの集落の名前として残っている。

2 多民族農村社会の「民族」という現象

前節でもふれたように、コンバ村には、さまざまな民族が住んでいる。文化的にも、言語的にも均質な農村共同体の姿とは、かけ離れている。村のなかで、それぞれの民族はどのような関係にあって、いかに生活をともにしているのだろうか。村の人びとの暮らしぶりがわかるように、ここで詳しく説明しておきたい。「多様な民族がいる」という以上に、「民族」をめぐる複雑な状況がそこにはある。

コンバ村では、一九八〇年代末の「集村化政策」によって、それまで分散していた住居がまとめられ、いくつかの集落に居住させられるようになった（図2-3参照）。現在、複数の民族集団は、別々の集落に分かれて生活しているわけではない。集落ごとの民族集団の割合をみても、さまざまな民族が混住している集落もあれば、オロモばかりの集落もあり、それぞれ違いがある（図2-6）。とくに村の中央の大通りに面する集落（コンバ・イル・アスゴリ）には、オロモ以外の民族が住んでいる割合が高い。そこから離れた集落（ロカ・アルフェティ・ババユ・ボルチョ）では、オロモの占める割合がかなり高くなっている。

それでは、民族どうしの関係を示すひとつの例として、民族集団ごとにどのような相手

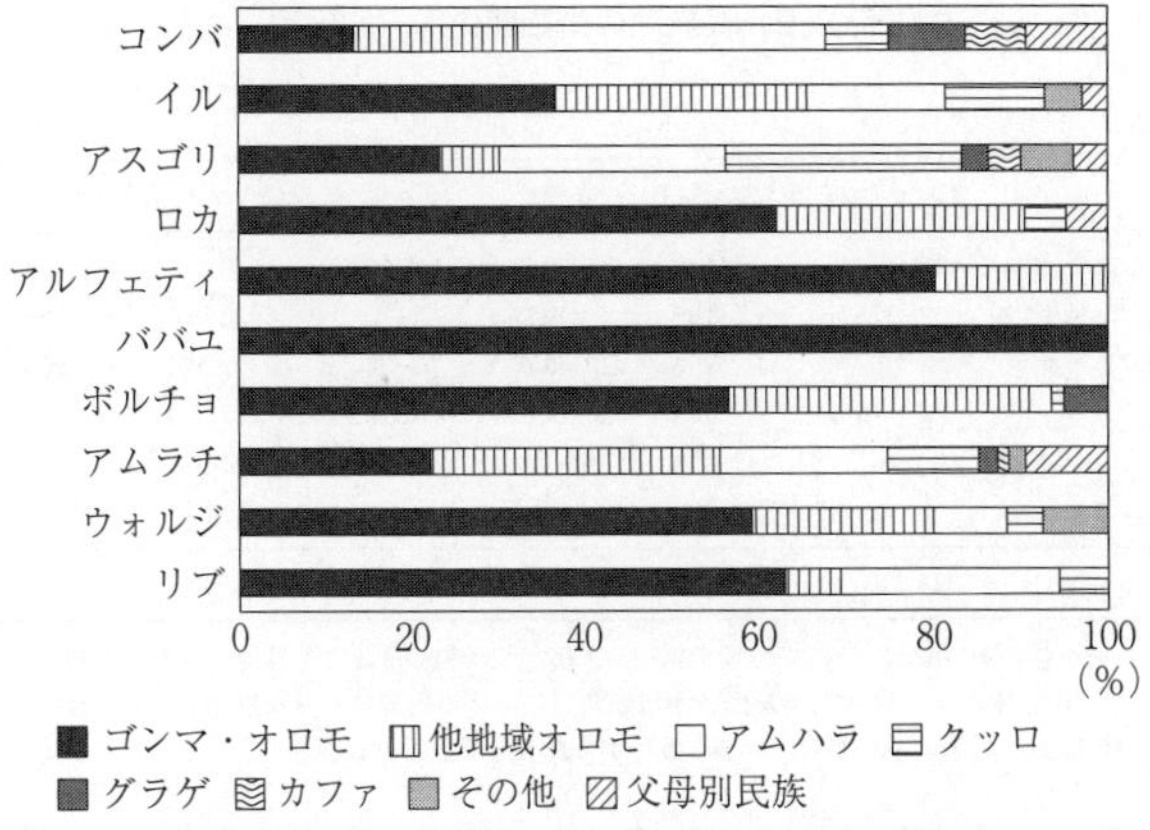

図2-6　コンバ村における集落別の民族構成

と結婚しているかをみてみよう。表2-2は、コンバ村の一〇集落における世帯調査から、夫と妻の民族関係をまとめたものである。

これをみると、第一に、ゴンマ地方のオロモ男性は、同じゴンマ地方のオロモ女性と結婚するケースがかなり多いことがわかる（ゴンマ・オロモ男性の七三・七%）。それは結婚に際して、配偶者のクランが大切な要素になっているためである。ゴンマ地方のオロモどうしであれば、それぞれのクラン名について互いによく知っているが、他地域からの移住者だと、同じオロモであってもクラン名が知られていることはほとんどない。また、ゴンマ地方のオロモ男性がクッロの女性と結婚することはきわめてまれである（ゴンマ・オロモ男性の一・八

表 2-2　民族間の婚姻関係（n＝272 夫婦）

妻の民族集団	夫の民族集団					
	ゴンマ・オロモ	他地域オロモ	アムハラ	クッロ	カファ	グラゲ
ゴンマ・オロモ	**84（73.7%）**	32（44.4%）	10（18.5%）	1（6.7%）	—	1（12.5%）
他地域オロモ	20（17.5%）	**28（38.9%）**	9（16.7%）	—	2（22.2%）	2（25.0%）
アムハラ	7（6.1%）	4（5.6%）	**22（40.7%）**	—	2（22.2%）	2（25.0%）
クッロ	2（1.8%）	5（6.9%）	**13（24.1%）**	**12（80.0%）**	3（33.3%）	—
カファ	—	1（1.4%）	—	**2（13.3%）**	1（11.1%）	—
グラゲ	1（0.9%）	2（2.8%）	—	—	1（11.1%）	**3（37.5%）**
計	114（100%）	72（100%）	54（100%）	15（100%）	9（100%）	8（100%）

コンバ村の 10 集落についての世帯調査（2002 年 10〜11 月）より算出。χ^2 検定の結果，$p<0.01$ の水準で，男女の出身民族が婚姻関係に与える影響に有意な差があった。事例数が統計上，顕著に多い場合（χ^2 値>5）は，太字で示している。

%）。

第二に、他地域から移住してきたオロモ男性の八〇%以上が、オロモ女性（ゴンマ地方のオロモを含む）と結婚しているのに対し、アムハラの男性はかならずしもアムハラ女性との結婚だけにこだわっていない。アムハラ男性の結婚例のうち、五九・三%は他の民族集団の女性との結婚になっている。とりわけ、アムハラ男性とクッロ女性との結婚が多いことは注目に値する（アムハラ男性の二四・一%）。コーヒー農園に出稼ぎなどでやってくるクッロ女性との結婚は、男性が女性の家族に対して婚資を支払う必要がないため、「安価」な選択肢になる。このとき、エチオピア正教徒のアムハラ男性にとって、同じ正教徒でアムハラ語を話せるクッロ女性との結婚は、条件的にも都合がよい。人びとはよく、「クッロの女性はとても働き者で、いい奥さんになる」と言う。この言葉

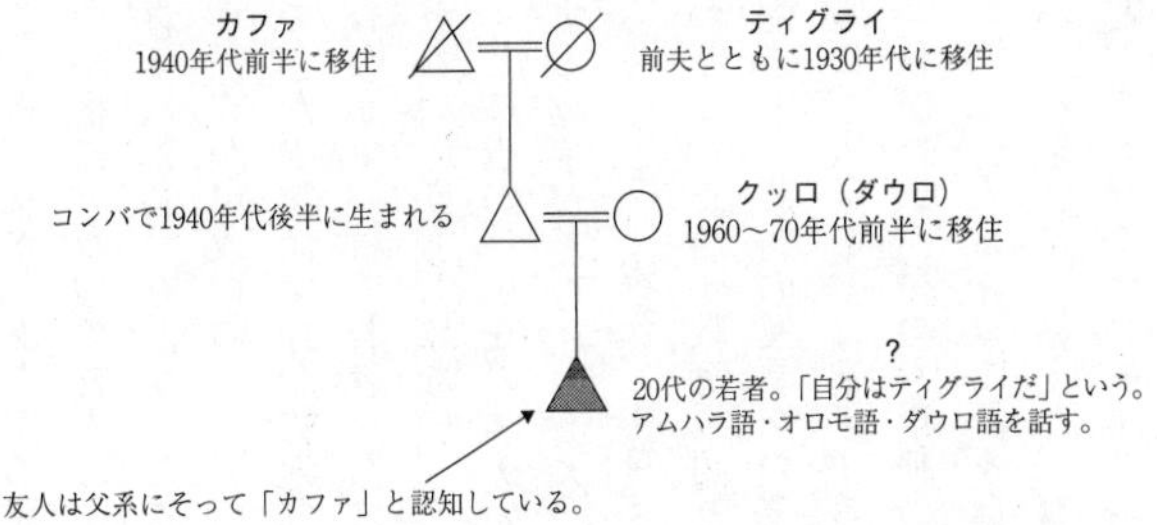

図2-7　ある20代男性の系譜：民族意識についての事例

は、かつてはあまり好ましいとされなかった異民族間の結婚を正当化する言説とも考えられる。

第三に、ほとんどのクッロ男性はクッロ女性と結婚している（クッロ男性の八〇％）。カファやグラゲといった他の少数派の民族が、同じ民族どうしの結婚ばかりでないのにくらべて、かなり特徴的である。これは、クッロと他の民族集団とのあいだに大きな社会的地位の差があることを示している。アムハラの男性が結婚相手としてさまざまな選択肢をもっているのに対し、クッロ男性には同じクッロの女性と結婚するよりほかない。

いずれにしても、もはやコンバ村では異民族どうしの結婚はめずらしいことではない。現在、村の世帯主のうち五％は異なる民族出身の父母をもっている。そして、全世帯主のうち二五％は違う民族の配偶者と結婚している。村に住むある二〇代の青年は、父方の祖父がカファ、祖母がティグライ、母親がダウロ（クッロ）、といった複雑な異民族間の婚姻のもとで生まれた（図2-7）。あるとき、私が「あなたの民族は何か？」とたずねると、彼は「ティグライだ」と答えた。だが横にいた彼の友人は、すぐに「おまえは、カファだろう」と言ってそれを打ち消した。青年は苦笑いを浮かべたまま黙ってしまった。このやりとりの背景には、ティグライという民族が現政権の中心を担っている有力な民族集団である一方、カファが南部から移住してきた少数派で社会的地位も低い、という状況がある。さまざまな民族どうしの結婚が進むなかで、村の若者たちにとって、民族的な自意識があいまいなものになることは避けられないのかもしれない。

ところが、現在のエチオピアでは、こうしたあいまいな民族意識とは、ある意味で逆行する政策がとられている。それは、一九九一年にはじまる現政権の民族自治政策である［石原 2001］。現在、オロミア州の学校教育では、それまで公用語であったアムハラ語に代わりオロモ語が教育言語として採用されるようになった。原則として、子どもたちは八年生まで、英語の授業をのぞいたほぼすべての授業をオロモ語で受けなければならない。同時に、大学などに進学するには、オロモ語の試験を受けることがもとめられる。

私がコンバ村の八年制の小学校で行なったインタビューでは、八年生七四人の生徒のうち、二一人はオロモ語をほとんど話すことができないと答え、三一人はふつう家ではアムハラ語を話すと答えた。コンバ村の小学校には、コーヒー農園で働く職員の子どもたちなど、まったくオロモ語を話せない者も多く通っている。こうした状況をふまえて、コンバ

表 2-3　イル集落における民族・性別・年代別の言語使用能力(n=151 人)

言語能力*1	オロモ男性			オロモ女性			非オロモ*2 男性			非オロモ女性		
	<20 歳	20-40	40≤	<20 歳	20-40	40≤	<20 歳	20-40	40≤	<20 歳	20-40	40≤
オロモ語のみ	2	0	0	0	6	7	1	0	0	0	0	0
アムハラ語とオロモ語	11	13	16	9	13	5	11	6	5	2	8	7
オロモ語以外の言語のみ	4	0	0	4	0	0	7	1	1	9	3	0
計	17	13	16	13	19	12	19	7	6	11	11	7

＊1　複数のオロモ農民への聞き取りにもとづいて，各言語の会話能力を判定。
＊2　「非オロモ」には，両親のどちらか一方がオロモではない場合を含んでいる。

村の小学校では、数年前から特例としてアムハラ語で授業を行なうクラスを設けるようになった。それでも、オロモ以外の生徒がオロモ語の授業にまったくついていけなかったり、逆にアディスアベバなど都市部での就職には欠かせないアムハラ語の読み書きのできない子どもが大半を占めるようになるなど、弊害もでている。ただ、村のなかの言語をめぐる状況は、それほど単純ではないこともわかってきた。

じっさいに村人は、どのような言語を使っているのだろうか。表2-3は、コンバ村のイル集落（一五一人）で、話すことのできる言語を民族・性別・年代別に調べたものである。それぞれ、「オロモ語だけが話せる」、「アムハラ語とオロモ語の両方が話せる」、「オロモ語以外の言葉（アムハラ語など）だけが話せる」という三つの指標で分けている。これをみると、四〇歳以上のオロモ女性の半分以上がアムハラ語を話せないのに対して、二〇歳以上のすべてのオロモ男性はアムハラ語もオロモ語もともに話すことができる。成人男性にとって、さまざまな社会的場面で使われるアムハラ語を話せることは必要不可欠になっているようだ。また同時に、オロモ以外の男性であっても、オロモ語を話すことがもとめられている。非オロモの二〇歳以上の者は、男女を問わず、ある程度、オロモ語を話せる。複数の民族が居住している村では、とくに成人した者にとって、公用語であったアムハラ語にしても、村のマジョリティであるオロモ語にしても、多言語話者であることが社会的に必要とされる能力となっている。町から村への乗合バスなどに乗ると、人びとがアムハラ語とオロモ語を相手や話題によってすばやく切り替えながら会話を進めていて、とても興味深い。

現政権の民族自治政策によって、オロミア州における公用語はオロモ語になった。村の集会などでも基本的にはオロモ語が使われることが多い。現在、オロモ以外の民族の者であっても、かつて以上にオロモ語を話すことがもとめられている。しかし、非オロモの年長者でも、ほとんどの者がオロモ語を話せることからもわかるように、この傾向は現在にはじまったことではないようだ。公用語がアムハラ語であった九〇年以前であっても、オロモ語を話す能力は農村社会で生きていくうえで重要なことであった。

このことをうかがわせる場面に出会ったことがある。年老いたアムハラの貧しい女性が、オロモ農民の家に物乞いに来たときのことだ。彼女は、流暢なオロモ語で、食べ物がなく困っていること、子どもたちが自分の面倒をみてくれないことなどを訴えた。もちろんそのオロモ農民もふつうにアムハラ語を話すことができる。そして、農民がいくらかのタロイモを手渡すと、老婆はオロモ語の慣用表現を使って次のように言った。「われわれのオロモの祖先が〔ライオンなどを〕殺したときのように、誇らしく、威張ってみせるわ」と。そして、彼女自身はキリスト教徒であるにもかかわらず、オロモのムスリムが用いるアッラーへの祝福の言葉を投げかけながら帰っていった（第5章第1節で詳述）。

このように村では、言語の使用が民族を区別するとはいえなくなっている。さらに、宗教の区別にしても、ときに決定的なものではない。最近は、エチオピア正教徒から村の多数派であるムスリムへの改宗もみられるようになった。現在、コンバ村におけるムスリムの割合は七二％にのぼる。これは、一部にキリスト教徒もいるオロモの人口割合（六一・四％）を大きく上回っている。村のムスリムのうち、じつに一三・一％の者は、自分自身あるいは両親がエチオピア正教から改宗した者であった。村の大通りから離れたところにあるボルチョ集落では、最近、集落でわずかに残っていたキリスト教徒がすべてムスリムに改宗した。都市部であれば、それぞれの宗教のコミュニティがあり、たとえ少数派であってもそのなかで生活していくことは可能かもしれない。しかし農村の孤立した集落という密接な社会関係のなかでは、異なる宗教を保持しつづけることは簡単ではないのだろう〈4〉。

現在、コンバ村には、たとえ両親がともにオロモではなくても、日常的にオロモ語を話し、ムスリムに改宗して、まるでオロモであるかのように暮らしている者もいる。年長者以外には、その民族的な背景をあまり知られていない者もいる。このさまざまな民族が暮らす農村社会では、民族を区別する「印」がしだいにあいまいなものになりつつある。村の人びとにとって、「民族」という枠組みが、その社会関係や利害関係にしたがって、ある程度、操作可能なものになっているのかもしれない。

こうした現象は、コンバ村に限ったことではない。商業農園に隣接する他の村落や都市周辺の農村でも類似した状況がみられる。世界的にみても、「民族」をめぐる流動的な状況は、けっしてめずらしいことではない。このモノグラフは、特殊な人びとの稀有な事例を扱うものではない。むしろ、特定の状況下にある人びとの事例を通して、同じような性質の社会をとらえる視点を手にするためのものだといえる。

3 本書の主人公たち

コンバ村を調査対象にしているとはいえ、すべての村人に聞き取りを行なったわけでも、すべての村人の顔と名前が一致するわけでもない。それは率直に認めなければならない。私が話を聞くことのできた村人の数は限られており、身近な関係のなかで生活をともにしたのは、ほんのひと握りの人でしかない。これが本書の限界であり、そして利点でもある。社会主義を経験したエチオピアの農村部では、土地所有などの事案は政治的にも微妙な問

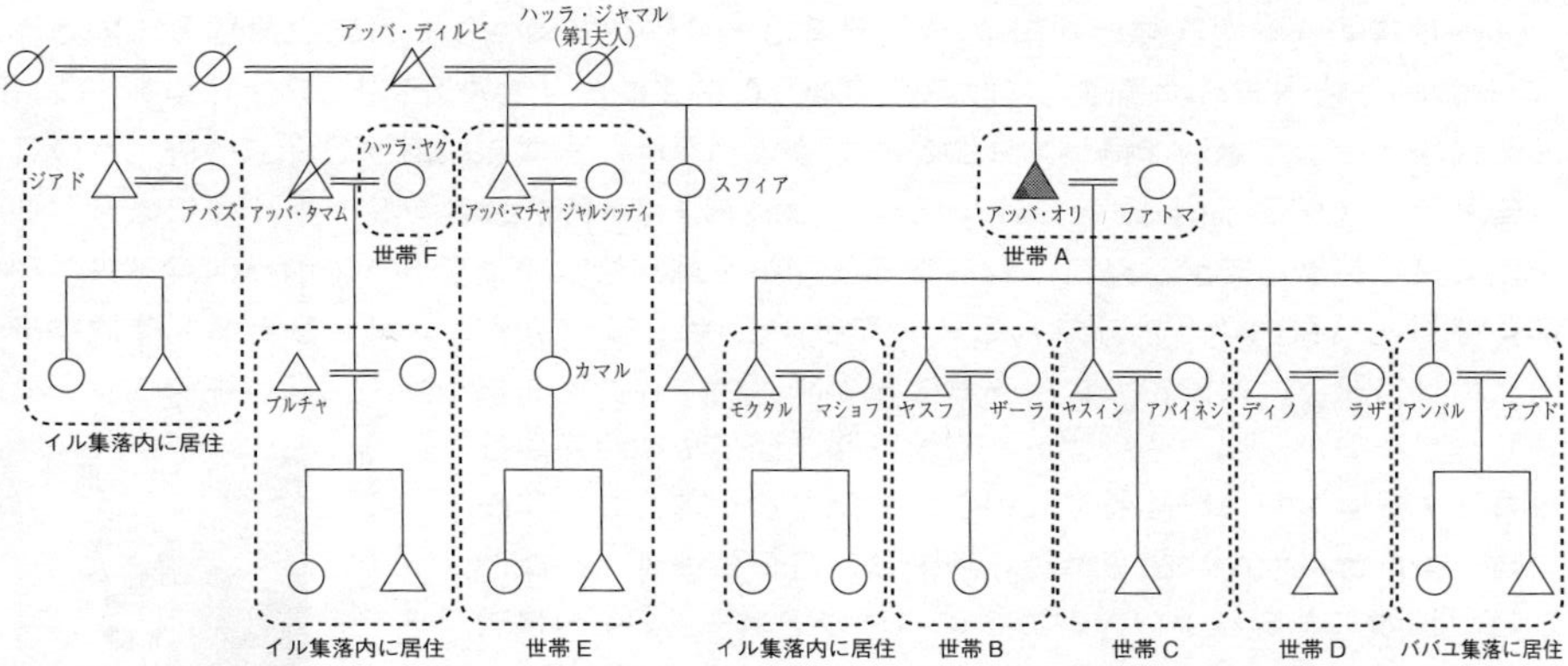

図 2-8　アッパ・オリたちイル・クランの親族関係図（2003 年 10 月現在）
点線で囲まれた範囲は同居している世帯を示し，世帯 A～F は図 2-9（85 頁）に対応している。

題に関わる。情報提供者との信頼関係を築きあげてはじめて、多くの詳細な事例を収集することができたのだと思う。

本書であつかう資料の多くは、私が村でお世話になっているオロモ農民、アッバ・オリとその家族に負っている（図2-8、写真2-2）。本書のなかでもいたるところで彼らに登場していただく。まず簡単にこの主人公たちの紹介をしておこう。彼らをはじめ、村で多数派を占めるゴンマ地方のムスリム・オロモの親族関係や婚姻形態などにもふれながら述べてみたい。

写真2-2　アッバ・オリと妻ファトマ

アッバ・オリは、一九三五年、ちょうどイタリアがエチオピアに侵攻した年にコンバで生まれた。名前の「アッバ *abba*・〜」というのは「〜の父親」という意味で、ふつうはそれまで幼名で名乗っていた男性が結婚すると呼ばれるようになる名前である。アッバ・オリにもジャマルという幼名がある。「アッバ」のあとには、じっさいの子どもの名前ではなく、物や場所の名前、形容詞などいくつか特定の語が入ることが多い。たとえば「アッバ・オリ」とは、「偉大な父」を意味する。女性の場合は、結婚して男子が生まれると、その長男の幼名の前に「ハッラ *hadha*」をつけて、「〜の母」と呼ばれるようになる。アッバ・オリが、一九五八年ごろに隣の集落からめとった妻ファトマも、第一子（死亡）の名前からハッラ・スンタンと呼ばれている。この「アッバ」や「ハッラ」は一種の尊称でもあり、男女ともに親しい間柄では結婚後も幼名で呼びあうことが多い。本文中では、おもに私自身が用いることの多かった名称をもとに記述している。

外婚単位である「クラン *sanyii/gosa*」(「種子/種類」の意)の出自は父系で継承され、婚姻形態は夫方居住が基本となる。[5] 婚入した女性もクランが変わることはなく、出身クラン名で「~クランの者(~ *tii*)」と呼ばれることもある。図2-8のジャルシッティ(世帯E)という名も、「ジャルソ Jarso」という出身クランにちなんでいる。ふつう結婚に際しては、新郎の父親から新婦に対してコーヒーの土地が「ニカ *nika*」として与えられる(アラビア語で *nikah* は「婚姻」の意)。妻は、このニカのコーヒーを自分の身のまわりの品を買う足しにしたり、家族が飲むコーヒーとして自由に使うことができる。ファトマも結婚に際して、アッバ・オリの父親アッバ・ディルビが植林したコーヒー林の一画をニカとして与えられていた。現在では、現金三〇〇ブル(日本円で約四〇〇〇円)ほどが渡されることも多い。

アッバ・オリの父親世代では、一夫多妻婚がめずらしくなかった。アッバ・ディルビにも、たくさんの妻がいたようで、一時的であれ生活をともにした女性の名前をあげてもらうと、一二人にもなった。ただ、じっさいに子どもを産んだ女性は四人だけで、アッバ・オリは、その最初の女性ハッラ・ジャマルとのあいだに生まれた長男であった。

アッバ・オリの世代になると、複数の妻をもつ男性はきわめて限られ、いまでは村に数人しかいない。ただし全般的に離婚率がとても高く、イル集落の例では、既婚男性の三八%（三二人中一二人）、既婚女性の五五%（三八人中二一人）が過去に離婚を経験している。三度、四度と結婚・離婚をくり返しているケースもめずらしくない。〈6〉この離婚の多さは最近にはじまった現象ではなく、土地の相続をめぐる争いを複雑化させる要因のひとつともなってきた（第9章第2節で詳述）。

アッバ・オリ夫婦には、現在、四人の息子と一人の娘がいる。一九六二年ごろに生まれた長男モクタルは、アッバ・オリと仲違いしたこともあって、同じイル集落内の離れた場所に家を建てて住んでいる。一度離婚しており、前の妻とのあいだに三人の息子、隣村チェデロ出身の現在の妻マショフとのあいだに二人の娘がいる。七〇年ごろに生まれた次男のヤスフは、ある事件を起こして長いこと村を離れていた。二〇〇二年に村にもどってきてすぐ、アガロ西方からコーヒー農園に出稼ぎにきていたザーラと結婚した。あとでザーラには、地元に夫と子どもがいたことがわかったが、ヤスフとのあいだにひとり娘が生まれた。七二年ごろに生まれた三男ヤスィンは、とても聡明な人で、調査にもよく同行してもらったり、聞き取りを手伝ってもらったりした。私の意図をよく理解してくれた彼の助けがなければ、この調査は成り立たなかった。二〇〇一年に同じ集落の女性アバイネシと二度目の結婚をして、一人の息子がいる。アバイネシの父親はエチオピア中部ショワ地方からのオロモ移民で、彼女はこの結婚でエチオピア正教からイスラームに改宗した。

一九七五年生まれの四男ディノは、ちょうど私と同い年で、二〇〇二年に村のボルチョ集落の女性ラザと二度目の結婚をした。ラザの父親はエチオピア北部ウォッロ出身のムスリム・アムハラで、母親はゴンマ地方のオロモ。彼女自身は、アムハラ語よりもオロモ語のほうが得意である。ディノには別れた前妻のもとに一人の息子がいて、二〇〇三年にラザとのあいだにも男の子が生まれた。末娘のアンバルは、九八年にゴンマ・オロモの男性アブドと結婚して村のババユ集落に住んでいる。娘と息子が一人ずついる。

彼らの屋敷地には、アッバ・オリ夫婦の家（A）のほかに、ヤスフ（B）、ヤスィン（C）、ディノ（D）の四世帯が家を構えている（図2-9）。すぐ隣には、アッバ・オリの弟にあたるアッバ・マチャ一家（E）が住んでいる。アッバ・マチャの家には、五〇代になる妻ジャルシッティと、ひとり娘であるカマルがいる。カマルは、何度となく離婚しては実家にもどってくることをくり返しており（二〇〇三年までに四回）、父親の違う娘と息子がひとりずついる。イル集落の道路に面した場所には、アッバ・オリとは母親の違う弟ジアドや、また別の母が産んだ弟アッバ・タマム（死亡）の息子ブルチャが結婚して家族とともに住んでいる。ブルチャの母親のハッラ・ヤクは目が不自由で、アッバ・マチャの隣

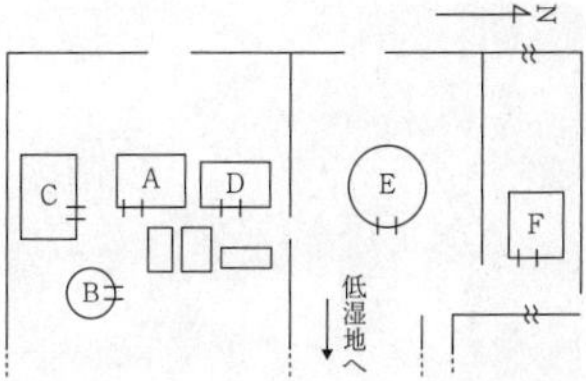

図2-9　アッバ・オリとその親族の屋敷の配置（2003年10月現在）

の家にひとりで住んでいる（F）。

　私は、調査期間のほとんどをこのアッバ・オリたちの住むイル集落の家に滞在しながら過ごしてきた（写真2-3）。ヤスィンに手伝ってもらいながら、村の地図を作成するためにGPSで計測して歩きまわったり、アッバ・オリの畑の収穫作業にくわわって、ともにトウモロコシの束を運びながら労働交換のデータをとったり、アッバ・マチャの家で毎年催されているイスラームの祝祭（マウリド）に参加して、祈りの歌にうっとりしながら朝を迎えたり、このアッバ・オリ一家にお世話になりながら、さまざまな経験をさせていただいた。

写真2-3　調査の拠点となったアッバ・オリの屋敷地

　多くの調査が、彼らと生活するなかで偶然に目にした出来事や彼らの何気ない言葉から思いついたことであった。アッバ・オリたちとの出会いがなければ、所有と分配というテーマを深めることはできなかった。なるべくなら、アッバ・オリたちがみせてくれたその生き生きとした姿を思い浮かべながら、この本を書いていくことを心がけたい。

4　複合社会のモノグラフをめざして

ふつう人類学の論文では、当然のようにタイトルに民族名が冠される。しかし、そこにはふたつの違和感がある。ひとつは人類学者が接している人びとが、どういう意味でその民族を代表しているのか、という点。もうひとつは、そもそも人は、つねに「民族」としてのみ生きているのだろうか、という点である。

私が調査を行なってきたのは、エチオピア最大の民族集団であるオロモの地域にあたる。オロモの人口は、エチオピア全土で三〇〇〇万人を超えるともいわれ、ムスリムもいれば、キリスト教徒もいる。牧畜民もいれば、農耕民もいる。方言も地域ごとに違いがある。こうした極端に大きな民族の一部で調査していると、オロモ研究という言葉を使うのは、あまりにむなしい。しかも、これまでみてきたように、コンバ村ではオロモが多数派を占めていながらも、「オロモ」という言葉でひとつにくくることは難しい。しかし、こうしたことは、もっと小規模で生活様式も同じ民族が居住する社会ならば、まったく問題にならないのだろうか。人類学者が調査のなかで身近に関わることのできる人の数は限られている。そこから「民族」を主語として描いていくことは、はたして適切なのだろうか。少なくとも本書では、私自身が接することのできた村人のことしか書くことはできない。コンバ村で暮らす人びとについての話ではあったとしても、ある特定の民族についての話ではない。

私が身近に接してきたアッバ・オリ一家は、民族的にはオロモの人たちである。しかし、彼らはかならずしもつねに「オロモ」として生きているわけではない。とくに巨大な民族集団である「オロモ」がひとつの政治的・文化的アイデンティティを主張するようになり、それが農村レベルまで浸透しはじめたのは最近のことにすぎない。[7] それまでは、アムハラなど北部の民族に対しては「他者」としての「ガッラ」であり、[8] 周辺のオロモのあいだでは「ゴンマ」であり、もっと離れた別の地域のオロモに対しては「ジンマ・オロモ」と名乗り、ゴンマ地方のオロモのあいだでは所属する「クラン」で呼びあうといった具合に、複数の「われわれ意識」を使い分けてきた。

それればかりではない。人びとと日常をともにしていると、そうした「民族」としての意識が前面にでてくる場面はそれほどあるわけではない。そのときどきによって、ムスリムとして、父親として、娘として、ときに男として、女として、エチオピア人として、彼らは日常のそれぞれの場面でさまざまな人物としてふるまい、生きている。これは何も特別なことではない。われわれの社会でも、日本人というだけでなく、生まれた地域や職業、社会的な立場など、ひとりの人間が同時に複数の枠組みに属しながら暮らしているのは当たり前のことである。

一九九八年にはじめてエチオピアを訪れたとき、ちょうど隣国エリトリアとの紛争がはじまった。エリトリアは、ついその五年ほど前に、エチオピアの一部から独立したばかりの国である。人びとはラジオから流れる「エチオピア政府はうそばかりついている」というエリトリアの扇動番組を笑いとばし、同時に政府からの戦意高揚番組にじっと耳を傾けた。コーヒー農園からはエリトリア出身とされる男性幹部が追放された。いつもは現政権がティグライに牛耳られ、自分たちの民族は軽んじられていると腹を立てていたオロモ農民も、少なくともこのときは「オロモ人」ではなく、「エチオピア人」であった。農村部から町に向かう乗合バスでは、古ぼけた銃を大事そうに抱える志願兵たちの姿をよく目にした。もはや現代のエチオピアでは、どんなに辺境に住む人びとであっても、国家の枠組みに規定される「エチオピア人」であることを免れることはできない。

人は、たったひとつの境界に囲まれた単数形の「社会」にのみ生きるのではない。複合的ないくつもの境界に囲まれながら、その境界ごとのアイデンティティや自意識をもち、それぞれの規範を身にまとって、複数形の「社会」のなかに生きている。本書は、そうした複合社会のモノグラフを描くことをめざしたい。人やモノ、情報などが国や社会を越えて行きかう時代の人類学には、こうした複数の境界に囲まれた人びとの生き方を照らしだせる視点がもとめられるだろう。

そのため本書では、トピックによって、その焦点距離を広角にしたり、望遠にかえたりしている。おおまかには、第I部から第II部、第III部と進むにつれて、そのフレームをひろげていく。親族や隣近所という小さな関係の輪のなかで葛藤し、相手の顔色をうかがいながら生きている家族の話にはじまり、村というコミュニティのなかでの土地をめぐる村人どうしの関係、そして国家という外部世界の大きな枠組みに取り込まれ、それと対峙しながら生きてきた人びとの話にいたる。それらは、どれも現実の一側面であるというだけではない。土地と富の所有という現象を「権威の所在」を確かめながら描いていくときの支柱となるエッセンスでもある。

これまで権利を規定する制度として、あるいは固有の概念によって構成されるものとして描かれてきた「所有」という現象を、家族からコミュニティ、国家といった複合的なコンテクストのなかの力学によって枠づけられるものとして、とらえなおしていく。最後に、第Ⅰ部から第Ⅲ部までの議論を整理したうえで、われわれの社会の基本的な原則として信じられている「私的所有」という概念について、エチオピアの事例からどのように相対化できるかを考えて、本書を締めくくりたい。

第Ⅰ部　富をめぐる攻防

ある男が畑の土地をもっている。その者は、自分で畑を耕し、その収穫物を「自分のもの」にする。ただ、じっさいには、彼がその土地から生み出された富をすべて独り占めできるわけではない。畑でつくられた作物などの富は、親族のあいだで分けられたり、隣人に与えられたり、家族で消費されたり、税金を払うために売られたりする。第I部では、土地から生み出される富がどのような手続きをへて、誰の手に渡っていくのか、この富の所有と分配の過程に注目する。

農民が収穫物を誰に与えているかを調べていくと、身近な家族から見知らぬ物乞いまで、さまざまな相手に分配していることがみえてきた。人びとは、妬まれることへのおそれや与えすぎると自分が困ってしまうというジレンマを抱えながら、「分け与える」ことと「与えずに自分のものにする」ことのはざまで揺れ動いている。

ここでとりあげる事例には、村で偶然、目にしたようなことや、調査とは関係のないところで経験した出来事も含まれている。村で暮らしている人びとの思いや、小さな社会関係の場でくりひろげられるミクロな事例を通して、所有や分配を支えている相互行為の「力学」を浮き彫りにしていきたい。

第3章　土地から生み出される富のゆくえ

1　乞われる食べ物

ひとつのエピソードからはじめよう。村では、収穫を終えて、トウモロコシを家に運ぶ作業が終わったころ、穀物袋をさげて物乞いをしてまわる人びとの姿をよく目にする。私がお世話になっていた農家にも何人もの人が訪れた。その多くが年をとった女性だった。

女性たちは、居間の椅子に座り、農民の妻に何やら相談をもちかけていた。「少しトウモロコシを分けてくれないか」。女性たちは、口々に自分たちには食べ物がなく困っていること、子どもが病気で働けないことなどを訴えた。なかには、まったく見知らぬ男性が家を訪ねてくることもあった。彼らは遠くの村からトウモロコシを乞いにやってきていた。そんな面識もない男性に対しても、数本のトウモロコシが手渡された。

集落でよく穀物などをもらってまわる者は、いったいどのような人たちなのか。まず、ふたつの事例を紹介しておこう。

事例1　トウモロコシを売り払った男（四〇代男性）

二〇〇一年、小作として人の畑を耕して、穀物袋で二五袋（乾燥実換算で約一〇一六キログラム）のトウモロコシを手にしていた。しかし、収穫したトウモロコシを市で売却してはインジェラ（穀物の粉を水と混ぜて発酵させて薄焼きにしたもの）や小麦粉といった上等品を購入し、雨季がはじまる五月には食糧がつきてしまう。彼は自分の家を建てるために集めていた木材を売り払って食いつないでいたが、やがて「家のなかには食べるものがまったくない」状態になった。彼にトウモロコシを分け与えた農民は、「あとで聞いたら、うちよりも収穫が多かったっていうじゃないか。何も考えないでトウモロコシを売ったりするからいけないんだ」と言う。

事例2　毎年のように乞いまわる女（五〇代女性）

夫と離婚して畑もコーヒー林ももっていない。別れた夫とのあいだに一人の娘と一人の息子がいる。しかし、娘は結婚して別の土地に行き、コーヒー農園の職員として働く息子とは折りあいが悪く、ほぼ絶縁状態にある。現在、もとの夫は村に住む別の女性と結婚している。

この時期、毎年のように集落中を歩きまわって食べ物を乞う。「ブンナ・クルス（コーヒーを飲むときのおやつ）をください。家のなかには何もないの。家で沸かして飲むコーヒーもない。だからジャバナ・ブンナ（ポットで沸かす分のコーヒー）をください」と言ってくる。トウモロコシを一〇本ほど与えた農民に対して、一〇日ほどたってから次のように言った。「もっとトウモロコシをちょうだい。このまえ少しだけくれて、それで与えたと思ってるの？」。それに対して、その農民が「この前だって、多すぎたくらいだ」と強く言うと、黙って行ってしまう。

事例1のように、物乞いをする人の「だらしなさ」が強調されることも多い。また物乞いをする人のなかには、事例2の女性のように、もらって当然という態度をとる者も少なくない。いったい、人びとはじっさいどのくらいの食物を他者に与えているのだろうか。そして、そういう者に分け与えることをどう考えているのか。本章では、こうした問いを考えていく。まず、じっさい主要作物であるトウモロコシがどのように与えられているのかを詳しくみてみよう。

2　農民の分配行動——収穫後の分配と日常的な分配〈1〉

人びとはどれほど自分で手に入れた富を他者に与えているのか。ここでは、農民の日常的な実践について分析する。とりあげるのは、いずれも村のマジョリティであるムスリム・オロモのふたりの農民男性（アッバ・オリとヤスィン）の事例である。

トウモロコシ収穫期の分配行動

エチオピア高地の農村部では、分益耕作（share cropping）がひろく行なわれている（第8章で詳述）。地主と小作との分益率は、畑を犂《すき》で耕すための去勢牛をどちらが提供するかで変わってくる。たとえば、地主が去勢牛を提供すれば、地主と小作は「二分の一・二分の一」の割合で収穫を分ける。去勢牛が小作のものであれば、地主と小作の分益率は「三分の一・三分の二」となる。しかし、トウモロコシなどの収穫物は、地主と小作のあいだだけで分けられているわけではない。収穫期、農民たちは、さまざまな方法で収穫作業のための労働力を調達する。「ダド *dado*」といわれる労働交換にくわえ、親族や友人に協力をもとめたり、土地をもたない貧しい農民が収穫物の分配をもとめて作業を手伝う場合もある。

小作として畑を耕していたアッバ・オリ（世帯A）の収穫作業にどのような人が関わり、そしてどういう人にトウモロコシが分配されたかを示したのが図I-1である。このデータをとった二〇〇〇年、アッバ・オリは、当時まだ独身だった二人の息子（Cヤスィンと Dディノ）とともに小作として働いていた。じっさいの収穫作業には、短時間だけ手伝っ

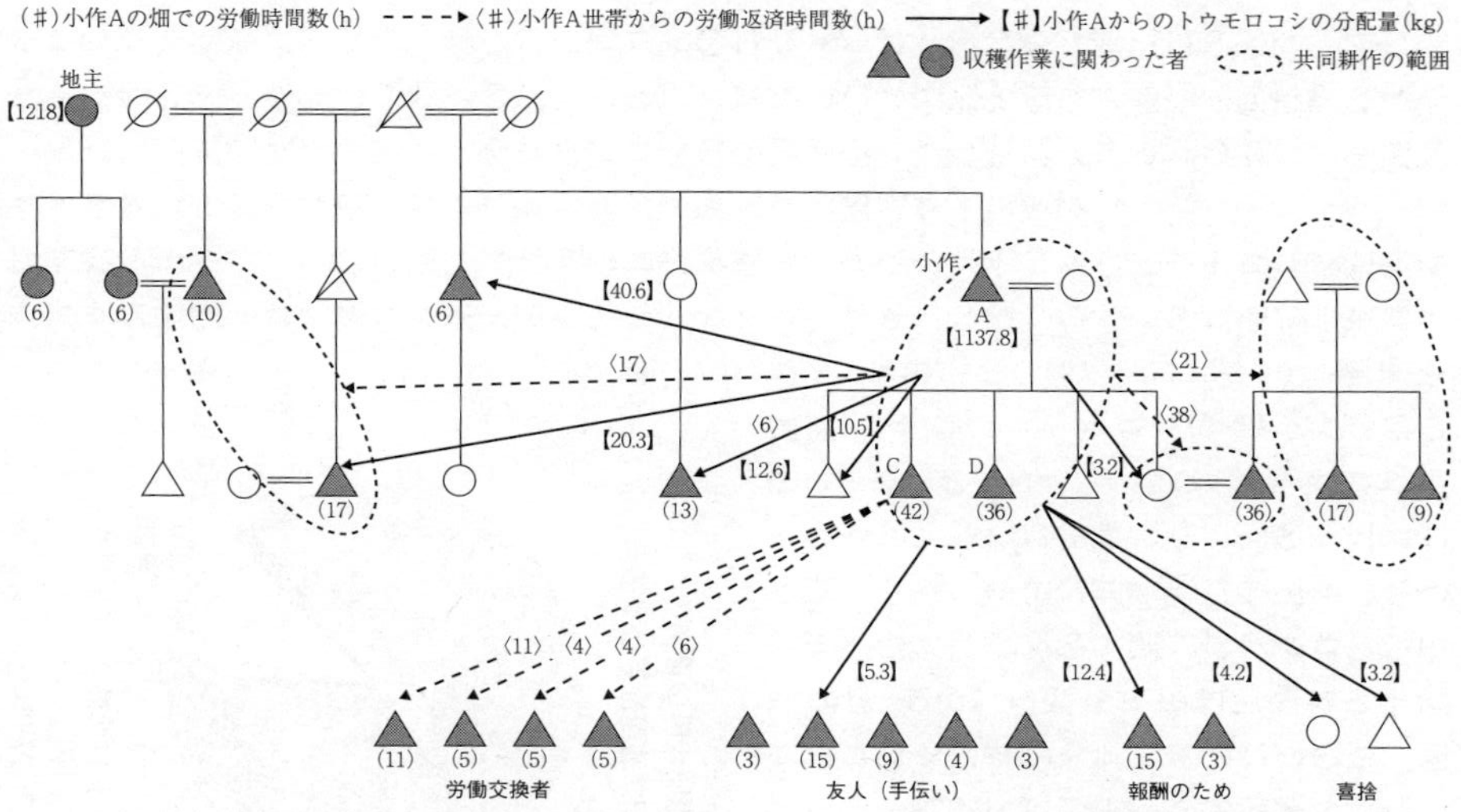

図Ⅰ-1　トウモロコシの収穫作業と分配量：小作農民A（アッバ・オリ）の事例（2000年10月）

各データの集計方法は以下のとおり。収穫作業への参加者・労働時間：直接観察，労働返済時間：返済者への聞き取り，トウモロコシの収穫量：じっさいの袋数より乾燥実の重量に換算，トウモロコシの分配量：分配者に聞き取った袋数・本数から乾燥実の重量に換算。

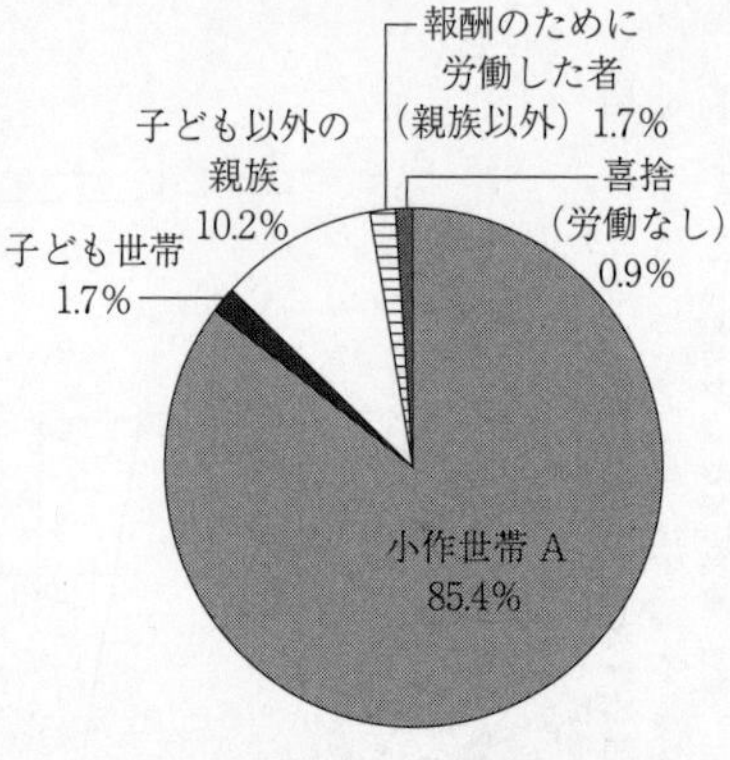

図Ｉ-2　小作世帯Ａの全収穫量に占めるトウモロコシ分配量の相手別割合（kg）

た者も含め、二四人の者がたずさわっている。

この小作世帯で収穫直後に分配されたトウモロコシの量をグラフにしたものが、図Ｉ-2である。これをみると、全体の一五%近くが世帯外への分配にあてられているのがわかる。さらに世帯外に分配されたもののうち、すでに結婚した二人の子ども世帯（婚出したひとり娘と長男）とそれ以外の親族三人（アッパ・オリからみて、弟、妹の息子、異母兄弟の息子）に対する分配量が世帯外に分配された量の八割を占め、もっとも多くなっている。これらの親族はいずれも収穫作業を手伝っているが、いわゆる日当労働よりもかなり多い量のトウモロコシが渡されていて、労働の対価といった意味合いを超えた分配になっている[2]。

また、収穫作業を手伝ってトウモロコシの分配を受けた者が二人いる。こうして手伝いをする者の多くが貧しい者なので、この二人に対しても日当労働の対価を上回る量のトウモロコシが渡されていた。さらに、直接労働にたずさわっていない者、この場合、村の貧しい老人世帯二世帯に対し、「喜捨 *zaka*」（次節で詳述）が与えられていた。友人として収穫作業を手伝った者のうちの四人と、報酬をもとめて手伝った者一人に対しては、いずれも短時間であったり、まだ所帯をもっていない若者であったりするため、トウモロコシの分配はなされなかった。友人として手伝って唯一トウモロコシの分配を受けた者については、「土地もなく、貧しいから与えた」という理由だった。

　労働交換による労働力の返済が、働いてもらった時間数だけ厳密に返済しているのに対し、そのほかの者に対しては、時間数に応じてというよりも、相手との関係やその経済状況によって量を勘案しながらトウモロコシを分配しているのがわかる。こうしたトウモロコシの収穫直後の分配では、親族や収穫を手伝ってくれた者など、ある程度、決まった相手に対して一度に多くの量が渡されることが多い（写真Ⅰ-1）。しかし、人びとのあいだでは、それ以外にも日々の生活のなかで「与える」行為が頻繁にみられる。次に、こうした日常的な分配の事例に注目してみよう。

写真Ⅰ-1　収穫されたトウモロコシの分配作業

日常的な分配行動——分配を支える社会関係

　ここでとりあげるのは、さきほどのアッパ・オリの三男にあたるヤスィン（三〇代男性）の事例である。彼は、けっして豊かではないが、村でも有数の働き者で、トウモロコシ以外にもタロイモやピーナッツなどを積極的に栽培している。このデータをとったとき（二〇〇二年から〇三年にかけて）、彼は結婚して独立し、男の子も生まれていた。妻が父親の土地を相続したことで、ヤスィンは自作農として、自分の畑を耕しはじめていた。

トウモロコシの収穫は、だいたい一〇月から一一月にかけて行なわれる。そのあとの乾季は、コーヒーが実る季節にあたり、村の経済がもっとも潤う時期でもある。一方で雨季は、ちょうど次のトウモロコシの収穫前にあたる端境期で、一年のうちでもっとも困窮する世帯が多い。この対照的なふたつの時期にそれぞれ六〇日間、誰に対して、何がどれくらい与えられているかを調べたものが、表I-1と表I-2である。

これをまとめると、乾季には、一四人（のべ二〇人）に対して、現金に換算できた分だけで五八ブル相当のトウモロコシやタロイモ、ピーナッツなどが分け与えられていた。一方で、雨季には二八人（のべ四一人）に対して、およそ八八ブル相当の作物などが与えられていた。とくにこの雨季の二ヶ月間には、早い時期に種を蒔くトウモロコシが収穫されていて、この未熟トウモロコシがかなり分配されていた。自分の家で消費された量はわからないが、売却した分の総額が一六六ブルで、分配にまわされた量が六二ブル相当となり、自家消費をのぞいた余剰トウモロコシの二七％あまりが分配にまわされていたことになる。

このヤスィンの分配リストをもとに、ひとつひとつの分配事例について聞き取り調査をした結果、分配の対象となる相手ごとに次のようなカテゴリー分けをすることができた（季節ごとの人数は「のべ数」）。

①父母と妹（乾季：六人、雨季：一一人）　父母と婚出した妹に対するもの。この場合、たまに返礼もなされるものの、貧しい側への日常的な「援助」といった性格が強く、少量の作物を必要に応じて頻繁に与えている。男兄弟の場合は、競合的な関係になりやすいためか、この手の分配はあまりみられず、一度に一定量が分配される②のかたちに近い。

②近隣の親族と男兄弟（乾季：四人、雨季：五人）　この場合、おもに自分の男兄弟と隣接して住む父方オジ家族（その妻や孫）が対象となっていた。ごく身近な家族に比べると頻度や量は減る。ただ、前項のトウモロコシの分配事例からもわかるように、トウモロコシが収穫された直後には、この領域の相手に対する分配がもっとも多い。直接的な返礼がなされることは少ない。

③雇用・手伝い関係のある村人（乾季：〇人、雨季：四人）　この場合、コーヒーの摘みとりなどを手伝ってもらう雇用関係や手伝い関係がある。雇われる側からの返礼は比較的なされやすい。ただし、その量は雇う側のほうがあきらかに多い。雇用・手伝い関係

表Ⅰ-1　農民世帯C（ヤスィン）の分配リスト――乾季

（トウモロコシの収穫後：2002年11/23〜2003年1/21の60日間）

日付	与えたもの	分量(現金換算)	分配相手	分配相手との関係／経緯
11/23	トウモロコシ	4本（約0.6B）	見知らぬ男性1	ガリーバ（巡礼者）の格好をして突然,家を訪れて物乞いをする
12/1	トウモロコシ	120本（約17B）	弟の離婚した前妻の父	病気のとき見舞ってくれたり，薬をもってきてくれたり，世話になる
12/2	トウモロコシ	2本（約0.3B）	見知らぬ女性1	物乞いをしながらよそから来る
12/4	トウモロコシ（実のみ）	3kg（2.7B）	集落の男性T	貧しい。妻のかつての実家の隣人
	トウモロコシ	2本（約0.3B）	見知らぬ男性2	ガリーバ（巡礼者）の物乞い
12/15	タロイモ	(2B)	母親	
	タロイモ	(2B)	妻の姉（異父）	金銭の貸し借り関係などもある
12/16	タロイモ	(2B)	父親のイトコAS(祖父の弟の息子)	贈与を受けることもある。10月の末にコメを2-3kgもらっていた
	タロイモ	(2B)	嫁いだ妹	トウモロコシなどもよく与えている
	タロイモ	(2B)	集落の老女HM	集落内をまわってよく食べ物を乞う
	ピーナッツ	2kg（6B）	母親	
12/18	タロイモ	(2B)	隣に住むオジの妻J	コーヒーのときに呼びあう関係
12/19	タバコ ピーナッツ	(1B) 1kg（3B）	ムスリム聖者SA	問題が起きたときなどに相談している。働かず，人からの布施で生活する。よくヤスィン家にきてはモノをせがむ。批判的な者も多い
12/24	タロイモ	(2B)	嫁いだ妹	
12/28	タバコ ピーナッツ	1B 0.5kg（1.5B）	ムスリム聖者SA	
1/6	ピーナッツ	0.25kg（0.75B）	父親のイトコAS	
1/9	タバコ ピーナッツ	1B 1kg（3B）	ムスリム聖者SA	
1/10	タバコの葉	適量	父親	喫煙者の父親のためにタバコを栽培
1/18	タロイモ	(3B)	嫁いだ妹	
	現金	2B	集落の男性M	新築祝いとして

14人（のべ20人）に対して，現金に換算すると58B（ブル）相当が与えられている。2002〜03年では，1B＝約13〜14円。なお，表Ⅰ-1・表Ⅰ-2・表Ⅰ-3の分配リストの調査は，おもに農民Cに家計簿とともに分配記録をつけてもらったデータ，および各事例についての聞き取り調査にもとづいている。

表Ⅰ-2　農民世帯C（ヤスィン）の分配リスト――雨季

（端境期：2003年4/18～6/16の60日間）

日付	与えたもの	分量(現金換算)	分配相手	分配相手との関係／経緯
4/23	トウモロコシ（実のみ）	8.5 kg（10 B）	父親	両親のトウモロコシがなくなったのを知って
	現金	1 B	母親	製粉所に行くお金がないと聞いて
	現金	1 B	嫁いだ妹	とくに理由もなく
4/26	タロイモ	（1 B）	嫁いだ妹	かねてからタロイモが欲しいと言われていた
4/28	タバコ	1 B	ムスリム聖者SA	
5/3	タロイモ 製粉トウモロコシ	（2 B） 1 kg（1.5 B）	嫁いだ妹	家のなかの食糧がなくなってきたと聞いていた
5/7	タバコの葉	1週間分	村の友人K	タバコを買いにいこうとしていたが，お金がないことを知っていたので。労働交換をする仲
5/9	トウモロコシ タバコ	8本（2 B） 1 B	ムスリム聖者SA	早蒔きトウモロコシがとれた時期に家を訪れたので
5/10	トウモロコシ タロイモ	10本（2.5 B） （2 B）	故ムスリム聖者AJの妻	こちらから出向いて渡す
	トウモロコシ	2本（0.5 B）	集落の女性Z	ブンナ・クルス（コーヒーのときのおやつ）がないと言って家に来た
	トウモロコシ	5本（1.25 B）	村の男性KA	畑の帰りに，農民Cの畑横の小屋に立ち寄ったので，こちらから渡す
	トウモロコシ	3本（0.75 B）	隣に住むオジの妻J	ブンナ・クルスがないと言うのでこちらから与える
	トウモロコシ	3本（0.75 B）	弟D	
5/12	トウモロコシ	5本（1.25 B）	集落の少年S	道すがら「家に行くからちょうだい」と言われる
	トウモロコシ	14本（3.5 B）	嫁いだ妹	
5/16	現金	2 B	父親	葬式講への支払い。父親の持ちあわせがなく
	トウモロコシ	4本（1 B）	集落の老女HN	食べ物に困って家を訪れる。ブンナ林をCに貸与するから，と言って（後に75 Bで貸借）
	トウモロコシ	20本（5 B）	嫁いだ妹	
5/17	トウモロコシ	5本（1.25 B）	村の友人K	草刈を手伝いにきていたので，渡す
5/18	トウモロコシ	5本（1.25 B）	嫁いだ妹	
	トウモロコシ	4本（1 B）	隣村の女性S	Cの畑の小屋に訪れて，乞う
	タバコの葉	10日分	村の友人K	前回の分がなくなったと聞いて，渡す

（次頁へ続く）

5/19	タバコの葉	1ヶ月分	村の男性AB	畑に来て，お金がないと言って乞う
5/22	トウモロコシ	10本（2.5B）	集落の男性KE	畑に来たので，与える
	トウモロコシ	10本（2.5B）	隣に住むイトコの息子	畑に未熟トウモロコシを食べにきたとき，家族にもっていけと言って渡す
	トウモロコシ	4本（1B）	集落の女性T	こちらから家まで行って渡す
	トウモロコシ	7本（1.75B）	集落の女性AD	コーヒー摘みなどで雇用する。こちらから渡す
	トウモロコシ	4本（1B）	村の男性Q	畑に来て乞う。息子は商店経営で裕福
	トウモロコシ	3本（0.75B）	集落の男性SA	モスクの手伝い人。畑に袋をさげてきて，乞う
5/24	トウモロコシ	6本（1.5B）	隣村の女性N	家まで来て，食べ物がないと言って乞う
5/25	トウモロコシ	14本（3.5B）	弟の離婚した前妻の父	家までもっていく
	トウモロコシ	6本（1.5B）	隣に住むオジの妻J	ブンナ・クルスがないと言うので
5/26	トウモロコシ	8本（2B）	嫁いだ妹	
	トウモロコシ	20本（5B）	兄MK	チャット商人。チャット購入時にこちらから与える。家にトウモロコシがないわけではない
5/27	トウモロコシ	20本（5B）	村の男性BA（呪術師）	問題が起きると相談する。家まで行って渡す
	トウモロコシ	10本（2.5B）	嫁いだ妹	
5/28	トウモロコシ	10本（2.5B）	巡礼者SK	別の日に父親のところに喜捨を求めてきていたので，人を送って与える
6/9	トウモロコシ	10本（2.5B）	隣村の男性SQ	道で会ったときに乞われる。家を訪れもらっていく
	タバコの葉	20日分	故ムスリム聖者AJの妻	タバコを吸うのを知っているので
6/11	トウモロコシ	20本（5B）	集落の女性K	「あとで返すから」と言われて，渡す
	トウモロコシ	3本（0.75B）	集落の少年K	畑へ薪とりにきていたので，渡す

28人（のべ41人）に対して，現金に換算すると88B相当が与えられている。

を維持するための一種のボーナスのようなものかもしれない。

④**お世話になっている村人**（乾季：四人、雨季：六人）　この事例では、悩みを相談しているムスリム聖者（*sheikota*）とされる人物や呪術師、あるいは過去に病気になったときに見舞ったり、薬をくれたりした者（弟の離婚した前妻の父）が含まれる。聞き取りからは、感謝の念をあらわしたり、関係が悪化しないよう気遣っている様子がうかがえる。この場合、返礼はほとんどなされない。

⑤**村内や村外の知人、とくに貧しい者**（乾季：三人、雨季：一五人）　畑や家まで来て頼まれるケースが多く、人数的にも、もっとも多くみられた。とくに端境期にあたる雨季に多い。返礼はほとんどなされていない。

⑥**見知らぬ物乞い**（乾季：三人、雨季：〇人）　家を訪れて乞われることが多い。この場合も、返礼はなされない。

以上から二つの点があきらかになった。まず食糧に困る雨季に、より頻繁に作物などが与えられている。そして、かならずしも近親者だけではなく、むしろ関係が遠い相手に対しても頻繁に与えられており、いずれの場合も返礼がほとんどなされていない。たしかに、④の数人をのぞいては、富の流れは、もつ者からもたざる者へと向かっている。おおまかには社会的な富の平準化が起きているともいえる。しかし、それぞれの分配事例をみると、それらが平準化や相互扶助のために行なわれたとは考えにくい。たとえば、③や④をみると、富を与える方向は、社会経済的な上位者から下位者へ、下位者から上位者へと異なるものの、その目的は「関係を築いて保つため」と要約することができる。一方、②のような親族は、血縁関係にあるだけでなく、近くに住んで日常的に接することで、すでに密接な関係が築かれている。つまり「関係を築いて保つため」に富を「与えている」というよりは、身近な関係にあるがゆえに、一方だけが富をため込むことを避けている様子がうかがえる。ただし、①の場合には分配が不定期に随時行なわれているのに対し、②では、穀物の収穫といったどちらか一方に大量の富が入ったときに、その一部を分け与えている。こうした意味でも、①が「援助」という言葉で表現できるとしたら、②は「義務」といった言葉を用いたほうが適切のように思える。

⑤のような場合は、そのどちらともいいがたい。たしかに村内や隣村の顔見知りではあるが、日常的に接しているわけでもなく、返礼がなされるわけでもない。ただ、このカテゴリーの者に対するものが、分配相手の数としてはもっとも多い。そして、⑥にいたっては、まったく見ず知らずの者が分配対象となっている。かならずしも返礼が行なわれないにもかかわらず、関係が疎遠な者も含めて、なぜこれほど頻繁に富が分け与えられているのだろうか。この一方的に与えるだけで返礼が行なわれない「分配」という行為の背景について、村人の言葉などを頼りにしながら、掘りさげていきたい。

3　分配のジレンマ

村の知人などへの分配は、どういうきっかけで行なわれるのか。ヤスィンは次のように説明する。

「みんな、あそこはトウモロコシの収穫が多かったとか、タロイモを掘り起こしたなどといった噂を聞きつけてやってくる。道端で会ったときなんかに「今度、もらいにいくよ」と声をかけてくる。そう言ってまだ取りにきてない者もたくさんいる」(Yasin, 2003. 1. 3)。

たくさん収穫があった者は、つねに「分け与える」ことを期待される。そして、豊かな者が分配を行なうことは、むしろ当然のように考えられている。それでは、よく「互酬性」や「相互扶助」といった言葉でも説明されるように、与えれば、いつか自分が困ったときに助けてもらえるのか。それを期待して与えているのか。それをたずねると、次のような答えが返ってきた。

表Ⅰ-3　農民世帯C（ヤスィン）への分配リスト

（2002年12月〜2003年11月の1年間）

月	受けとったもの	分量（現金換算）	もらった相手	相手との関係／経緯
4月	コーヒー	2kg（約4.4B）	嫁いだ妹	コーヒー農園で廃棄処分されたコーヒーに農民たちが殺到。Cは行かなかった
	コーヒー	1.5kg（約3.3B）	嫁いだ妹	同上
	コーヒー	2kg（約4.4B）	父親のイトコAS	同上
7月	マンゴー	4個（0.8B）	村の友人K	Cの2歳の息子へということで
	マンゴー	2個（0.4B）	村の友人K	同上
	マンゴー	1個（0.2B）	村の友人K	同上
8月	シュロ（豆の粉）	0.75B	集落の女性AL	Cが牛乳を与えた容器に返礼として入れてきた
	タマネギ	0.25B		
9月	インジェラ	2枚（1B）	集落の女性AD	いつものお返しとして。C家ではヤムイモを育てていなかったので
	ヤムイモ	1.5B		
	キャベツ	6B	イスラム聖者SA	Cはミルクとバターを袋に入れて返礼
時々	パン	1回1B	母親	町の市場に行ったときにCの息子へ。Cも町へ行くたびにパンを買って与える

「人にものを与えても、相手が感謝して、あとでお返しがもらえるなんてことはめったにない。それどころか自分たちが問題ないときは近寄ってもこない。こっちが困っても助けてはくれない」（Yasin, 2003. 10. 4）。

じっさいの観察でも、物乞いをする者は困って作物などの分配をもとめるとき以外は、ほとんど姿をあらわさず、与え手との深い社会関係を築くことはなかった。与え手は、ほんとうに何も返礼を受けずに一方的に与えているだけなのだろうか。このことを裏づけるために、ヤスィンが一年間に受けとった分配／返礼について調べてみた結果が表Ⅰ-3になる。

これは一年間のリストである。さきほどの六〇日間の分配リストにくらべて、いかに少ないかがわかる。ときどき限られた人から少量のお返しを受けることはあるものの、そういったときも、ヤスィンはさらなる返礼を渡している。つまり、たくさんの分配が行なわれる理由は、返礼をもらえるからでも困窮時の生活保障を期待しているわけでもないのだ。しかし、返礼が期待できないまま与えすぎてしまうと、次は自分が困ってしまう。このあたりのジレンマをうかがわせる場面にでくわした。同じ村に住む高齢女性がヤスィンの家にトウモロコシを乞いにきたときのことである。

事例3　高齢の女性が物乞いにきた場面（2002.11.10）

未亡人。息子たちはともに稼ぎがほとんどない。「ひとりの息子は病気になってるし、もうひとりの息子は畑を耕すこともできない。私には何もない。トウモロコシを少し分けてほしい」。女性の話を聞いてあげていた母親に対して、ちょうど畑仕事から戻ってきたヤスィンは「一本も与えるな。他人にあげるほどの余裕はないんだからな。おれたちといっしょに畑を耕したとでもいうのか！」と声を荒げて叫んだ。母親は黙ってその場をやり過ごし、あとでその女性にいくらかのトウモロコシを与えたようだ。このときヤスィンは、次のように話した。「むかしはたくさんの収穫があっても、両親は村人が穀物袋をもって物乞いにくると、すぐに分け与えてしまい、最後には一年分あったトウモロコシも半年でなくなってしまった。ほんとうに大変だった」。

どれだけ他人に与えていても、与えた者に食べ物がなくなったとき、すぐに援助の手が差し伸べられるとは限らない。それなのに自分たちが苦労してやっと手にした作物を、そう簡単に人に与えるわけにはいかない。働けるのに働こうともしない怠け者なら、なおさらそうだろう。よく家に来る顔見知りの男性が訪れたときの会話にも、こうした思いがストレートに表現されていた。

事例４　元兵士の四〇代男性ムハンマドが家に来たときの場面（2003. 1. 23）

社会主義時代の元兵士。村に戻ってからというもの、結婚もせず、畑も耕さず、人の家を泊まり歩いている。「喪に服す家（*mana taaziya*）」では、一週間ほどトタン屋根の仮設の小屋が建てられ、食事も集落の者がもってきてふるまわれるので、そうした家に寝泊まりすることが多い。ディノの妻の父親が亡くなってアッバ・オリ家に仮設小屋が建てられたときにも、彼は家に来ていた。アッバ・オリが、冗談まじりに「お前の泊まりまわってる家はいくつか？　七つくらいにはならないか？」と言うと、ムハンマド（M）は、「一〇〇は超えるな」と答える。以下、アッバ・オリの妻ファトマ（F）とヤスィン（Y）。

F「アッラーの思し召しのある人が、彼に与えるんでしょう」

Y「みんなアッラーのために与えてるんであって、彼のために与えてるんじゃない」

M「ここに来ないようにと、〔そんなことを〕言ってるのか」
Y「なんでうちに来るんだ。来ないでくれ。あんたは罪人だ。神が〔死後にその罪を〕問うだろう」
M「あんたは、まったく逆のことを言ってる」
Y「逆のことではなくて、ほんとのことだ」
F「ムハンマドには親戚もいないじゃない。妹はいるけど、遊び人だし」
Y「彼こそ遊び人じゃないか。働きもしないで」
F「両親もいないじゃない」
Y「何だって？　じゃあ母さんには、両親はいるのか？」

この会話には、母親と息子の「分け与える」ことへの心情的なずれがあらわれている。それは、世代間の「分け与える」に対する思いの違いかもしれないし、ヤスィンのようにじっさいに汗水たらして働いている男性とそれを受けとる女性とのあいだの意識の違いかもしれない。しかし、そんなヤスィンでも、じっさいには前節で示したように、たくさんの作物をさまざまな相手に与えている。

あるとき、見知らぬ男性に数本のトウモロコシを手渡していたヤスィンに、なぜ見ず知らずの人に与えたのかとたずねると、彼は次のように答えた。

「〔トウモロコシなどの作物は〕神様がくれたものなので、乞われたら何ももたせないで帰すのはよくない。家のなかにあるのに、ないと言って追い返せば、ほんとうになくなってしまう」(yasin, 200. 1. 3)。

与えすぎるとあとで自分たちが困ってしまうとわかっていながらも、同時に彼には「分け与えないでため込む」ことへの罪悪感があるようだった。彼の言葉にもあるように、その罪悪感を支えているひとつの理由が、イスラームの宗教的な規律であることは間違いない。村人は、イスラームの教えのなかに「分け与える」ことを定める二つの規律〈*zaka*〉と〈*sadaka*〉があると説明する。

義務としての喜捨 *zaka*:アッラーに対する義務。収穫の一〇分の一を貧しい人に与えなければならない。とれた穀物のうち一〇分の一は、家には持ち帰らずに畑に残しておき、それを貧しい人に取りにくるよう伝える。人が取りにこなくてサルやイノシシが食べても、そのままにしておくべきものだという(じっさいには行なわれていない)。また、ラマダン(断食月)の最後には、集落のムスリムから大人一人につき両手で四杯のトウモロコシの実(家族が三人なら一二杯)を集めて、父母のいない子どもや土地をもたない女性などに与えられる〈zakatil fitr〉と呼ばれる。じっさいには現金に換算した額が個別に与えられることも多い)。

自発的な喜捨 *sadaka*：ふたつの種類がある。①貧しい人に恵むこと。喜捨。物乞いをする人にインジェラやトウモロコシを与えること。②死んだ者が〈*sadaka*〉として残した財産。土地であれば、そこから得られた収穫物をもとに、死者と神に感謝の祈りを捧げて饗宴をもよおし、人びとにふるまう。個人で消費することは許されない。

キリスト教徒であれ、ムスリムであれ、ふつう食べ物を分け与えてもらった者は、「神のご加護がありますように」といった祝福の言葉を返す。与えた者は、神から祝福を受けることができる。そのため富が一方に与えられているとしても、この場合、神を通した反対給付がなされるといえるかもしれない。いずれにせよ、人びとの「分け与える」という行為が、こうした宗教的な規律の存在によって支えられている側面は否定できない。しかし、はたしてそれだけなのだろうか。次章では、宗教の規律を超えて渦巻く人びとの思いをさぐっていこう。

第4章　富を動かす「おそれ」の力

1　望まれない豊かさ

　富は誰のものなのか、誰が手にするべきなのか。この「富の所有」をめぐる攻防は、さまざまな「思い」のなかにある。本章では、社会のなかで「豊かになる」ことが、どのようにに思われているのか、富をもつ者は、どういう気持ちでそれを手にしているのか、人びとの何気ない言葉やエピソードを手がかりにしてさぐっていく。そこから、なぜそれほどまでに富が分け与えられているのか、それを支えているものは何なのか、その最初の問いへの議論につなげていきたい。

　ヤスィンは、とても働き者である。だからこそ、それほど豊かではなくても、人に分け与えるだけのものを手にできている。あるときそんな彼が、私に愚痴をもらした。

「みんな他人が働いて豊かになることを望んでない。人が一生懸命に働いていると、「こいつはブタのように土を掘り起こしている」とか、「朝も夜も走りまわって、おまえは盲目の家族でも養っているのか?」とか声をかけてくる。畑仕事から帰ってきたときも、「少しは休んだらどうなんだ。何をそんなにせわしく忙しそうにしてるんだ。どこに行ってきたんだ? どこかにビルでも建てるつもりなのか?」と言ってくる。このあたりの人間は、みんなそんなやつらばっかりだ」(Yasin, 2003. 1. 9)。

一生懸命に働いていると、まわりからは非難を受ける。村で生活していると、成功して金を手にした者やたくさんの収穫があった者を冷やかしたり、責めたりする場面をたびたび目にする。とくに友人どうしなどの関係では、あからさまな皮肉や罵倒の言葉があびせられることもある。身近な者が自分よりも豊かになることは許されない。どうにかして、人が豊かになることを阻止しなければならない。そのためには、他人をおとしいれる邪術が駆使されることもある[3]。

悪意をもって、他人の畑を不作にしたり、蜂の巣箱に蜂が入らないように妨げる。村人は、そんな邪術を使う者〈*mortu*〉がいるという。職業的な呪術師〈*t'ängʷ ay* (Am.)〉とは異なり、ふつうの農民の名前があげられる。そのため、誰が邪術者なのか、人によって言うことが違ったりする。「あいつは邪術者に違いない」。人びとのあいだで、そんな憶測がとぶ。

アッバ・オリとヤスィンに、村の邪術者についてたずねると、一〇人ほどの男性の名があげられた。民族も、ムスリムかキリスト教徒かという宗教も関係ない。なかには、同じ集落に住んでいて、葬式のときなどに楽しげに会話していた老人も含まれていた。たとえ相手のことを邪術者だと思っていても、日常的な関係のなかでは顕在化しない。

さて、それはどんな邪術なのか。邪術者たちは、労働交換ダドなどのときに人の畑で播種した種を土とともにそっとポケットに入れる。それを家に持ち帰ると蒔かれた種のすべてがだめになってしまう。あるいは、早朝や深夜に、人の畑の上で裸のまま舞い踊り、呪いの言葉を唱える。するとその畑では、もう作物が実らなくなる。人びとに邪術者だと疑われているある男の噂話を紹介しよう。

事例5　人をおとしいれて豊かになった男

金のまったくない貧しい男だった。ある呪術師のところに行き、呪薬をもらってきたという。もともと国営農園の労働者だったが、いまではたくさんの牛や土地をもつ農民として、数年前には、トタン屋根の立派な家を建てた。どちらかというと無口な男性で、あまり人と交わらずに畑などで黙々と働いている姿をよく目にする。

水曜の昼には、チャットを傍らに置き、部屋のなかで縮こまってうつ伏せになったまま、じっとしているという。人が来ても口を開くことはない。夜、人のコーヒー林のなかを歩きまわって少しずつ摘んでは自分の倉に入れる。彼に摘まれたコーヒーは実らなくなってしまう。あるとき、まだ夜が明けきらない早朝にコーヒー林を徘徊している姿をひとりの老人によって目撃される。そして精霊「ジンニ *jinni*」[4]のためにヤギを供犠していると噂される。「彼の家にはジンニが集まってくる」。

邪術者だという非難は、たんに人の作物などをだめにするという行為だけに向けられているわけではない。この男性の場合は、急に豊かになったことへの非難のあらわれでもあった。もちろん、彼も貧しい者への喜捨や施しを行なっている。しかし、人びとは言う。「あいつからもらっても何にもならない。きれいなカネじゃない」。彼には「人のものをだめにして、不当に豊かになった」という疑念の目が向けられている。しかし、それは邪術者に限ったことではない。たくさんの人に作物を分け与えているヤスィンも次のように言う。

「ものを与えて助けてあげたのに、あとで仲が悪くなってしまうことがある。悪い噂を流されたり、呪術でこれ以上、豊かにならないようにされたりする。「なぜそんなに豊かになるんだ」と責められ、「どうせ、ちゃんと働いて手にしたものではないだろう。邪術や呪術のおかげで豊かになったんだ」と言われてしまう。なんで自分よりも豊かになって恵むようなことをするんだと、それが許せないんだ」（Yasin, 2003. 10. 4）。

豊かになる。そこには、つねに何らかの嫌疑がかけられてしまう危険が潜んでいる。村で豊かになった者たちの話を聞いていくと、ほとんどすべての者に「呪術を使って儲けた」といった疑いがかけられていることがわかってきた。「豊かさ」には、つねにネガティブな「まなざし」が向けられている。

2 「豊かさ」へのまなざし

首都のアディスアベバにほど近い場所に有名な呪術師がいる。村で金持ちになった者の多くは、そこに行ってきたのだという。真っ暗な部屋に入ると、地獄絵図のような悪魔がかったおどろおどろしいものを見せられ、儀式をとり行なう。イスラームの経典クルアーンに小便をかけ、薬をもらう。そして、「ハイエナになる」。

事例6　街のハチミツ酒屋の女主人

近くの酒屋が一日に三〜五樽しか売れないのに、ある女性のハチミツ酒（タッジ）屋だけは一日九樽も売れる。ある深夜、彼女は真っ白いハイエナの背にのってアガロの街を徘徊していたところを警官につかまったという。多額の金を賄賂として渡して釈放されるが、彼女とハイエナとのつながりが囁かれる。

事例7　村一番の成り上がり男

何もなかった貧しい男が村一番の金持ちになった。帝政期に父親が移住してきたとき、彼らは土地もなく、小作として人の土地を耕していた。この男性も幼いころから人の家で使用人のようにして働きながら、暮らしていた。社会主義時代に集団農場に入り、製粉所の責任者に抜擢された。集団農場をでてからは、村の小さな商店を購入して、商人として働きはじめる。それから数年後の一九九四年、コーヒー価格が高騰する。彼はこのとき大量のコーヒーを売却して、大もうけする。そして、村で最初の製粉所を経営しはじめた。

あるとき夫婦げんかをして、仲裁者とともに話し合いをもつことになった。激昂した妻が夫に対して口走った言葉が噂をひろめる。みんな思った。やっぱりそうだったのか、と。「あんたなんて夜な夜なモーモーと鳴いて〔ハイエナの鳴き声〕お金をもってこさせてるだけじゃない。それがなくなったら何も残らないくせに……」。

事例8　商売で成功した若い兄弟

貧しかった兄弟は、幼いころから、隣村の農家からオレンジやバナナ、サトウキビなどを買いとっては、村の市で売って小銭を稼いでいた。一九九三年にある高齢の女性の家を借りて、ふたりで商店をはじめる。そしてその翌年、コーヒー価格が急騰し、彼らも大金を手にする。その後、彼らはそれぞれ別の商店を買いとり、村でもっとも大きなスーク（小商店）を経営するまでになった。

兄弟のひとりは、夜中に裸で村の大通りにでて、転げまわって体中に土をなすりつけたあと、その土を家に運んでいる。彼のスークには、その土が小瓶に入れておいてある。呪術師にそうするよう指示されていて、彼らは呪術師に対して、毎年、お金を払っているという。別の商店で成功した者の例でも、まだ夜が明けきらない早朝に、裸で水タンクをたたきながら水場まで行き、水を汲んで家に持ち帰るという。これらの行動は、土の上で仰向けに転げまわったり、水タンクを背にのせて水を運ぶ「ロバ」の姿と重なる。

事例9　ハイエナで豊かになることを夢見る男

アッバ・オリ家の次男ヤスフは、どうも汗水流して働くのが苦手。まったく働こうとしないために、妻がよく家出していた。そんなある日、「おれは今晩、ハイエナを捕まえてやるんだ」と言い出す。ハイエナを捕まえることで、「金持ちになれる」のだという。夜中、家の外に吊るしたハイエナの皮を使っておびきよせるつもりらしい。家族は、そんなヤスフのことを鼻で笑う。次の朝、彼は「昨夜はついにハイエナがあらわれなかった」と残念そうに言う。

「金持ちになること」と「ハイエナ」や「ロバ」という忌み嫌われる動物とのつながりが、いたるところで強調される。こうした噂をたてられている豊かな者たちは、いずれも短期間のうちに富を手にした者たちばかりであった〈5〉。

とくに一九九四／九五年のコーヒー価格の高騰によって、商店主を中心に大金を稼ぐ者がたくさんあらわれた（第11章第4節で詳述）。これが村のなかに富裕層を出現させる契機となった。豊かになった者のうちで、悪い噂のない者はいないのかとたずねてみると、ふたりの名前があげられた。しかし、いずれも隣村の者で、もともとゴンマ王国の王族クランに属していた豊かな家系の者であった。なぜ村の者がいないのかとたずねる私に、ディノはこう話してくれた。

「むかし、コンバにも有能な商人がいたんだが、呪術師の力を借りなかったので、没落して、彼の店には誰も客が行かなくなった」（Dino, 2001. 8. 14）。

「人が自分よりも豊かになるのは許せない」。「豊かになった者は、不当な手段を使っている」。そんな「豊かさ」に向けられるまなざしは、じつはそれだけで「豊かさ」をくつがえす力をもっている。呪薬など使う必要はない。ただ「いいなぁ」と思って見ればよい。

畑仕事をしている人の横を通りかかるとき、みな決まって声をかける。「神様が買ってくれますように（お恵みくださいますように）」。そう声をかけられた者は、「アーメン」と応じる。私は日本の感覚から、「今日も精がでますね。たくさん実るといいですね」くらいの言葉だと思っていた。夕暮れどき、水汲みから帰る女性が、鍬をふるっている男性にぺこんと頭をさげて声をかけていく。そんな姿は、まさにのどかな農村の微笑ましい情景だった。しかし、あるとき私が「みんな畑の横を通るとき、声をかけるんだね」と感心して言うと、ヤスィンは次のような意外な言葉を返してきた。

「たとえば、人が牛に犂を引かせてるときなんかに、その隣を何も言わずに黙って通り過ぎでもしたら、「何を黙ってるんだ！」と牛を打つ鞭でひっぱたかれてしまうよ」

(Yasin, 2003. 1. 9)。

彼らにとって、「うらやましいな」とか「いいなぁ」と思って投げかけられる視線はそれ自体が悪い作用を及ぼす。いわゆる「邪視 *budah*」と呼ばれるものである。これには、意識的な邪視と無意識的な邪視の二種類がある。意識的な邪視は、リネージによって、つまり血縁によって引き継がれる。「どこそこは邪視の家系だ」と言われる。母から娘へと引き継がれることが多い。無意識的な邪視には、道端で見てほめることなど日常的な行為が含まれ、たんに「人の目 *eja nama*」と呼ばれる。

畑の場合であれば、ただじっと見て黙っていると、作物が育たないなどの悪い影響がでてしまう。神に恵みを乞う言葉をかけることで、その害を防ぐことができるのだという。「言葉をかけないと邪視の疑いをかけられてしまう」。心のなかでこう怯えながら、みな声をかけることをなかば強いられていたのだ。この話を聞いてからというもの、畑を歩きまわるときは、私も忘れず言葉をかけるようになった。

こんなことを意識しはじめると、牧歌的な農村の風景も一変してしまう。種が蒔かれた畑のなかに五〇センチほどの棒がたくさん立てられている。先にビニールの切れ端がつけられ、風にふわふわと揺れている。鳥よけの案山子代わりだと思っていたが、それだけではなかった。人の目がじかに作物に向かわないようそらすために立てられているという。ほかにも、畑のそばに牛の頭蓋骨がおかれていることもあった。たしかにどきっとして、思わず目を奪われてしまうのだが、気味が悪い。富や豊かさは、お金などの物財だけではない。邪視がもっとも問題になるのは、赤子に対する視線である。こんなことがあった。

事例10　病気になった赤子（2003. 1. 12-13）

ヤスィンの妻アバイネシがまだ一歳ほどの長男アッバスを背負って、顔色を変えて帰ってきた。その日は、朝から葬式の準備を手伝いにボルチョ集落まで息子を連れて出かけていた。アッバスは、顔を紅潮させ、ぐったりとしていた。頬を触ると、あきらかに熱があった。ミルクを与えてもすぐに吐いてしまうという。

ちょうどそのとき家を訪れていた中年の女性三人が部屋に入ってきた。うつろな目をしているアッバスを見ると、かなり大げさに顔をしかめながら、「どうしたの？　どこに連れていってたの？」とアバイネシを問いただした。アバイネシが、「葬式の準備に」と答えると、「そんな人の大勢いるところに連れていったらだめじゃない。邪視よ、ぜったい邪視よ」と、口々に言いはじめた。そして、アッバスに向かって、つばを吐きかけた。つばを吐く行為には、祝福を与える意味がある。しかし邪視が問題になるとき、そこにはもうひとつの意味があるという。邪視者は吐くつばが白く濁っていると考えられている。つまり、つばを吐きかけることで、自分は邪視者ではないと周囲に示しているのだ。

隣村に強力な邪視の薬を処方してくれる女性がいるから、そこに行ったほうがいいと助言を残して、女性たちは帰っていった。結局、次の日、私が強く主張して農園の医者のところに連れていくと、扁桃炎であることがわかった。お尻に抗生物質入りの注射をして、アッバスは快方に向かった。

人びとは、元気な赤子が生まれると、それが周囲からの妬みの対象になると考えているようだ。赤ん坊をかわいいと言ってほめることも邪視の疑いをかけられるために避けられることが多い。[6] 邪視への対抗薬として、邪視者の毛髪やハイエナの皮を赤ん坊の首にさげたりもする。

急に豊かになった者へは、つねに猜疑の目が向けられている。そして同時に、相手を羨んだり、妬ましく感じたりする思いが、その富を危ういものにする。ときには、赤子を病気にまでしてしまう。そして、人びとは自分が妬ましさを感じていると思われないようにふるまう。「豊かさ」に向けられるまなざしは、自分自身に対しても投げかけられる。自分は、邪視だと思われていないだろうか、と。

人びとの豊かさへの交錯した思いは、どのように富が分け与えられることにつながっているのか。次に、富を分け与える相手との社会関係の違いに注目して、具体的な事例を分析していきたい。

3　親族からの妬みの圧力

コンバ村では、身近な親族から見ず知らずの他人まで、さまざまな相手に富が分け与えられている。はたして分け与える相手との社会関係の違いによって、分配行動の背景に差異があるのだろうか。ここでは分け与える相手による分配行動の違いを、社会的距離の近い「親族」と逆に社会的距離の遠い「よそ者」というふたつの領域に焦点をあてて考えてみたい。

第3章でもみてきたように、近い関係にある親族には、多くの分配が行なわれている。とくに近隣に住む父系親族に対しては、作物の収穫後を中心に義務的な分配が行なわれていた。こうした「義務」が意識される背景に何があるのか。ここで分配をめぐる親族との関係を示す事例を紹介していこう。

事例11　親族からの呪術（2000. 9. 25–26）

ヤスィンとともに、弟のディノが耕しはじめた畑に行ったときのこと。牛に犂をひかせて畑を耕しはじめたディノは、土のなかに何かが埋められているのに気がついた。掘り起こした物体をみながら、ヤスィンと小声でささやきあっている。のぞいてみると、こぶし大の黒っぽいものが、ちょうど「おひねり」のようなかたちでビニール袋に包まれていた。彼らはそれが何なのか、その場では詳しく説明してくれなかった。しばらくして、それが「作物が実らないように」という意味の呪物（*falfala/moora*）だと打ち明けてくれた。村の呪術師は、ディノたちが「よく働かないように」あるいは「自分たちよりも豊かにならないように」と願って親族の者が埋めたと説明してくれたという。〈7〉

この年、ディノは、それまで耕されていなかった隣村のひろい土地を借り受け、あらたにトウモロコシとモロコシを栽培しようとしていた。収穫がたくさんあれば、親族の者には分け与えてもらえる可能性もでてくる。ディノの収穫が多くなったからといって、親族の者に何の不利益があるのだろうか。自分たちが豊かになることが、それほど許せないのか。「親族」といった身近な領域には、自分たちよりも豊かになることへのネガティブな感情が横たわっている。あるとき、このことをさらに実感させられる場面に居合わせた。

事例12　分配への期待という圧力（2003. 10. 3）

隣に住む従姉《いとこ》のカマルが次のようなことを言ったと、母親のファトマがヤスィンに伝えにきた。「わたしが病気で具合を悪くしているのに、ヤスィンは見舞いにもきてくれない。神よ、裁きを下したまえ（*rabbi afarduu*）！」。この最後の言葉は、「悪いのがどっちなのか、神に裁いて罰を下してもらおう」というかなり強烈な言葉である。これを聞いたヤスィンは、とても困惑したような表情をうかべて、次のように言った。「いつも畑仕事にでているし、病気しているとは聞かなかった。それに、彼女はいつも腹が痛いとか、頭が痛いとか言っては、寝てばかりいる。いつもそうやって体調が悪いから、ミルクやバターを与えている。今度も、どうせミルクやバターをもってこい、ということなんだ」。ヤスィンは彼女に対する愚痴を並べたてたものの、結局はカマルのもとに「具合が悪かったなんて聞いてなかった」と言って見舞いにたずねた。

じっさいにカマルがミルクやバターを欲しくてそうした言葉を吐いたかどうかはわからない。しかし少なくとも、ヤスィン自身が親族であるカマルから「もっと富を分け与えるべきだ」という圧力をつねに感じていることは間違いない。親族という密接な関係にあるからこそ、その圧力はいっそう強く作用する。

より豊かな者は、富を分配するよう圧力をかけられ、自分たちよりも豊かになっていくことへの嫌悪感＝「妬み」の対象となる。ときに、その感情は親族への呪術（の嫌疑）というかたちでも表出する。こうした妬みが富の分配の背景となっていることは、これまでの研究でも指摘されてきた［掛谷 1983; Foster 1972］。

しかし、ここで重要なのは、その「妬み」が社会関係によって異なる作用をするのではないか、という点である。「妬み」やそれにもとづいた「呪術」へのおそれが富の分配をうながすのは、親族や友人、近隣の者など社会的距離の比較的近い関係においてより顕著になる[8]。日ごろから顔を合わせる関係だからこそ、他者よりも多くの富をもつことへの嫉妬や、富を分け与えてくれるのではないかという期待、そして逆に自分は嫉妬を受けているのではないかという不安といった感情がより強く作用し、富が分配されるひとつの誘因となる。しかし、それでは、「接触の度合い」も、「嫉妬を受ける機会」も少ない人、あるいは顔も知らないような相手に対して、「分け与える」ことをどう考えたらいいのだろうか。

4 「よそ者」という存在

次に社会的距離の遠い「よそ者」という領域と富の分配行動との関連について考えてみたい。第3章でも示したように、村では見知らぬ物乞いに対する分配も行なわれている。見知らない男性が屋敷の入り口に突然あらわれて、トウモロコシなどが与えられる場面は日常的に目にする。こうした分配は、たんに穀物などを渡すだけではない。ある見知らぬ男性に食事が提供された事例を紹介しよう。

事例13　見知らぬ男性への食事の供与（2003. 10. 4）

ある朝、アッバ・オリの家を見知らぬ男性が訪れたところに居合わせた。男性はアッバ・オリに近づいて、ぼそぼそと「食べるものをくれないか」と言った。このときアッバ・オリは「家のなかに入って、妻に食事をもらいなさい」とだけ答えた。男性が出された食事をもくもくと食べ終わって立ち去ったあと、「誰なのか？」と問うと、女性たちは声をひそめて次のように言った。「昨日、隣のアッバ・マチャ家に突然あらわれた。そのときは、ちょうどコーヒーを沸かしていたから、コーヒーを飲むよう招き入れられたの。昨夜は木の下ででも寝てたはずよ。たぶん、どこかで盗みに入って、これからまた別の場所に盗みに行くに違いない」。

盗人に違いないと思うあやしい者に対しても、コーヒーをふるまい、食事を与える。この見知らぬ男性への「もてなし」をどのように理解すればよいのだろうか。見知らぬ者に食べ物を与えたり、歓待する場面は、村ではけっしてめずらしいことではない。そこにあるのは何なのだろうか。

村人のあいだでよく耳にする寓話がある。このイスラームの聖者アブドゥル＝カドゥルの寓話は、「薄汚い格好をしてあらわれた者を邪険に追い返したら、じつはそれがイスラームの聖者だった」という筋の話だ。じっさいに村を訪れた男性に対する評判もこうした話と重なる。

事例14　村にあらわれた男性への評価

二〇〇三年の調査中、突然、村にあらわれて、泥にまみれた格好のまま、村を歩きまわりはじめた男性がいた。彼は布切れなどを集めては袋に詰めて、いつも持ち歩いている。私には精神的に病んでいるとしか思えなかったが、村人のあいだでの評判はまったく違うものだった。人びとは「頭がおかしいようにしているが、じつはあの人は偉い聖者（*waliyu*）なんだ。そういうことに詳しい人がそう言っている」と真顔で口をそろえて言う。〈9〉

同じように、村には精神的に病んでいる青年がいる。細い布きれを頭に巻きつけ、わけのわからないことを口ばしりながら、村のなかを徘徊したりする。ただ、彼は村で生まれ育った青年だった。村人は、彼が家に来たときには食事を与えたり、何か問題を起こしても大目にみてあげたりと、寛容な態度をとっている。しかし、「狂人 *ëbd*（Am.）」だとは言っても、「聖者 *waliyu*」だとは誰も言わない。突然、姿をあらわした「よそ者」は、それだけで潜在的な恐怖と畏怖の念を抱かせる。とりわけ、「汚い格好をしている」とか、

「頭がおかしいようにしている」といった、ふつうは侮蔑の対象となるような異質な存在が、対極的な「聖性」と結びつけられている。

村の外からやってくる「よそ者」は、村人に潜在的な恐怖と畏敬の念を抱かせ、神聖さと結びつけられる。そしてそれは、村に住む異民族、なかでも社会的地位の低い「クッロ」と呼ばれる人びとに対する姿勢にも共通している。

5 異民族の流入と呪術の力

前述のように、コンバ村にはさまざまな民族の者が移り住んできた。そうした民族のあいだには、社会的な地位に違いがある。とりわけ、「クッロ」と呼ばれる南部オモ川北岸地方から来た民族は、もっとも低い立場にある。かつて二〇世紀前半まで奴隷として買われてきたのも、おもにこのクッロの人たちだとされる。現在、コンバに定住しているクッロの約半数は社会主義時代(一九七四~九一)に隣接する国営コーヒー農園に出稼ぎにきたことをきっかけとして村に定住するようになった。

表I-4は、村の土地台帳から集計した民族ごとの土地所有面積を示している。これによると、クッロやグラゲといった少数派の民族は土地の平均面積が他の民族の半分になっている。これはあとから移住してきたクッロたちが経済的により劣った立場にあることを

表Ｉ-4　世帯主の民族別の平均土地保有面積（n＝217世帯）

民族集団	ゴンマ・オロモ	他地域オロモ	アムハラ	クッロ	グラゲ	その他
平均土地面積（ha）	0.727	0.770	0.989	0.339	0.393	0.723

平均土地面積は，行政村の土地税帳簿にもとづいて算出。算定にあたっては，コンバ村・10集落に居住する農民世帯のみを対象にした。畑などを保有していないコーヒー農園の職員や労働者は含んでいない。

示している。クッロの男性は、土地なしの小作や日当労働者として働いている者が多い。地元の農民は、彼らをコーヒーの摘みとりやコーヒー林の草刈り、トウモロコシの収穫、屋敷地の柵の設置・補修といった仕事で雇っている。クッロの労働力は、いまやこのコーヒー栽培農村において欠かすことのできない存在になっている。

しかし、彼らにはもうひとつの顔がある。コンバでは、男性と女性の二人の呪術師がいる。そのどちらもクッロである。さらに、周辺の農村も含めると、七人の呪術師のうち、四人がクッロ、二人がアムハラ、一人がアルシ・オロモとされる（二〇〇二年時点）。すべての者が地元のゴンマ地方のオロモではなく、外部から移り住んだ者で占められている。

これらの呪術師たちは、病気を治療したり、諍いをおさめたり、人の災難や不幸の原因を特定したりと、村で重要な役割を担っている。事例11でディノに「親族からの呪術」だと判定したのも、クッロの呪術師である。人びとは、とくにクッロの呪術師が強力だという。このクッロへの潜在的な「おそれ」が村での民族間の緊張関係の根底にある。アッバ・オリは、次のように言う。「かつては、こんなにたくさんの呪術師はいなかった。クッロたちが来るようになってから、コンバには悪いこと〔呪術や邪術〕があふれるようになった」。村周辺のすべての呪術師が他地域からの移住者であることから、呪術の興隆が村への多様な民族の流入と何らかの関連をもっていることは、おそらく間違いない。コンバ村の呪術師であるひとりのクッロ男性について紹介しておこう。

事例15　村のクッロ呪術師

この四〇代の男性は、社会主義時代の初期に国営コーヒー農園の労働者としてこの地に移り住んできた。それまで、ダウロの役所に勤めていたが、政権交代で迫害を受けることをおそれ、その地を離れた。数年間、農園労働者として働いていたが、重労働になじめず、農園の仕事を辞めてしまう。もともと土地もなかった彼は、呪術師として村人の相談にのるようになった。相談を受けると、大きな分厚い本を開き、病気や災いの原因や問題の解決方法を伝える。薬草を調合して渡したり、商売がうまくいくような呪薬をつくることもできる。彼には「悪魔 *sheitan*」の声を聞く能力があり、裏庭の片隅でお告げを聞いて、忠告を伝える。ふつう「憑依 *wokabi*」による呪術師というのは、トランス状態に入って別の人格になり、さまざまなお告げをすることが多い。しかし彼の場合、トランス状態には入らず、耳元でささやく悪魔の声にうなずきながら、その言葉を伝えている。この地域でもかなり有名な呪術師で、遠く離れた場所から人が相談に訪れている。彼自身はエチオピア正教徒であるが、ムスリムであっても、彼を頼る者は多い。いまではトタン屋根の大きな家を建て、たくさんの牛を飼い、ひろい畑をもっている。二〇〇二年ごろからは、村の道路沿いの家を借りて、ハチミツ酒屋まで経営しはじめた。ぎょろっとした威圧感のある目つきに、彫りの深い顔立ち。とても雄弁で、すぐに相手を自分の話のペースに巻き込んでしまう。どこか「策士」の雰囲気を漂わせている。その一方で、村人たちのあいだでは、面倒見がよく、誠実だという評判も耳にする。

こうした村に定住した呪術師がいる一方で、ひょっこりとあらわれる流れ者のような呪術師もめずらしくない。二〇〇三年の現地調査のあいだに、少なくとも二人の新参の呪術師が村周辺に来ていた。アッバ・オリのひとり娘アンバルが長いあいだ原因不明の病気を患っていたときも、夫のアブドが隣村にやってきたという呪術師のもとを訪れた。

事例16　あらたにやってきた呪術師

隣村に来た呪術師は、北方のグマ地方からやってきたという。「よく病気を治してくれて、すごい力をもっているという評判だったから」とアブドは言う。最初に彼かアンバルの病気について相談に行くと、「悪魔にとり憑かれていて、ほかに邪視の影響もある」と言い渡され、二種類の呪薬を処方される。じっさいにそのとき手渡された「呪薬」を見せてもらうと、ひとつは「干しぶどう」で、もうひとつはアラブ由来とされる民間薬であった。彼らは、「干しぶどう」については、はじめて目にしたようで、「これは貴重な薬だ」と言われたという。呪薬の代金として三〇ブルを要求されるが、持ち合わせがなかったので一〇ブルだけを払った。「邪視に効く飲み薬があるので、また日曜の朝早く来い。そのときに残りを払ってもらおう」と言われたという。その後、あまりにアンバルの具合が悪そうなので、私がお金を出して町の病院にやると、寄生虫にやられて貧血状態になっているという診断であった。薬局で買ってきた虫下しと貧血の薬を数日飲んでいると、アンバルの体調は回復していった。

「あたらしくきた呪術師は、きっとすごいに違いない」。人びとは、そんな期待をもって新参の呪術師のもとを訪れる。この根底には、自分たちと異質な者、未知の存在への「おそれ（恐怖・畏怖）」が強く作用している。「おそれ」を抱かせる対象は、それだけで人びとをある行動へと向かわせる「力」をもつ。

いくつも事例をあげてきたが、そこには社会的距離が遠い存在である見知らぬ者、貧者、狂人、異民族といった「よそ者」に対する恐怖感や畏敬の念が共通してみられる。富の分配という現象を考えるときも、このよそ者に対する「おそれ」という感情を考慮に入れる必要がある。身近な関係にあるあいだで喚起される「妬み」へのおそれ、そして、異人に対する潜在的なおそれ。これらが富の分配をうながす一因になっていると考えられる。[10]

それでも、村人はどのようなときもつねに潔く富を分け与えているわけではない。貧しい者からの分配の要求を頑として突っぱねる場面を目にすることもある。人びとは、自分の富を他者に分け与えることをどのように感じているのだろうか。次章では「分け与える」という行為に対する人びとの認識をあきらかにするために、分配をめぐる具体的な相互行為のプロセスに焦点をあててみたい。

第5章　分配の相互行為

1　物乞いの交渉術

前述のように、村の世帯主のうち七二%はムスリムが占めており、エチオピア正教のキリスト教徒二七%を大きく上回っている。ただし、作物などの分配は、かならずしもムスリム間、キリスト教徒間だけで行なわれているわけではない。ここで、キリスト教徒のアムハラ女性が、オロモのムスリム農民であるヤスィンのもとに物乞いに訪れた場面をみてみよう。

事例17　アムハラ老女（キリスト教徒）の物乞い（2002. 1. 24）

集落で最高齢の女性（HM）。近隣のリンム地方に生まれる。父親はアムハラ。幼いころからコンバにいたアムハラの大地主のもとで育てられる。息子に先立たれ、孫たちと同居している。彼女は、ふだんアムハラ語を使用しているが、このときオロモであるヤスィンに対しては、オロモ語を用いて話しかけていた。ヤスィンをはじめ村のほとんどの者は、アムハラ語を自由に話すことができる。彼女は、ときおりオロモの慣用表現やムスリムの表現を交えながら、タロイモを分け与えてくれるよう頼んでいた。そのときのやりとりの一部は、以下のとおり。

ＨＭ「ふたりの子どもたち〔兄弟である村の若者〕が〔孫娘をめぐって〕けんかして、私も殺されそうだったから、ここに来たのよ。私には親戚はいないの。ほとんどリンムにいるの。それで、おそろしいのよ。娘〔孫娘〕はふたりが来たら、キッタ〔薄焼きパン〕やミルクをあげちゃうし、私は、断食の状態で夜を越しているのよ。……若者たちが家に来て、夜な夜な火をたくの。泊まりにきてるのよ。男たちが。さっきも、娘が家に入ろうとしたら、ニワトリのように、ふたりで睨みあってけんかしてるのよ」。

ヤスィン「誰が？」

ＨＭ「アイー〔感嘆詞〕。私も音を聞いたんだけど……。私の家のなかで、「おれのものだ、おれのものだ」と言ってけんかしたのよ。……もう、どちらかがどちらかを殺して、刑務所に入るようなところなの。娘が殺されたら、いまでも断食して過ごしてるのに、たいへんなことになってしまうわ」。

ヤスィン「うちに来たのか? それともンママ〔母親〕のところへ?」。

HM「あら、あなたのところよ。ふたつの根〔からとれる〕のタロイモを掘ってちょうだい。家に帰って、水のなかに入れる〔料理する〕から」。

(しばらく会話がつづいたあと、タロイモが渡される)

HM「……兄弟よ、あなたに寿命を与えてください。〔褒美をもらって〕喜んでる人のように、家に帰って横になって食べるわね。帰って、ふたつのタロイモをつかんで、口のなかに入れたら、私たちのオロモの祖先が〔ライオンなどを〕殺したときのように、誇らしく、威張ってみせるわ」。

HM「つつがなく年を重ねていけますように。毎年、タロイモがよく実りますように。毎年、子どもが生まれて、育てて、女の子を産んで育ちますように。……われわれの偉大なアッバ・ヤブ〔ムスリム聖者〕の恵みがありますように。食べ物に〔なくならないように〕祝福をあたえてくれますように。〔タロイモを背中に持ち上げながら〕あんたが結婚して追い出した母親の尻! 〔オロモの慣用表現で「よっこらしょ」といった意味〕。もう人の家には行かないわよ。放牧地のほうから帰るわ」。


HMは、孫娘をめぐるふたりの若者のけんかを面白おかしく語りながら、自分が困難な状況にあることを訴えている。さらにオロモ語を用いて「オロモの祖先」や「ムスリムの聖者」に言及したり、オロモの慣用表現を用いることで（傍点部）、ムスリム・オロモであるヤスィンの共感を得ようとしている。ここでは、言語や宗教、そしてエスニシティまでもが食物を手に入れるためのレトリックとして利用されているのがわかる。

もちろんヤスィンは、HMが日ごろアムハラ語を話すキリスト教徒であることを知っているし、「殺されそうだった」とか、「断食の状態で夜を過ごしている」という言葉をすべて真に受けているわけでもない。それでもHMの親密さを強調する語り口は、和やかな雰囲気のなかで分配という行為の正当性をヤスィンに認めさせ、うまく分け前を引き出すことにつながった。

事例17の数日後、HMはふたたびヤスィン家を訪れた。「このまえのタロイモは、娘たちが全部食べてしまったの」と訴えるHMに対して、ヤスィンの妻が「今日は、家のなかに何もないから、別の日に来て」と伝える。このときHMは「あらそう、それなら帰って寝るわよ」と言ってすぐに帰っていった。貧しい者であっても、同じ相手からつねに分配が受けられるわけではない。相手との関係やこれまでの経緯、その場の対面的な交渉のなかで、分配が行なわれたり、断わられたりするのである。

こうした相互行為のプロセスからは、分配が行なわれる背景について、ムスリムのあいだで貧者に喜捨をすべきという規律が守られているからだとか、互酬性の規範があるからだ、と単純に理解することはできない。貧しい者は、相手から富を引き出すために、さまざまな方法を駆使しながら働きかけを行なっており、その結果として富の分配が遂行されているのである。

2 「分け与える」を回避する

たくさん収穫があった者は、つねに「分け与える」ことを期待され、さまざまな働きかけを受けている。そこにはかならずしも宗教的な規律だけに還元できない要素が関わっている。これまでもみたように、与えすぎると今度は自分が困ってしまうというジレンマのなかで、人びとはどのように「分け与えること」と「与えずに自分のものにすること」のバランスを保っているのだろうか。偶然に目にした出来事から、その問いを考える糸口がみえてきた。

事例18 他人に売られたサトウキビ

二〇〇二年一二月のこと。ヤスィンが屋敷地で栽培していたサトウキビが大きく育ってきた。サトウキビは、村の路上などで細切れにして売られる。とくに子どもたちには手軽なおやつとして人気が高い。あるとき、ヤスィンは成熟してきたすべてのサトウキビを一度に、ある青年に七五ブルで売却してしまった。その青年は、毎日、サトウキビをヤスィンの畑から刈り取っては小学校の前や村の大通りで売っていた。彼がどれだけの売上をあげたのか、正確にはわからなかったが、少なくとも一二〇ブルから一五〇ブルにはなるほどの本数であった。遠くの町の商人に売却するならわかる。しかし、すべてのサトウキビは村のなかで売られていた。村で売るのであれば、自分で刈り取って売ったほうが当然、多くの利益を手にすることができる。ヤスィンにたずねると、彼からは予想もしなかった答えが返ってきた。「うちのサトウキビが大きくなってきたのを見たり、その噂を聞きつけたりして、たくさんの人が分けてくれないかと言ってきていた。そんなとき、「あぁ、それがじつは、ちょうどこのまえ、税金の支払いに困って売ってしまったんだよ」と答えればいい。もし、彼に売っていなければ、いまごろ少なくとも一〇人には分け与えていて、もうなくなってしまっていたはずだ。少ない額でも人に売ったほうがずいぶんとましだよ」(Yasin, 2003. 1. 3)。

もし、サトウキビを自分の手もとにおいたままにしていたら、それはすぐに「分配」の対象になって親族や村の知人などに分け与えなければならなくなる。そこで、熟して他人に乞われる前に売却する方法がとられたのである。この事例から三つのことがわかる。ひとつは、欲しいといって人から乞われると、サトウキビのように「商品」になりうる作物であっても、分け与えざるをえなくなるということ。もし、分け与えなくてもよい、乞われても簡単に断われるならば、わざわざ安い値段で売る必要はなかったはずだ。

そして、ふたつめは、この事例において現金が「分配」の領域の外に位置していたということ。〈11〉前もって他者に売却してしまうことで、サトウキビを現金にかえ、「分配」の領域からはずすことができた。サトウキビを売って現金にかえても、かえなくても、それがある土地から生み出された富であることに変わりはない。もし、何であれ所有している「富」を分け与えなければならないのであれば、作物を売却して得た現金も、人から乞われて分配する対象になってしまう。しかし、そうはなっていない。いったん現金へとおきかわってしまった富に対しては、誰もすぐには「よこせ」と言えなくなる。そこには、何らかのかたちで区別されるふたつの経済領域、「分配される富」と「独占される富」がある。

三つめは、サトウキビをめぐって「分け与えるべき関係」と「分け与えなくてもよい関係」との区別が顕在化していること。ヤスィンがサトウキビを売却したのは、親族関係にない同年代の青年だった。このとき、青年がヤスィンにサトウキビの購入をもちかけたことで、彼らは「経済的他者」として金銭を介した取引を行なう関係におかれることになった。

富を蓄積して「豊かになる」には、そして豊かな者が豊かでありつづけるためには、農村社会のなかで「分け与える」圧力を巧妙に避けなければならない。どんなに貨幣経済が浸透してマーケットが整備されても、土地から生み出される富が「商品」として店先に並ぶまでには、親族や近隣の者などの分配への期待をふりきって、何とか「自分のもの」にしなくてはならない。サトウキビの事例からみえてきたのは、分配関係とは異なる経済的他者を介することで、富の社会的な意味合いを「分配される富」から「独占する富」へと戦略的に転換していることである。こうした事例は、ほかにもあった。

3 「売却」と「分配」のはざまで

とりつくされるオレンジ

私が生活していたアッバ・オリ家の裏庭には、数本の大きなオレンジの木があった。オレンジが実る時期には、親族の子どもたちが毎日のように木によじ登ってもぎとっていた。私もよくそんなオレンジを分けてもらった。それが「誰のものなのか」など考えもしなかった。家族みんなのものなのだろうと思っていた。

事例19　オレンジを売却する（2002. 12. 16）

四男のディノの知人ふたりが、穀物袋をさげてやってきた。オレンジの木によじ登り、いっせいに果実を地面に落としはじめた。「このオレンジをまるごと買いとった」のだという。それを見て、三男のヤスィンは「ディノが売ってしまったんだ。あとでモクタル〔長男〕ともめるぞ」とこぼした。よく聞いてみると、この木は長男であるモクタルが若いころに植えたものだという。現在、モクタルはイル集落の別の場所に家を構えている。ディノは、私に次のように説明した。「オレンジをこのままにしていたら、子どもたちが食べつくしてなくなってしまう。これを売ったお金は自分のものにするんじゃない。父親の税金を払うために使うんだ」。

私や子どもたちだけでなく、家族の多くの者がこのオレンジをとって食べていた。そんなとき、それが「誰のものであるか」は、口に出されることはなかった。しかし、ひとたびそれが金銭におきかえられる段になると、その富が誰の手におさまるかが争点になる。ディノは、自分の家の裏庭にあるオレンジがしだいにとりつくされていくのを、やきもきしながら眺めていたことだろう。しかし家族や子どもたちに、それを食べるなとは言えなかった。自分だけが少しずつとって売ることもできなかった。彼は一度に「親族以外の他者に売却する」という行為で、親族への無秩序な「分配」の状態に終止符を打ったのである。

ディノ自身も、モクタルがこのオレンジを植えたことは認識していた。だからこそ、オレンジを売り払って得たお金は自分のものにするのではなく、「父親の税金の支払いにあてる」と、その行為の正当性を主張したのだ。ここでは、「もともと父親の土地であるところに植えられたオレンジは、父親に最終的な権限がある」という主張と、「土地が誰のものであろうと、オレンジの苗を植えた者がその果実を所有する」という、ふたつの主張が拮抗している。

この事例からは、「オレンジ」というひとつの作物が商品として売却されたり、自由に家族の者が食べられる分配の状態におかれるかは、けっして固定的ではなく、流動的であることがわかる。さらに、サトウキビの事例と同じく、ここでも家族が自由にもぎとって食べるという「分配される富」の状態を解消するために、一度に家族以外の者に売却する方法がとられた。分配対象だった家族とは別の「経済的他者」を介在させることで、「分配される富」が貨幣という「独占される富」へと転換されたのである。この事例から、彼らが「富を分配する関係」と「富を独占しても許容される関係」というふたつの社会関係のあり方を異なるものとして明確に区別していることがわかる。

このオレンジをめぐって、あるとき、ちょっとした事件が起きた。

事例20 オレンジは誰のものか（2003. 10. 30）

家でノートの整理をしていると、外でモクタルとンママ〔母親〕が言い争うような声が聞こえてきた。どこからかの帰りにアッバ・オリの屋敷地を通ったモクタルは、自分の植えたオレンジの実が少なくなっていることに気づいた。激昂したモクタルは、その木によじ登って熟れた実をとりながら、木の下にいたンママに対して、吐き捨てるように言った。「なんでおれのオレンジをとるんだ。このブダ〔邪視者〕めが！」。モクタルは、ひとしきりオレンジをもぎとると、そのまま帰っていった。

そのあとがたいへんだった。ンママは、ちょうど畑仕事から帰ってきたヤスィンに、「モクタルが、私のことをブダ呼ばわりしたのよ！」と言って、声を荒げながら騒ぎはじめた。ヤスィンの妻アバイネシなどもくわわって、そのときのモクタルの言動がンママの口から何度もくり返し語られた。しばらくのあいだ、屋敷のなかには、自分の母親にあまりにひどいことを言った、とモクタルを非難する言葉があちらこちらで飛びかっていた。

それからすぐに、ヤスィンも、そして帰ってきたディノも、そのオレンジの木に登って、そそくさとオレンジをもぎとりはじめた。たしかに、それまで私や子どもたちがたびたびその木からオレンジをもぎとることはあった。しかし、ヤスィンやディノが自分で木に登ってとることは、それほどなかった。モクタルがオレンジをとりつくす前に自分たちの分を確保しておこうという感じもあったが、もうこれ以上モクタルにはとらせないという意思表示のようでもあり、また、ひどい言葉を吐いたモクタルの罪をオレンジで弁済させるかのようでもあった。ヤスィンにたずねると、彼は次のように言った。

「この木を植えたとき、モクタルはもう大きくて、町からオレンジの苗を手に入れてきた。でも、モクタルは小学校に通いはじめたくらいの幼い自分〔ヤスィン〕に指図して植えさせただけで、自分では何もしなかった。それに苗が育ちはじめたあと、雑草を抜いたりしてオレンジの世話をしてきたのは、全部おれだった。それなのに、モクタルがこのオレンジを自分のものだというのはおかしいだろ」。

オレンジはいったい誰のものなのか。モクタルは「自分が苗を買ってきた」といって自分のものであると主張していた。しかし、ヤスィンにしてみれば、人に植えつけの作業をさせて、そのあとまったく世話していないモクタルがオレンジを独り占めするのはおかしい、となる。つまり、ここでは、じっさいに苗を取得するために金銭を払ったという「資本」を根拠にした所有の主張と、「植えつけや世話をして働いた者が所有すべき」という「労働」を根拠とした所有の主張とが、拮抗している。

父親の屋敷地のなかには、兄弟が自分たちの家を建てて住んでいる。そのなかの作物は、それぞれさまざまな経緯で植えられてきたため、その所有はいつも論争の的となりやすい。しかし、家族の関係では、どちらか一方が他方を排除することは簡単ではない。屋敷地を出て生活しているモクタルが、兄弟家族にオレンジをとられてしまうことを完全に排除することはできないし、兄弟たちもモクタルがやってきてもぎとっていくことを阻止できない。家族という関係では、その複数の所有の主張を支える枠組みに大きな力の差はなく、誰かの主張だけが強い拘束力をもつことは難しい。そこでの所有をめぐる争いに、おそらく終わりはない。

カネになる作物――コーヒー

コーヒーは他の作物と大きく異なっている。まず簡単に自給用の作物であるトウモロコシと比較してみよう（表I-5）。

アッバ・オリやヤスィンの事例からもわかるように、トウモロコシがつねに「分け与える」対象になっているのに対し、コーヒーが分配の対象として与えられることは、ほとんどない。とくに輸出用として精製工場に出荷される赤い実のコーヒー（*buna diima*）であれば、ほとんどの場合、摘みとったあとすぐに売却される。乾燥して黒くなったコーヒーの場合でも、貯蔵されて、自家消費されるほか、雨季のお金に困ったときなどに売却される。この乾燥コーヒー（*buna gogga*）であれば、まれに分配されることもあるかもしれないが、赤い実のコーヒーが分配されることはまずない。

一方、ふつう喜捨の対象として考えられているのは、トウモロコシである。第3章の事例1で示したように、収穫したトウモロコシを売却してしまう者もいる。だが「トウモロコシを売ったりするからいけないんだ」という言葉にもあらわれているように、食糧であ

表Ⅰ-5　トウモロコシとコーヒーの比較

比較要素	トウモロコシ	コーヒー
贈与・分配	おもな喜捨（*zaka*）の対象	ほとんど喜捨の対象にはならない
労働力の調達	収穫：親族・隣人と労働交換	草刈り：面積あたりの賃金払い，摘みとり：出来高払い
利益の分配	世帯単位で消費される	摘みとった個人のものになることが多い
土地の相続	男性中心に相続される	女性にも分与される（兄弟に売却することが多い）

るトウモロコシを安易に売ることへの抵抗感は農民たちのあいだに根強くみられる。

さらに、その労働力の調達についても違いが大きい。トウモロコシの収穫作業では、多くの場合、親族の援助や労働交換といった金銭を介さない方法で労働力が確保されている。それに対し、コーヒーについては、草刈りが面積に応じた現金払いで行なわれ、摘みとり作業も、とくに赤コーヒーの場合は、キロあたりの出来高払いで行なわれることが多い（第8章で詳述）。

また、トウモロコシが食事をともにする世帯全体で消費されるのに対し、換金されたコーヒーの利益は摘みとった個人が自分のものにすることが少なくない。第Ⅱ部で詳しく述べるが、土地の相続に関しても、トウモロコシの畑が男性中心に相続される一方、コーヒーの土地は女性にも相続される。このとき、コーヒー林が細分化しないように、女性が男兄弟に自分の相続した面積分を売却したり、その相続分の利益を女性に現金で配分したりする。こうした相続方法は、トウモロコシの畑では行なわれない。コーヒーの土地が、より現金に「換算」されやすいことがわかる。

こうして比較すると、トウモロコシとコーヒーとでは、その「現金」との関係に大きな違いがみえてくる。トウモロコシは世帯単位で消費されつつ、世帯外へも分配される。コーヒーは容易に現金化されるために、その富が労働力の提供者以上にひろがっていくことは少ない。ここでも、現金化された富が他人に与えずに独り占めされやすいことがわかる。しかし、その一方で、飲むコーヒー（*kawa*）となると、話が違ってくる。コーヒーを沸かすとき、自分たちの世帯だけで飲むことはまずありえない。コーヒーの用意ができると、その家の若い女性や子どもが特定の近隣世帯をまわって、「コーヒーを飲みにきてください」と声をかける。アッバ・オリたちの場合であれば、アッバ・オリの屋敷地の四世帯と隣接するアッバ・マチャ家などのあいだで互いに声がかけられる。その場にたまたまいた人や通りかかった人なども招かれる。人が集まったところで、世帯主や年長の男性がお祈り（*buna jaba* =「コーヒーを強くする」の意）を捧げ、女性がおちょこのような小さなカップ（*siini*）にコーヒーを注いでみなにふるまう。だいたい一人三杯ほどお代わりをして飲むことが多い。こうした習慣はエチオピアでひろくみられる（写真I-2）。

アッバ・オリたちの屋敷地で、八日間のあいだにどれくらいコーヒーが飲まれ、どのような人が招かれているかを調べたものが表I-6である。毎日、どこかの世帯がコーヒーを沸かしており、多いときは一日五回もコーヒーが飲まれている。三杯ずつ飲んだとしたら、一日一五杯ものコーヒーを飲むことになる。ひとつの世帯に呼ばれてコーヒーを飲んだあと、すぐに別の世帯でコーヒーを飲むこともある。一回あたりの参加人数は、平均で約七人。年長の世帯（A・E）ほど多くの人が集まる傾向にある。

けんかをしている世帯などのあいだでは、声をかけなかったり、声をかけられても応じなかったりする。このデータをとったときは、ヤスフとヤスィンが少し前にもめたことを引きずっていたため、その世帯間（世帯Bと世帯C）では人の往来がなかった。日常的に顔を合わせれば会話などもあるが、コーヒーのときは特別のようだった。コーヒーに招き、招かれる関係は、親密さの表現でもある。「コーヒーを呼びあう仲」という範囲が、世帯や家族にならぶ重要な社会関係の単位となっている。

写真Ⅰ-2　近隣の者を招いてともにコーヒーを飲む

参加者をみると、おもに女性のほうが頻繁に参加していることがわかる。主催者を含めた参加者総数のうち、じつに六八％は女性によって占められている。男性は畑仕事などで外に出ていることが多いため、コーヒーを飲みながら世間話をすることが、女性たちにとっての憩いの時間になっている。さらに訪問客が来たときにコーヒーがふるまわれることも多

10/3	午前 8:00-8:15	A（ファトマ）	4(3+0+1)	C1(f1), D2(m1/f1), VF1(f1)
	午前 8:55-9:15	C（アバイネシ）	9(6+2+1)	A1(m1), D2(m1/f1), E3(m1/m1/f1), F2(f1/f1), VF1(f1)
	午前 9:40-10:00	B（ザーラ）	3(3+0+0)	A1(f1), D1(m1), B1(m1)
	午後 2:40-3:05	A（ファトマ）	9(7+1+1)	C1(f1), D2(m1/f1), B2(m1/f1), E1(m1), V2(m1/f1), VF1(f1)
	午後 3:05-3:30	E（ジャルシッティ）	5(5+0+0)	B1(f1), C1(f1), D1(f1), E1(f1), F1(f1)
10/4	午後 3:00-3:25	E（ジャルシッティ）	9(7+2+0)	A1(m1), C1(f1), D1(f1), B2(f1/m1), E2(m1/f1), F1(f1), VF1(m1)
	午後 4:42-5:10	A（ファトマ）	5(5+0+0)	C1(f1), B1(f1), V2(f2), VF1(m1)
10/5	午前 8:45-9:10	C（アバイネシ）	10(6+3+1)	A2(m1/f1), C1(m1), D1(f1), E4(m1/m1/f1/f1), F2(f1/f1)
	午前 11:35-12:00	E（ジャルシッティ）	4(3+1+0)	D1(f1), E2(m1/f1), F1(f1)
	午後 1:40-2:00	D（ラザ）	5(5+0+0)	C1(f1), B2(m1/f1), E2(m1/f1)

＊1　世帯A〜Fは，図2-9（85頁）に対応している。

＊2　「参加者数」には，主催者女性は含んでいない。なお，X=その場でコーヒーを飲んだ者，Y=コーヒーを家まで届けた者，Z=その場にいてコーヒーを飲まなかった者（子どもや飲めない者など）。

＊3　参加者の表記では，各世帯からの参加人数，括弧内は（m男性/f女性）の人数を示し，網かけ部分はその場にはあらわれずに，コーヒーを届けた者を示している。たとえば，A2（m1/f1）の場合，A世帯から2人の参加があり，そのうち男性1人はその場には来ず，コーヒーを家まで届けたことを示している。なおVは屋敷外からの訪問者（visitor）で，VFは，そのうち親族（姻族も含む）の者。

＊4　世帯Fは，ハッラ・ヤクのひとり住まいだったが，このときゼイトナという女性が身を寄せていた。

く、屋敷地内の人間関係だけでなく、コーヒーをともに飲むことが社交的な場に欠かせない要素になっていることがうかがえる。

　売却されてカネになるコーヒーの実も、輸出用の商品ですぐに売却される赤い実と、自家消費に用いられる黒い実とでは、その位置づけに違いがある。そして、いったん「飲むコーヒー」になってしまうと、「商品」の領域にあるとはいえない、きわめて社会性の強いものになってしまう。ただし、村人はコーヒーを毎日のように飲むことへの

表Ⅰ-6　アッバ・オリたちのコーヒー飲み

（2003年9月28日〜10月5日）

日付	時間	主催世帯（招待者）*1	参加者数*2 (X+Y+Z)	参加者*3
9/28	午前9:06-9:29	C（アバイネシ）	10(8+2+0)	A1(f1), C1(m1), D2(m1/f1), E3(m1/f2), F2(f1/f1), V1(f1)
	午後3:10-3:26	B（ザーラ）	5(4+0+1)	D1(f1), B1(m1), E3(m1/f2)
9/29	午前10:00-10:25	A（ファトマ）	8(5+2+1)	D2(m1/f1), B1(m1), E2(m1/f1), F1(f1), V1(f1), VF1(f1)
	午後12:30-12:55	E（ジャルシッティ）	9(8+1+0)	A1(f1), D2(m1/f1), E2(m1/f1), F1(f1), V2(m1/f1), VF1(f1)
	午後2:30-2:55	D（ラザ）	5(5+0+0)	A1(f1), D1(m1), B2(m1/f1), E1(m1)
9/30	午前8:00-8:45	B（ザーラ）	4(4+0+0)	A1(f1), D1(f1), B1(m1), E1(f1)
	午前8:45-9:10	A（ファトマ）	9(7+1+1)	C1(f1), D2(m1/f1), B2(m1/f1), E1(f1), F2(f1/f1), VF1(f1)
	午後3:00-3:50	A（ファトマ）	11(9+1+1)	A1(m1), D1(f1), B2(m1/f1), E2(m1/f1), F1(f1), V1(m1), VF3(m1/f2)
10/1	午前8:30-9:00	C（アバイネシ）	8(7+1+0)	A2(m1/f1), C1(m1), D1(f1), F2(m1/f1), F2(f1/f1)
	午後1:50-2:20	E（ジャルシッティ）	7(6+1+0)	A1(f1), D1(f1), B1(f1), E2(m1/f1), F1(f1), V1(m1)
	午後2:30-2:55	D（ラザ）	5(5+0+0)	A1(f1), D1(m1), B2(m1/f1), E1(f1)
	午後5:25-5:45	F（ゼイトナ）*4	4(4+0+0)	A1(f1), E2(m1/f1), F1(f1)
	午後9:00-9:20	A（ファトマ）	6(4+1+1)	A1(m1), C2(m1/f1), D1(f1), B1(m1), VF1(f1)
10/2	午後2:08-2:30	D（ラザ）	8(7+1+0)	A1(f1), D1(m1), B2(m1/f1), E1(f1), F1(f1), V1(m1), VF1(m1)
	午後5:10-5:50	A（ファトマ）	10(5+4+1)	C1(f1), B2(m1/f1), E2(f2), V2(m1/f1), VF3(m1/f1/f1)

執着が強いため、家にコーヒー豆のストックがない場合などは、赤コーヒーであっても、わざわざ乾燥させて、自給用に使用することもある。また乾燥コーヒーであっても、値段が高いときまで貯蔵しておいて売却される場合もある。同じ作物でも、モノとしての性質やそれを取り巻く状況が変わることで、「分配される富」と「独占される富」という経済領域のあいだで意味を転換させ、その経済的な価値や社会的意味づけを変化させるのである。

カネと神につながる作物——チャット

コーヒーにつぐ現金収入源となっているのが、チャット（カート）といわれる覚醒作用のある植物である。この植物は柵に囲まれた屋敷地内で栽培されることが多い。村の大通りの一角には、チャット小屋がつくられ、農民から買い集めたチャットが売られている。このチャットは、とくにムスリムにとって、儀礼や社会生活を営むうえで欠かせないものだ。

たとえば、村で人が死ぬと、死後一週間は遺族が喪に服すための小屋（*mana taaziya*）がつくられ、そこにたくさんの村人が訪れる。このとき、とくにその家族がムスリムであれば、チャットをもっていくことがもっとも「ふさわしい」とされる。ふつうチャットは、その場にいる最年長者やイスラームの知識がある者に手渡される。そして、その者がチャットを両手でもちながら神に祈りを捧げたあと、集まっている者に数枚ずつ分配する。ムスリムがお祈りにあわせて両手を顔の前に掲げて「アーメン」と声を出すとき、その場にいるキリスト教徒は黙ってじっとしているが、最後には、ムスリムもキリスト教徒も嚙む者にはチャットが分けられる。

服喪という場面に限らず、神に祈りを捧げるときや社交の場では、チャットが欠かせない。イスラームの安息日とされる金曜日の午後に家族や友人たちと過ごすとき、聖霊が宿るとされる大木の下で祈禱（*duai*）を行なうとき、あるいは結婚式やイスラームの儀式のなかで、さまざまな場面で、きまってチャットが神への祈りとともにみなにふるまわれる（写真I-3）。たしかに売ればいい現金収入源になる「商品」でありながら、社交的な場面ではお金を介さずにみなに分け与えられるべきものになっている。そこにはやはりジレンマが潜んでいる。

写真I-3　祈禱のときに年長者から授けられるチャット

事例21　売れなくなったチャット

ヤスィンは、屋敷地にチャットを栽培していた。二〇〇一年に村を訪れたとき、ヤスィンはチャットの葉が茂るたびに、村の商人や仲買人にチャットの畑ごと売却していた。一度に一二〇ブルから二〇〇ブルといった値段で売却すると、商人とその雇われ人たちが、定期的にチャットの葉を摘みとってもっていく。ヤスィンはチャット畑の雑草を取り除いたり、土を掘り起こしてやわらかくしたりして、熱心に手間をかけて世話をしており、かなりの収入源になっているようだった。しかし二〇〇二年に村を訪れたとき、ヤスィンのチャット畑はすっかり荒れ果て、ほとんど葉も茂っていなかった。そして結局、一度も売られることはなかった。ヤスィンに「なぜチャットを売らなくなったのか?」と問うと、次のような答えが返ってきた。「弟の結婚式があったり、ヤスフ〔村に戻ってきた兄〕がいつも勝手になかに入って摘んでしまうので、大きく育たなくなった」。

彼自身もトウモロコシの収穫作業のときは、自分のチャット畑からチャットを集めて、作業に集まった者に手渡していたし、父親が村で亡くなった人の弔問に行くときには、チャットを摘んで渡していた。二〇〇一年に私が村を訪れたときは、こうした家族などへの分配をしながらも、なるべく他の者が入り込むことを排除して、商人に売却できていた。その定期的な売却を可能にしていた秩序が、弟の結婚式や村に戻った兄の登場で崩れたのである。弟の結婚式に集まった人びとにふるまうため、兄として自分のチャットを提供するしかなかったことも、土地をもたない兄が自分のチャット畑に入ってチャットを摘んでいるのを見て見ぬ振りするしかないのも、心情的には理解できる。家族を排除して定期的に売却できていたことのほうが、特殊だったのかもしれない。チャットをめぐっては、こんなこともあった。

事例22　通りすがりのチャットをもった男（2003. 10. 3）

アッバ・オリとヤスィンが畑でトウモロコシの運搬作業をしているときのこと。少し離れたところを、チャットをもったズナブという男性が通っていた。アッバ・オリより二〇歳ほど年下の四〇代の男性である。隣の畑の収穫作業を労働交換で手伝いに行くところだったようだ。アッバ・オリは彼の姿を見ると、「ちょっとこっちにおいで」と声をかけた。ズナブは畑のところまで来ると、すぐにもっていたチャットをすべてアッバ・オリに手渡した。ズナブは、アッバ・オリはそのチャットを両手にもち、彼のためにドゥアイ(祈り)を捧げた。ズナブは、手のひらを上にかざし、頭をさげて、その祈りの言葉に「アーメン」と答えていた。アッバ・オリは、祈りの最後にズナブの手をとってキスをしながら、そのチャットの束のなかから三分の一ほどを彼に手渡した。最初ズナブがもっていたチャットの大半がアッバ・オリの手元に残った。ズナブは、すっかり貧弱になったチャットの束を手に、何事もなかったかのように隣の畑に向かった。アッバ・オリは、手元のチャットからほんの数枝を隣で作業をつづけていたヤスィンに渡し、チャットの枝から葉っぱを摘みとって噛みはじめた。去っていったズナブを見ていると、彼は隣の畑でも、すでに作業をはじめていた者たちに残りのチャットを分けていた。

そもそも畑にチャットの束をもっていくということは、ズナブにしてみても、それを自分だけで噛もうとは思っていなかっただろう。ただ、ズナブのものだったチャットが、偶然、畑にいただけのアッバ・オリの手に渡り、その一部をズナブが頭をさげて受けとっている姿には、どこか解せないものが残った。しかも大部分がアッバ・オリのものになってしまったのだ。ヤスィンに聞くと、彼は次のように答えた。「チャットを分けないというのは、許されない。与えるのを拒むと病気になる」。ズナブは、近くに畑があり、農作業のあいまにアッバ・オリの出作り小屋をたびたび訪れては、煙草などを分けることもあるという、こうしたふたりの関係では、「チャット」という作物に「商品」の面影すらない。

ひとことで「商品作物」といっても、農村社会のなかでは「分け与える」こととの微妙なバランスのなかで「売る」という行為が成り立っているのがわかる。それぞれの作物には社会的な意味が付与されており、その意味の転換をうまく成し遂げなければ、富を自分だけのものにすることは難しい。

4 モノと社会関係を位置づけあう

「贈与（あるいは交換）」はつねに人類学の大きなテーマのひとつであった。トロブリアンド諸島のクラや北米北西岸のポトラッチにはじまり、メラネシアやミクロネシアなどオセアニアを中心としたさまざまな研究が蓄積されてきた。そこでは、西洋社会の「商品／貨幣経済」とはまったく異なった「贈与／交換経済」が描かれ、いわゆる新古典派経済学が提示する利潤最大化の人間像が相対化されてきた。

なかでも大きな影響を与えたのが、モースがとりあげたマオリ社会の「ハウ *hau*」という観念である[Mauss 1990（1925）: 10-3]。贈られたモノが最初の所有者とのつながりをいつまでも保持しつづけて切り離されることがない。これが贈与経済におけるモノと人との関わりをとらえる重要な概念になった。そしてそれは、商品経済のなかで賃金労働者によって生産され、その存在から切り離されている「商品」と対置されることになる。

しかし、こうした「贈物 gifts」と「商品 commodities」の対置は、モースの本来の意図に反して、[12]「未開社会＝贈与経済」と「西洋社会＝商品経済」という単純な二項対立的な枠組みを強化する結果になった。あたかもメラネシアの人びとが「商品」とは無関係な生活を送っているかのような、あるいは逆に、西洋の人びとが「商品」だけに囲まれて生きているかのような、そんな対立的イメージをつくりだしてきた[Carrier 1998]。人類学者が提示する贈与経済のあり方は、「未開社会」のなかに閉じ込められた語りでしかなかった。しかし、こうした西洋近代と対立するものとして「贈与経済」をとらえる視点は、これまでも批判の対象となってきた。[13]たとえば、ブロックとパリーは、次のように述べている。

「多くの人類学者が見いだしてきたような贈与交換と商品交換が立脚している原則のあいだの根本的な対立は、ある意味でわれわれの贈与のイデオロギーが市場交換に相反するものとして構築されてきたためである。純粋に利他的な贈与という観念は、純粋に功利主義的な交換の観念とコインの裏表の関係にある」[Bloch & Parry 1989: 9]。

エチオピアのコーヒー栽培農村においても、富を分け与える行為が日常的になされる一方で、コーヒーなどの換金作物を通して貨幣を媒介とした富の獲得と蓄積が行なわれている。本章では、「贈物」と「商品」の概念的な差異や共通性について検討するのではなく、農民がつくりだす富＝作物に注目することで、むしろひとつの社会のなかで「贈物」と「商品」に対応しているかのようなふたつの経済領域が、どのような相互関係を保ちながら並存しているのか、その動態的プロセスを記述してきた。

じっさいの事例をみていくと、作物という富が、「分配される富」と「独占される富」というふたつの経済領域のなかに位置づけられることがみえてきた。それは切り離された別個の領域ではなく、区別されることで相互に意味を定義しあうような「差異の形式」としての関係にある。

それぞれの作物の位置づけは固定的ではなく、つねに流動している。コーヒーの事例にもあるように、あるモノ自体は「分配」の対象にも「商品」にもなりうる存在であって、かならずしもどちらかのラベルをつけることはできない。あるモノの価値や意味づけが最初からあり、それが集合して、ひとつの経済領域を構成しているのではなく、ふたつの経済領域を区別する形式があって、モノがコンテクストに応じて、あるいは相互行為のなかで、その領域のどちらかに位置づけられるのである。人びとは、相互に行為を重ねながら、それぞれのモノをどちらかの形式に属するものとして位置づけあい、そして今度は位置づけられたモノによってその行動のあり方を拘束されている。

社会のなかには、「分配が期待されるモノ／関係」と「独り占めして蓄積することが許容されるモノ／関係」という形式が存在している。ここで重要なのは、この形式に社会関係の差異が重ねられている点である。この差異が「分配される富」から「独占される富」への転換に戦略的に援用されている。土地や作物とまったく関係のないところで、このことを痛感する出来事を経験した。

事例23　車の代金のゆくえ（2003. 10. 28）

二〇〇三年に村を訪れたとき、村一番の金持ちである製粉所の主人が、荷台のある中古車を購入し、その息子アブデが運転手となって、町とのあいだで人や荷物を運びはじめていた。その日、私はアガロに行く用事があり、町からの車を待っていた。すると、アブデが「いまからおれたちもアガロに行くから、乗っていけ」と言って車の助手席に乗せてくれた。彼とは気軽に話のできる友人のような間柄だったので、私はてっきり好意で町まで送ってくれるものだと思っていた。車は、荷台に何人もの村人を乗せながら、町に向かった。アガロについたとき、私はいちおう運転席の彼にたずねた。「運賃、払おうか?」。すると、彼は「いいよ、いらないよ」と言ってくれた。私は「それは、どうもありがとう」と彼にお礼を言って車を降りた。すると、荷台から見知らぬ少年が降りてきて、「お金を払え」と言う。どうやらアブデのもとで乗客から車代を徴収する仕事をしているようだった。私は、「アブデが払わなくてもいいと言ってるし……」とアブデのほうを見ると、彼は運転席の窓から顔を外に出して向こうを見たまま動かなかった。私たちの会話が聞こえていないはずはない。しばし彼が振り向いて少年に声をかけてくれるのを待ったが、彼はじっと外に視線を向けたままだった。しかたなく、私が少年にお金を渡すと、アブデはすぐに車を発車させた。まるで私が少年にお金を払うまで待っていたかのようだった。

金銭の授受という行為は、私とアブデの「友人」としての社会関係にはそぐわない。アブデも、私からたずねられて「払え」とは言えなかった。しかし、ひとりの少年の存在が、そうしたジレンマを解決する役目を果たすことになる。少年はあまり知らない私に対して「払え」と言うことができたし、それは仕事の一環として淡々と行なわれた。現金という「独占される富」を介する社会関係、そして「分け与える富」が行き来する社会関係、これらのふたつの関係性は、けっして切り離されているわけではない。しかし、そこには厳然とした区別があり、それを超えるには金を集める少年のような第三者の存在を必要としている。

話を作物に戻そう。これまでみてきたように、土地から生み出される富はつねに「分け与える」圧力にさらされている。そしてその「分け与える」相手は、潜在的には身近な親族から見知らぬ物乞いに対してまで、さまざまな者が対象になっている。しかし、ときに分け与えられたり売られたりするモノに注目してみると、与えずに利益を独占するための「売る」という行為の特殊な位置が浮かび上がってくる。それは、幅ひろい社会関係のなかのごく限られた「商人」や「仲買人」といった中立的な存在である「経済的他者」を介することで、はじめて成り立つものなのだ。

本章で注目してきたのは、それぞれの作物に付与されている社会的な意味を「分配される富」から「独占する富」へと転換するために、その社会関係の違いを戦略的に利用するあり方であった。しかし、これまでもみてきたように、経済的他者を介することで富を現金化し、蓄積していく試みは、かならずしもつねに成功しているわけではない。たとえ富を独占して豊かになれたとしても、それでもなお、富をめぐる攻防はつづく。

第6章　所有と分配の力学

1　分配へと導く力——交渉される互酬性

食物などの富の贈与や分配は、狩猟採集民をはじめ多くの社会でみられる。そうした行為が頻繁に行なわれる理由について、これまで「平等主義」、「平準化機構」、「互酬性」、「モラル・エコノミー」といったさまざまな用語で概念化がはかられてきた。ここでは人類学における「互酬性」の議論を手がかりに考察をくわえていきたい。まず、コンバ村における分配行動について、振りかえっておこう。そこにはふたつの特徴があった。ひとつは、多様な相手への富の分配が行なわれていること。そして、もうひとつは、ほとんど返礼がなされないことである。

社会関係の距離と「互酬性（相互性）」との関係を論じたサーリンズは、交換しあう人びとの社会的距離に応じて、親族など親密な関係にある者のあいだには、愛他的に惜しみなく与える「一般化された互酬性」が、他民族やよそ者とのあいだには、損失なしに相手から最大限に奪おうとする「否定的互酬性」、その中間には、等価物の直接的な交換を意味する「均衡のとれた互酬性」が成り立っていると論じた［サーリンズ 1984(1972)］。しかし調査村の事例では、身近な親族から見知らぬ物乞いまで多様な相手に一方的な分配がなされており、このサーリンズの図式はあてはまらない。なぜそうした日常的に社会関係のない者にまで富が分け与えられているのだろうか〈14〉。

まず身近な親族と見知らぬよそ者とでは、分配をうながす動機に違いがあることを示してきた。身近な親族や近隣の村人とのあいだでは、妬みとそれに起因する呪術などをおそれる気持ちが強く、よそ者に対しては潜在的な「おそれ（恐怖／畏怖）」が共有されている。こうした「おそれ」の感情が多様な相手に富が分配される背景になっている。この「おそれ」を喚起する存在として、ムスリムの村人にはイスラームの規律が強く意識されている。見知らぬよそ者がイスラームの聖者と結びつけられたり、「［トウモロコシなどの作物は］神様がくれたものなので、乞われたら何ももたせないで帰すのはよくない」という村人の言葉（第3章第3節）に示されるように、イスラームという宗教が分配をうながす大きな要因として作用している。

大塚は、イスラームにおける贈与行為について、ザカートやサダカといったムスリム同胞への贈与がアッラーや聖者を介して与え手に「現世利益」をもたらすという意味で、互酬的関係にもとづく「交換論」として論じることの意義を強調している［大塚 1989：117-

34]。そこでは、「贈与」概念が物質的なものだけでなく、信仰心や善行（喜捨など）といった精神的なものも含めて考察されている。つまり、イスラームの原理にしたがえば、富の与え手は、アッラーや聖者に対して「善行（喜捨）」としての「贈与」を与えているのであって、直接、貧者や物乞いに物質的な分配をしているわけではない。これはヤスィンの「みんなアッラーのために与えてるんであって、彼のために与えてるんじゃない」（事例4）という言葉や、村人が「収穫物の一〇分の一はサルやイノシシが食べても畑にそのまま残しておくものだ」（第3章第3節）と語っていることにもあらわれている。

しかし、これまでも論じてきたように、調査村の分配の事例がこうしたイスラームの原理だけにもとづいているとは考えにくい。キリスト教徒への分配も同じように行なわれているし、ムスリムだけが富を分配しているわけでもない。しかも現実の場面では、「アッラーや聖者に対する贈与」が何の躊躇もなく行なわれているわけではない。もし、アッラーや聖者が現世利益的な反対給付を保障してくれると誰もが信じて疑わないならば、みな喜んで貧者への喜捨をするだろう。しかし、じっさいには「畑にそのまま残しておく」という言葉が実行に移されることはないし、つねに人びとは「与えすぎれば自分が困る」という現実的なジレンマにも直面している。

物乞いにきた老婆に対して「他人にあげるほどの余裕はないんだからな」と声を荒げたり（事例3）、乞われる前にサトウキビをすべて売却して「分配」を避けることもある（事例18)。大塚の描くイスラームの互酬性原理は、ひとつの理念であって、それだけで現実の富の分配について説明しつくすことはできない。イスラームの理念と人びとのじっさいの行為とのあいだには矛盾やずれがひそんでおり、むしろどういう文脈で誰によってその理念が持ち出されるのかに注意する必要がある。そこに、宗教的枠組みを超えて実践される富の分配という現象の普遍性がある。

ここで、イスラームを離れて互酬性の議論を再検討してみよう〈15〉。富を与えられた者は、同等のお返しを迫られるか、少なくともその負債感にさいなまれる。モースは、贈与交換に三つの義務（返済の義務、与える義務、受けとる義務）がともなっていると指摘し、それを「義務的贈答制」と名づけた［Mauss 1990(1925)］。この贈与交換にともなう「義務」の生成が、互酬的交換論のひとつの中心的原理とされてきた。そこには、ブラウが指摘するように、富の与え手と受け手とのあいだに負債関係や権力関係の生じる萌芽がつねに存在している。

「他の人びとにとって必要なサービスを供給するひとは、彼らにお返しすることを義務づける。〔中略〕彼のサービスに対する十分な返礼となるものをほかになにももたない人びとは、援助への返報として、彼の願望を聞きいれ、その要求に従うように迫られる。彼らがその要求に従うことは、彼らのもつ資源を彼みずからの目的促進のためみずからの判断で利用できる権力を彼に与えることになる」［ブラウ 1974(1964)：23］。

富の分配は、当事者のあいだに不均衡な関係をもたらす。この原理をふまえて、市川は次のように論じている［市川 1991］。富が分配されると、与え手に威信をもたらし、受け手には負い目をもたらす。つまり、物質的な平準化が起きると同時に社会的不均衡が生じ、そこにある種の権威が発生する。ある社会では、この権威を積極的に積みあげて不平等な格差をつくりだす一方で、狩猟採集民などの平等社会では、さまざまな方法で格差が是正され、分配を社会様式まで高めて全体的な平準化を成し遂げている。大きな獲物をとったハンターは得意になったりせずに控えめな態度をとることが要求され、分配を受ける側も獲物の価値を貶める露骨な失望の言葉をハンターに投げかけたりする。こうしたやりとりのなかで、狩猟技術に卓越した者に威信が集中することが妨げられている。この市川の議論のポイントは、互酬性原理が生み出す社会的不均衡や義務的負債関係が、人びとの「働きかけ」によって是正ないし緩和されうるという点にある。

これは、エチオピアの農村社会の事例にもあてはめることができる。たとえば、上で論じたイスラームの理念も、負債関係を生じさせないように受け手側が持ち出すひとつの「働きかけ」ととらえることができる。貧しい者が分配を受けとるたびにアッラーへの祝福の言葉を発するとき、与え手は、それが神への贈与であって、受け手そのものには返済の義務がないことを確認させられる。そして、貧者がときに「もらって当然だ」という態度をとる背景にもなっている。ここでは、イスラームの理念は、受け手に有利なように提示される強力な権威をもつ枠組みとしてたちあらわれる。この枠組みは、ときにキリスト教徒の村人によっても言及され、分配をもとめる交渉に利用されている（事例17）。イスラームの喜捨の理念は、村人すべてに共有され、内面化されることで自動的に分配行動を生み出しているわけではない。それは分配をめぐる相互行為のなかで参照されることではじめて生起し、拘束力をもつ枠組みとして作用しはじめるのである。

そのほかにも、分配をもとめる側には「関係の疎遠化」という手がある。ヤスィンの言葉「自分たちが問題ないときは近寄ってもこない」（第3章第3節）にもあるように、分配を受けた者は、その与え手との頻繁な接触を回避する傾向にあった。もし、負い目を感じたまま与え手との関係をつづければ、受け手はつねに返済と服従の義務を意識せざるをえなくなる。しかし、日常的に顔を合わせることがなければ、少なくともそうした負債感の顕在化を避けることができる。つまり、「関係の疎遠化」は、富の分配にともなう負債感と威信の蓄積を是正する消極的な意味での「働きかけ」になっている。こうした「働きかけ」が、富の分配の引き起こす権威の集中を是正する手立てになっているのである。

もちろん、こうした受け手側からの「働きかけ」に対して、富の与え手が何もなす術をもたないわけではない。トウモロコシを乞いにきた女性に対する「他人にあげるほどの余裕はない」（事例3）という言葉には、「際限なく与えるわけにはいかない」と逆に受け手を「牽制」する意図がうかがえる。そして、サトウキビを一度に他者に売却した事例（事例18）のように、そのままでは「分配される富」となってしまうサトウキビを前もって貨幣という「独占される富」へと転換することで、巧妙に分配の要求を避けるケースもみられた。「与えすぎると自分が困る」というジレンマのなかで、富の与え手も過剰な分配を阻止する「働きかけ」を行なっているのである。ただし、これまでみてきたように、与え手の分配を回避しようとする試みは、つねに周囲の者たちからの執拗な圧力にさらされている。たとえ一時的に分配を回避して自分たちの所有する富をまもることができたとしても、富を独占することへの妬みやイスラームの規律を顕在化させる「働きかけ」の前に切り崩されてしまう。

小田は、ほとんどの社会には「負い目」のあらわれ方によって、贈与交換（負い目を持続させる）・再分配（負い目を無限にする）・分配（負い目をあいまいにする）・市場交換（負い目を払拭）の四つがすべてみられ、人びとがそれらの異なるゲームを区別しつつ接合させていると論じている［小田 1994: 74-99］。ここまでの事例から、こうした複数の形式が区別されながらも交渉を通してその時々で転換されていることを指摘してきた。人びとは、経済的他者を介すことで「分配」を「市場交換」へと転換したり、本来ならば返済を強いられるはずの「贈与交換」を、神が現世利益のかたちで返済する「神への贈与」とみせかけて負債関係を覆い隠す（「分配への転換」）など、富の移譲の「意味づけ」をめぐる駆け引きを行なっている。そこでは、富の所有と分配をめぐる人びとの両義的な感情を背景としながら、負債関係や権力関係を生じさせる互酬性原理そのものが交渉されているといえるだろう。〈16〉

序論でも指摘したように、これまでの農村研究では、富の分配が特定の文化的特質や認識志向性、モラル的な規範にもとづいているという静態的な説明がなされてきた。こうした説明では、規範やモラルを支えるローカル社会の変容や規範そのものの可変性を十分に説明することはできない。

多様な民族が流入して住むようになったコンバ村では、ムスリムであってもクッロの呪術師に頼ったり、キリスト教徒のアムハラ農民でもオロモ語やイスラームの用語を流暢に使いこなして物乞いを行なうなど、さまざまな文化要素が日常生活のなかで言及され、参照されるようになっている。こうした分配をめぐる「働きかけ」や「交渉」といったミクロな相互行為に注目することで、「農村共同体の規範」や「イスラームの原理」といった本質主義的な枠組みを前提としなくても、分配をめぐる規範のずれや規範そのものが交渉されていく過程を動態的に理解することが可能になる。

こうした分配のプロセスは、まさに「誰が富を手にするか」という富の所有をめぐる攻防だといえるだろう。そこでは、相手に対する拘束力をもつ「働きかけ」が相互になされ、そのなかで人びとに所有される富がその手を離れて他者のものになっていた。次の節で、さらにこの流動的な相互行為を導いている「感情」に注目しながら考察をつづけたい。

2 富をめぐる感情の相互行為

これまでとりあげてきた事例からは、土地から生み出された作物などの富の所有が、かならずしもある時点で固定されているわけではないことがみえてきた。畑から収穫され、地主と小作のあいだで分配された穀物は、収穫作業を手伝った者や親族、そして村の貧しい世帯に分け与えられていた（第3章第2節）。その後、穀物袋に入れられて家に持ち帰られたあとも、あたかもその富の分け前をもらうことが正当であるかのように分配を要求する者もいれば（事例2）、さまざまな生活の困難さをあげて、分け与えてくれるよう懇願する者もいる（事例3・事例17）。いずれにしても、ある者の所有物として手にされた作物は、それからまた多くの者の手に渡っていく。

そして、その分配の過程では、さまざまな対面的な「働きかけ」がくりひろげられており、人びとを分配へと導く力として作用していた。いったん所有された富を分配するかしないかは、状況依存的で、流動的な状態にある。そうしたなかで、その場がどのような状況として定義されるか、それが対面的な相互行為のなかですりあわされているのだ。

たとえば、前章の最後にあげた車の代金の事例23では、私が運転手のアブデに「運賃、払おうか?」と問いかけたとき、私の言葉は、この状況が、彼の好意で町まで車に乗せてもらう「分配」なのか、代金を払って輸送手段というサービスを購入する「商品交換」なのかを確認するものだった(もちろん、ちゃんとアブデの「仕事」を理解している村人であれば、そんな野暮なことは聞かずに、黙ってお金を払っていただろう)。しかし、アブデにしてみれば、友人関係にある者に面と向かって「払え」とは言いにくいという意味で、私の言葉は、「べつに払わなくてもいいんだよね?」という確認でしかなかった。そこで、アブデが「いいよ、いらないよ」と答えたことで、この相互行為の場面は、私とアブデとの社会関係の親密さが強調され、「分配」の状況として定義されるはずだった。しかし、そこで第三者の少年があらわれて、私に「払え」とせまり、アブデが気づかないふりをすることで、その状況は金銭を介する「商品交換」として再定義されることになった。

さらに、この場面は、その場の「状況」の相互的な定義であると同時に、私とアブデとの「社会関係」を再定義する契機にもなった。このやりとりのあと、私はアブデに対して、いつも好意に甘えられるわけではない、と認識するようになったし、彼との関係がそれまでとは微妙に変質したのを感じた。もちろん、その場では、第三者の少年を介したことで、ふたりの関係は、表面上、商品交換を行なわない友人関係の体裁を維持していた。それでも、一連のやりとりを通じて、富を分け与える/与えない関係の形式がどういう状況に適用できるのか、そもそもふたりの関係はどういう性質のものなのか、相互に再確認されたのだ。

ゴッフマンは、人びとが相互行為のなかで「状況の定義づけ」を「投射 project」しあうと指摘している［ゴッフマン 1974(1959)］。彼は、人びとが言語的・身体的に表示する参加のあり方が互いに結びつくことで、相互行為の「状況」が定義づけられていくと考えていた〈17〉。これは、串田が指摘するように、何らかの固定的な（本質的な）自己があって、相互行為が行なわれるという見方から、相互行為のなかで呈示されるものとして自己が認識可能になるという見方への転換でもある［串田 2006: 278-9］。エチオピアの村においても、作物などモノのあり方やその状況、相互の社会関係、そしてそこに参与する人びとの主体、それらが調査者である「私」のあり方や彼らとの関わり方も含めて、相互行為のなかで定義・再定義されていったといえるだろう。物乞いをする者が「もらって当然だ」という態度をとることや、ときに与え手が厳しい口調で追い返すことも、その場や相手との関係が富を分配すべきものかどうか、互いに意味づけを「投射」しあう相互行為だと考えることで理解可能になる〈18〉。

こうした所有や分配をめぐる一連の「働きかけ」は、まさに「富をめぐる攻防」だといえるだろう。ただし、かならずしも誰もができるだけ多くのものを他人から奪い、できるだけ奪われないようにしている、というわけではない。つまり、人びとが相互行為のなかで「交渉」しているのは、「利害」だけではない。むしろ、人びとは、さまざまな「思い」に衝き動かされながら、あるときは自発的に、あるときは強いられて、富を分け与えたり、与えなかったりしている。そして、それぞれの行為が引き出される過程は、かならずしも対面的な直接の働きかけだけとも限らない。

そこでひとつの鍵となっていたのは、「妬み」という感情であった。先行研究のなかでも、妬みが「富の分配」をうながす圧力として作用することはたびたび指摘されてきた[掛谷 1983; Foster 1972]。しかしその作用は、たんに「豊かな者が妬まれる」ということだけで片づけられるものではない。妬みによって富の分配がうながされるとは、どういうことなのか。

フォスターは、「妬み／羨望 envy」について論じた論文のなかで、〈envy〉と〈jealousy〉のふたつの意味を区別しなければならないと主張している[Foster 1972]。〈envy〉が他者によって保有されている何らかのものを獲得したいという欲求にもとづいている一方で、〈jealousy〉はすでに保有しているものを失ってしまうのではないかという「恐れ fear」に根ざしている。これらのふたつの感情は、相互に密接な関連をもっている。

「もし〔価値物の〕保有者が、自分が妬まれていることに気がつき、この妬みを価値ある保有物への現実的な脅威としてみなすならば、彼は〈jealousy〉を感じるだろう。〔中略〕自分を妬んでいると感じる者に対しては、いらいらしたり、あるいは怒ったり、恐れたり、罪悪感を覚えるかもしれない。もし、われわれが妬みに関する文化的な諸形態によって判断できるとすれば、妬みをもたれた者のもっとも一般的な反応は、妬む者ないしその妬みがもたらす結果について恐れを抱くことであろう」[Foster 1972: 168]。

ようするに、「妬む」という行為では、妬みを抱く側だけに何らかの感情が渦巻いているわけではない。それが妬まれる側にも何らかの感情――フォスターはそれを〈jealousy〉と呼ぶ――を喚起している。[19] フォスターは、「妬み envy」という現象がさまざまな方向性の「恐れ fear」を含んでいると、くり返し主張している。これまでとりあげてきた事例についても、ある程度までは、こうした「妬み」とそれに関わる「恐れ」を軸にしてまとめることができるだろう。重要なことは、自己の「豊かさ」をめぐる思い、ひいては富の所有そのものが、つねに他者との関係のなかで交渉・構築されている、ということである。

豊かさを手にした者は、つねに周囲の者から不当な手段を用いたと疑いをかけられる（邪術者や呪術師、忌避動物との関係の嫌疑――第4章第1節・第2節）。他者から投げかけられる猜疑や羨望のまなざしが、いったん手にした富を切り崩してまでも「分け与える」ことへと向かわせる（妬みやそれにもとづく呪術へのおそれ――第4章第3節）。一方、他者に投げかけられる羨望の視線は、その富を不毛なものにする（邪視――第4章第2節）。それは同時に人の富を羨んだり妬んだりしていると思われたくない、と自分自身にも向けられている（邪視者でないことの明示――事例10）。そのなかでいかに相互の関係や状況の定義を操れるかが、「豊かさ」への鍵となる（経済的他者を介した作物の「商品」への転換――事例18）。人の「豊かさ」に向けられるまなざしは、同時に自分自身に対しても向けられ、自己／他者の行為を規制している。そこでは「豊かさ／富」の所有のあり方までもが、自己／他者をつなぐ関係の網の目に左右されているかのようにみえる。

ただし、これまでも述べてきたように、「妬み」をめぐる「おそれ」が強力に作用して「富の分配」へと向かわせるのは、親族など身近な存在との関係においてであった。そこで忘れてはならないのは、宗教的な規律に示される神への「おそれ」、そしてよそ者に対する「おそれ」である。こうした神やよそ者への「おそれ」という感情が、社会関係のない物乞いや見知らぬ者に対しても富が分け与えられることの根底にある。「おそれ」は、人をある行為へと導く拘束力をもっている。前節で指摘したように、アッラーやムスリム聖者への言及が「圧力」として作用するのは、富を分け与える者がアッラーへの「おそれ」を抱いているからである。たとえば、まったくイスラームを信奉しない者に同じ言葉を投げかけても、その「働きかけ」は空振りに終わるだろう。そして、あらたにやってきた呪術師が「すごい力をもっている」と噂され、その呪術師の与える呪薬が

「貴重な薬だ」と思われるのも、人びとのあいだに「よそ者」への潜在的な「おそれ」が共有されているからである。そしてこの「おそれ」は、ふらりと村にやってきた巡礼者や姿格好の異なる物乞いにも富の分配をうながしている。

もちろん、これまで指摘したように「分配」が行なわれる理由はひとつではない。そこには、さまざまな要因が関係しており、じっさいには、その富の性質（作物か、貨幣か、換金されやすいかどうか）や社会的意味（社交上の役割や宗教的な重要性）、そして既存の関係性（過去の恩義や親族関係の有無、仕事上の付き合いや金銭取引の関係にあるかどうか）にも左右される。ただ、そうした限定条件のなかでも「神への祝福の言葉」や「呪術をかけられる可能性」が富の受け手に有利な圧力となりうるのは、それら「神」や「呪術」が人びとに「おそれ」を抱かせる存在であるからにほかならない。与え手が「おそれ」を抱けば抱くほど、その対象が富の分配をうながす拘束力を強め、その権威を高めていく。

調査地である農村社会では、貧しい者や社会的地位の低い異民族など弱者のほうが、妬みや呪術などを通して「おそれ」をより多く喚起する立場にある。彼らは、その「おそれ」を積極的に操りながら、あるいは自然と身にまといながら、人びとの行為をある方向へと導いている。豊かな者は、つねにその圧力を感じ、富を吐き出すよううながされる。多様な相手に対して一方的な富の分配が行なわれる背景には、「おそれ」を抱かせる対象が身近な親族から見知らぬ物乞いまで分散し、権威が多元化している社会の姿がある。富の平準化と権威の多元性、そのふたつを「おそれ」という感情がつなげている。

第II部　行為としての所有

第Ⅰ部では、作物など土地から生み出される富の所有や分配がさまざまなミクロな相互行為によって支えられていることをみてきた。この第Ⅱ部では、そうした作物がつくられ、農民の手に渡るまでのプロセスにさかのぼって検討してみたい。土地という資源がどのように所有・利用されているのか、記述の視野を村レベルにひろげて分析する。

村の土地は、畑からコーヒー林、屋敷地など、さまざまな用途で利用されている。それらの「利用」のあり方をひとつひとつ調べていくと、その利用の形態によって、人びとと土地との関わり方にさまざまなバリエーションがあることがみえてきた。まず、こうした土地を利用するという「行為」そのものが、資源の所有のあり方をある程度まで規則的なものにしていることを示す。さらに、ある土地を利用するとき、複数の者がその土地の利用とそこから生じる富の分配をめぐって関係を築いている。そうした資源への複合的なアクセスの関係が争いや対立を引き起こし、資源の所有や分配に不規則な状況が生じている。

土地の所有という現象を、人びとの資源をめぐる行為の積み重ねとしてとらえることで、その規則性と不規則性とが生成している局面をあきらかにしたい。

第7章　土地の「利用」が「所有」をつくる

1　資源利用からみる土地所有

土地は利用されてはじめて価値をもち、その所有が争点になる。いくら畑の土地をもっていても、その土地を自分で耕したり、人に貸したりして利用しなければ、何ももたないのと変わらない。村の土地は、じっさいどのように「資源」として利用されているのか、それが土地を所有することといかなる関係にあるのか。土地や資源の所有という問題を考えるためには、「土地が誰のものか」だけではなく、「誰がどのように利用しているのか」を知る必要がある。

序論でも述べたように、ある者が耕している土地が、急に誰か他の者の土地になってしまうことはない。人びとは、それぞれの土地が誰のものであり、誰によってどのように使われているのか、認識を共有している。この土地の所有や利用の規則性に注目してきたこれまでの研究は、土地所有を何らかの持続性をもった「制度」や「概念」の視点からとらえ、その不規則性に注目する研究は、それが「交渉」を通じて操作される側面を強調してきた。この章では、土地の所有や利用の規則性を支えるものとして、その土地が人びとによってどのように利用されているのか、その資源の利用行為に注目することの重要性を指摘していきたい。それは、土地所有という現象を、その資源への人びとの関わり方としてとらえる視点でもある。

エチオピアでは、現在、すべての土地は「公有」とされ、農民は土地の処分権をもたない。一九七四年から九一年までの社会主義時代には、土地を貸借することすら禁止されていた。ただし、農村内部では、土地の売買は黙認されている。また、第1章で述べたように、土地と農民との関係は、さまざまな歴史的な変動を経験してきており、土地への出自集団の関係を示す「土地の父 *abba lafa*」という言葉や先占権を含意する「財産 *qabiyyee*」という民俗概念だけから土地所有を理解することは、あまり現実的ではない。

こうした状況のなかで「土地所有」という現象をどのような視点から考えていけばよいだろうか。土地の「所有者」が法的な面からだけでは定義できず、さらに〈*abba lafa*〉などの概念上の問題としても分析できない以上、「現実に誰がどのように土地という資源を排他的に占有／利用しているか」に着目する以外にない。農民たちは、いったいどのように「土地」を「誰かのもの」として所有・利用しているのか。「土地という資源へのアクセスとそれからの他者の排除」として「土地所有」をとらえることで、農民と土地との関係についての現実的な考察が可能になる。

土地所有を資源利用の排他性という視点から分析するときに、重要な視座を与えてくれる研究として、ダイソン＝ハドソンとスミスの「なわばり論 Human Territoriality」がある。[1] 彼らは、食物採集など資源利用に関わる領域に排他性が生じる要因として、コスト－ベネフィット・モデルにもとづいた「経済的防御可能性 economic defensibility」という考え方を示した［Dyson-Hudson & Smith 1978: 22］。

ある資源の領域を守って排他的に占有することが、はたして経済的にみて有益かどうか。そのベネフィットが領域を保持するためのコストを上回るときのみ、資源は排他的な空間として占有される。そして、このコスト－ベネフィットは、資源の時間的・空間的な予測可能性とその密集度に左右される。資源がいつどれくらい手に入るかが予測不可能な場合、その資源を防御するコストが大きいわりに、得られるベネフィットは小さい。また、資源の平均的な密度が高まれば、防御する領域が小さくてすむため、なわばりを守るコストは減る。つまり基本的には、「なわばりシステムは、重要な資源がもっとも高い密度で予測可能な条件にあるときに生じる」［Dyson-Hudson & Smith 1978: 25］。この資源の排他的利用をめぐる経済的要因は、土地の排他的な所有／利用に一定の規則性があることを説明するうえで重要な指標になる。

もちろんダイソン＝ハドソンらの定式だけで、土地所有という現象をすべて説明できるわけではない。とくに彼らの研究は資源領域を拡大・縮小できる狩猟採集や牧畜といった生業集団を前提にしているため、土地所有が固定されている人口稠密なエチオピア高地農村の事例にそのままあてはめることはできない。ここでは、このモデルをエチオピアの事例に適用するときの有効性と限界とを示したうえで、土地の利用形態によって生じる排他性の違いが、どのように「なわばり論」の想定したテリトリー形成の度合いと関連しているかを示していきたい。

この第7章では、土地という資源の配分をめぐる不規則なプロセス（第9章）について論じる前に、土地所有に利用形態に応じた一定の規則性があることを示しておく意図がある。農村社会の土地の利用形態にはバラエティがあり、その土地利用の違いによって、所有のあり方や排他性の度合いが異なっている。この資源の利用形態が土地所有に影響を与えるという事実は、これまでの土地所有研究では、ほとんど考慮されてこなかった。こうした分析を通して、農村社会のすべての土地が、固有の「所有体制」にすっぽりと覆われているとか、ある「民俗概念」に根ざした固有の形態で所有されているといった見方、そして「交渉」による流動性のみを強調することへの反証を示しておきたい。

2 「土地」という資源の多様性——畑地・放牧地・屋敷地

まず、コンバ村の土地利用図をみてみよう。図2-5（六八頁）に示したとおり、村の土地はおおまかに「コーヒー林」、「トウモロコシ畑」、「低湿地」、「集落の土地」に分類される。ここでは、それぞれの土地利用の違いが、土地所有にどのような影響を与えているかを示していく。ひとくちに「土地」といっても、そこには利用形態によってさまざまな意味や価値のバリエーションがあり、それらが季節的に変化することもある。土地という資源の多義性をあきらかにしたうえで、土地利用のあり方が「土地所有」という現象をかたちづくる重要な要素であると論じる。

作物を育てる土地——コーヒー林 *buna* とトウモロコシ畑 *maasii*

村の土地のなかでもっとも大きな面積を占めているのが、「コーヒー林 *buna*」と「トウモロコシ畑 *maasii*」である。〈2〉まずこのふたつの土地の違いについて、「立地」・「境界画定」・「利用行動」・「相続」の四点から説明していきたい。

①立地

コーヒー林もトウモロコシ畑も、丘陵地の斜面にひろがっている（写真Ⅱ-1）。ともに水はけのよい土地が適しているため、同じような条件のところが選ばれる。ただし、コーヒーの苗木を育てるには、直射日光をさえぎるための樹木が必要になる。この木のことを

「日陰をつくるための木」という意味で「庇陰樹《ひいんじゅ》」という。庇陰樹には、コーヒーを気候の急激な変動や過度の乾燥と降雨からまもり、安定した生産量を保つ役割がある［Demel 1999］。コーヒーは日の光に直接さらされると、葉を黄色くして、とたんに実りが悪くなる。そのため、コーヒーが栽培されている場所には、樹高が五、六メートルから一五メートルほどの庇陰樹の森が生い茂っている［松村 2005］。

写真Ⅱ-1　丘陵地にひろがるトウモロコシ畑とコーヒー林
手前は低湿地の放牧地

トウモロコシの畑になる土地には、二種類ある。丘陵地の斜面のほかに、面積としては小さいものの、低湿地の一部で早蒔きのトウモロコシが育てられている。雨の降らない乾季でも、低湿地では、ところどころで泉が湧き出している。「丘陵地の畑 *maasii*」では、四月から五月の雨季のはじまりにあわせて種が蒔かれる。「低湿地の畑 *caffe*」では、まだ乾季のまっただなかの一月から二月にかけて種が蒔かれる（七〇頁・表2-1参照）。とくに低湿地の畑では、水はけをよくするために排水溝が掘られるので、かなりの重労働をともなう。この低湿地でのトウモロコシ栽培は、近年の土地不足を背景に、過去一〇年ほどのあいだに広まったとされる。

②境界画定

畑もコーヒー林も、基本的には世帯単位で所有／利用される土地になっている。柵などもつくられておらず、一見すると、境界線がないかのように思える。ところが、隣接する土地の所有者／利用者のあいだでは、ふつう何らかの目印によってその境界が了解されている。

畑であれば、そばに生えている木や切り株が目印にされる場合が多い。また、種を蒔く前に、隣りあった土地の耕作者が立ち会って、畑の境界にユーフォルビア（*Euphorbia tirucalli*）を植えることもある。しかし、この目印も、翌年の播種の時期にはなくなっていることが多く、毎年のように境界が確認されることになる。

写真Ⅱ-2　コーヒーの幹につけられた境界の印

コーヒーの林の場合も、ユーフォルビアやリュウケツジュの一種（*Dracaena fragrans* (L.) Ker Gawl./*Dracaena steudneri* Engl.）などが境界の印として植えられる。さらに、境界付近のコーヒーの幹に山刀などで傷がつけられ、その傷が目印とされることも多い（写真Ⅱ-2）。この場合、土地そのものに境界線を引くというよりも、コーヒーの木が誰のものかを確認するほうが重要であることがわかる。畑であれ、コーヒー林であれ、いずれも柵などがつくられることはめったになく、時間がたつとわからなくなってしまうような印でしかない。この境界画定のあいまいさが、しばしば境界争いにもつながっている。以下は、コーヒー林の境界をめぐる争いの事例である。

事例1　コーヒー林の境界争い

二〇〇〇年にある農民がコーヒーの土地を親族の者から買いとった。それから数年間はあまりコーヒーの実らない年がつづいたが、二〇〇三年になると、近年にないほどたくさんのコーヒーが実りはじめる。コーヒーの摘みとりがはじまる前の二〇〇三年九月、隣接するコーヒー林を所有する姉妹が、「売られた土地の境界が間違っていて、自分たちのところに入り込んでいる」と村に訴えた。訴えられた元の土地の所有者は、「このコーヒー［の土地］を売ってからだいぶ時間がたっているのにいまさら何を言い出すのか」と言う。二〇〇三年一〇月五日、行政村の書記をつとめる青年が立ち会い人となって双方の関係者を呼び、土地の境界を確認する作業が行なわれた。境界線とされた場所にユーフォルビアが植えられ、あらためて土地の境界が画定された。

この事例のポイントは、二〇〇三年のコーヒーの実りがよさそうだとわかった時点で境界確認の争いが起きた点である。一九九九年ごろから数年間、コーヒーの収量が少ない状態がつづいていた。コーヒーの収穫が増えると見込まれたとき、それまでほとんどあいまいなままにされ、当事者どうしでも明確に記憶されていなかった境界に、疑問が投げかけられたのである。コーヒーがたくさん実ったこの年、本格的な収穫がはじまる前に、いくつか他のコーヒー林でも境界を画定している場面を目にした。コーヒーの収量が増えれば増えるほど、その境界の強度や重要性は高まっていく。資源として重要なコーヒーの量や密度の高まりとともに、ふだんはゆるやかな土地所有の排他性が強まるのである。

③利用行動

畑の土地とコーヒーの土地の利用行動における大きな違いは、その労働投入の期間と量である。畑で穀物を栽培するときは、数回にわたる土地の耕起にはじまり、播種や除草、サルやヤブイノシシの獣害を防ぐための監視、収穫、乾燥、運搬といった具合に、一年のうちの八ヶ月から一〇ヶ月は、何らかの労働力が必要となる。とくに獣害を防ぐ監視は昼夜を問わず行なわれており、耕作をする世帯の一〜二人がつねに畑のそばの出作り小屋で数ヶ月にわたって寝泊まりすることを強いられている〈3〉。

ところが、収穫が終わって畑の穀物を運び終わると、刈り跡の畑はそのまま牛の共同放牧地になる。次の播種までの三〜四ヶ月の期間、それまで世帯単位で排他的に所有／利用されてきた畑の土地も、誰もが放牧できる土地になる。収穫後がちょうどコーヒーの摘みとり時期にあたることもあり、畑を耕していた者たちは、ほとんど自分の畑に近寄ることもなくなる。そのあいだに目印として植えたユーフォルビアがなくなり、畑の境界がふたたび不明確になってしまうことも多い。

一方、コーヒーの土地では、労働力が投入される期間は限られている。摘みとりが行なわれる二～三ヶ月のあいだをのぞけば、摘みとり前に下草刈りが行なわれるくらいで、ふつうは施肥や農薬の散布などもされていない。コーヒーの実りがよいときは、摘みとりに多くの人手がいるものの、一年を通してつねに労働力が必要とされるわけではない。

また、コーヒーの土地に生えている樹木は、基本的にその土地の持ち主のものとされる。とくに、ベッドや家具の建材となるコルディア（*Cordia Africana* Lam.）の大木は高値で取引されるため、しばしば伐採の対象になる。そのほかにも、家の建材に適した樹木や、犂や玄関の敷居に用いられる樹種などもあるが、これらの木の伐採には土地の持ち主との交渉が必要となる。その場所に植えられているコーヒーに影響がある場合は、土地の持ち主もなかなか承諾することはない。ところが、コーヒー林に落ちている枯れ枝については、誰もが薪として拾いあつめることができる。コーヒーやそこに生えている樹木が世帯単位で排他的に所有／利用されている一方で、木の枝が地面に落ちた瞬間、それは誰もが利用できる薪へと変わり、あとは早い者勝ちとなる。生えている木から他人が枝を勝手に折りとるようなことがあれば、土地の持ち主やまわりの者たちから厳しく咎められる。しかし落ちた枝にまで、排他的な所有が主張されることはない。

柵で囲まれていないコーヒー林や畑には、縦横に小道が走っており、他村の者も含めて多くの人が自由に行き来している。その意味では、畑やコーヒーの土地そのものの領域的な排他性はそれほど高くない。しかし、畑の穀物やコーヒー、建材となる樹木といった価値の高い資源については、一定の排他性が確保されている。とくに畑では、穀物が実りはじめ、獣害によってその資源が侵害される危険性が高まると、出作り小屋での昼夜の監視という大きなコストを払ってでも、その排他性が守られる。「土地」という空間は、人びととの利用行動のなかで「資源」としてたちあらわれ、それぞれに応じた所有や利用の形態がみられるのである。

④相続　*talika*

土地の相続という問題は、土地所有にとって重要なファクターのひとつである。エチオピアでは宗教や民族ごとに基本的な相続方法に違いがある。たとえばキリスト教徒のアムハラでは、原則としていかなる土地であれ、男子も女子も双系で均等に分割相続される〈4〉。一方、この地域のムスリムのオロモは、男子優先の相続で、女子は男子の半分ほどの割合で相続することになっている。ところが調査村で、トウモロコシの土地四一例とコーヒーの土地三六例について、その相続方法を調べたところ、いくつかのことがわかってきた。

まず、アムハラであれ、オロモであれ、国営農園の職員など固定給のある者、結婚や仕事などで他の土地に出ていった者などには、ほとんどの場合、両親世代から土地が相続されることはない。また、いずれの民族の場合も、トウモロコシの土地がほとんど男子だけに相続されるのに対し、コーヒーの土地は女性にも分割相続されていることがわかった。ここで、アムハラとオロモの典型的な土地相続の事例をあげておこう。

事例2　アムハラの土地相続（図Ⅱ-1）

ATの死後、そのコーヒーの土地六ファチャーサ（約二・一六ヘクタール）が、三人の息子と一人の娘に一・五ファチャーサずつ均等に分割相続された。

事例3　オロモの土地相続1（図Ⅱ-2）

世帯主であるKが亡くなり、その畑の土地一チャバ（約一・四四ヘクタール）とコーヒーの土地三ファチャーサが妻Hと一人の息子HU、二人の娘TA、NAの四人で相続されることになった。畑の土地は、すべて息子HUに相続され、コーヒーの土地は、それぞれ妻Hと息子が一ファチャーサずつ、娘二人は〇・五ファチャーサずつ相続した。

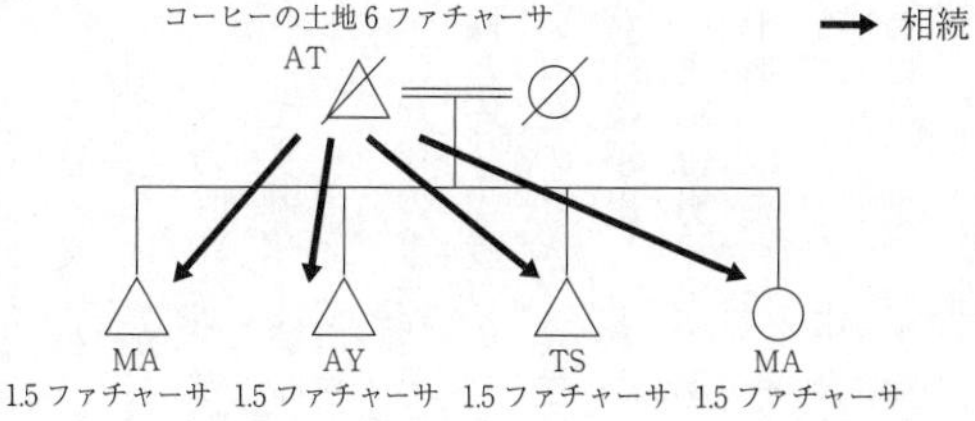

図Ⅱ-1　アムハラの土地相続（事例 2）

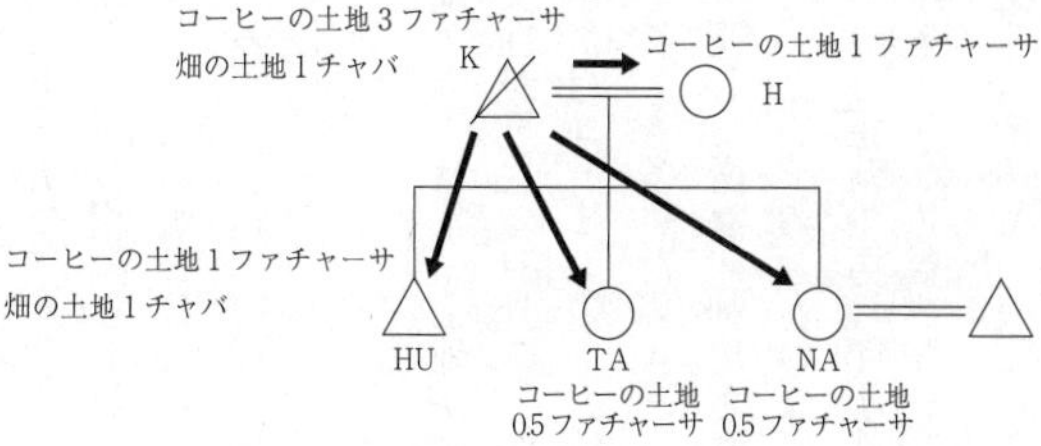

図Ⅱ-2　オロモの土地相続 1（事例 3）

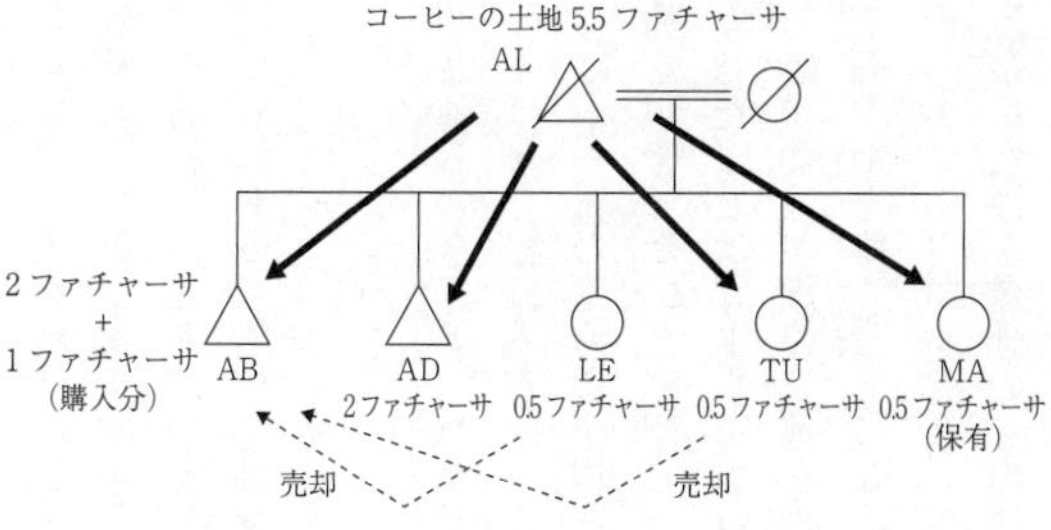

図Ⅱ-3　オロモの土地相続 2（事例 4）

事例４　オロモの土地相続２（図Ⅱ-３）

ＡＬは、コーヒーの土地を五・五ファチャーサ保有していた。ＡＬの死後、二人の息子ＡＢとＡＤが二ファチャーサずつ相続し、娘三人がそれぞれ〇・五ファチャーサずつ相続した。しかし、そのうち二人の娘ＬＥとＴＵは、兄のＡＢに自分たちのコーヒーの土地の取り分を売却している。とくにＴＵは、別の村に婚出しており、村の土地を相続しても利用できない事情がある。

これらの事例にあるように、コーヒーの土地が女性に分割されるとき、アムハラでは男性と均分相続、オロモでは女性が男性の四分の一から二分の一ほどを相続するケースが多い。このとき、女性に分割されたコーヒーの土地は、しばしばその男の兄弟に売却される。女性は婚出して家から離れることも多いため、一定の相続分を現金で受けとり、じっさいの土地は男兄弟のあいだで分割して所有／利用される。こうしたことは、トウモロコシの土地ではまったく行なわれていない。娘しかいない場合などは、女性が畑の土地を相続するが、そうした場合でも、ふつう集落の男性が小作としてその土地を耕すことになる。これには、畑での穀物栽培が男性中心の生業であることが関わっている。コーヒーについては、男性、女性ともに摘みとりを行ない、そこで得られた現金を女性が自分のものにすることもめずらしくない。

以上のように、土地所有の中心的な要素である「相続」をめぐっても、土地の利用形態の違い（トウモロコシ畑か、コーヒー林か）が大きく関与していることがわかる。この利用形態の影響という点は、土地所有における文化的な差異や民俗概念を強調する議論には欠けていた視点である。

牛を放牧する土地――低湿地 *bakkee* と丘陵地 *tabba*

雨季にはぬかるんでしまう「低湿地 *bakkee*」の多くは、村の共同の放牧地になっている（写真Ⅱ-3）。この〈*bakkee*〉という言葉は、たんに「外」という意味でも使われ、「屋敷地の外の何もない場所」といったニュアンスをもつ。[5]

写真Ⅱ-3　低湿地での集団放牧

丘陵地の斜面で耕せば畑になる「空き地」も、牛や小家畜に草を食べさせるために利用されるが、こうした土地は〈*kalo*〉と呼ばれて区別されている。コーヒーやトウモロコシを育てる「丘陵地 *tabba*」が、個人によって所有／利用されるのに対し、「低湿地 *bakkee*」は基本的に村の誰もが放牧のために利用できる土地として認識されている。この「牛を放牧するための土地」の利用形態について、「放牧形態」、「放牧地の季節的変動」、「境界領域の所有と利用」という三つの点から説明していきたい。

①放牧形態

村では、牛を保有する世帯が参加する三つの放牧集団が形成されている。集団ごとに決められた時間（朝九時～九時半ごろ）に、各世帯が特定の場所に牛を連れていき、その日の当番の者が来たところで、牛をまかせる。輪番制で各世帯にまわってくる「放牧当番 *abba ule*」（集団によって一～二人）は、各自の判断で移動しながら放牧する。一日に一度は群れを川まで連れていき、牛に水を飲ませることが欠かせない仕事となる。

トウモロコシの収穫前は、牛が隣接する畑に入らないよう注意を払うことが当番の大切な仕事になる。群れの牛が畑の作物を食べてしまった場合は、当番の者が責任をとらされる。夕方（雨季の収穫前は早めの午後二時～四時、収穫後は四時～五時）に持ち主が牛をひきとりにきて、日暮れまでは、集団では行けない小さな空き地などでおのおのが牛に草を食べさせる。この夕方の放牧は、小学校から帰宅した子どもが行なう場合がほとんどで、輪番制の小さな放牧グループが任意に形成されることもある。

村の放牧集団では代表者がひとり決められている。代表者は放牧当番の順番を決定する権限をもつ。輪番制の当番は免除されるが、当番の者が来なかったりすると、責任をとって代理の者をたてるか、みずから放牧しなければならない。また当番を怠った者への罰則を決める役目もある。ある集団では、一日休んだ場合は五日間追加で当番するという罰則が決められていた。水を飲ませる頻度や、放牧地の選択も最終的には代表者が責任をもつ。牛が痩せてきたりすると、その責任を問われる。飼ってよい牛の頭数に制限はなく、何頭の牛をあずけていても、同じ一日分の放牧当番を受けもつ。B集団では、メンバーが六〇世帯で、一日二人の当番なので、ほぼ一ヶ月に一度は当番がまわってくることになる。

②放牧地の季節的変動

牛が放牧される土地は、トウモロコシの播種から収穫(ほぼ雨季:四〜一一月)までと収穫後から次の播種まで(ほぼ乾季:一一〜四月)とでは大きく変化する。この季節的な変化が、「放牧地」として使われる土地の重要な要素になっている。道路より東の一〇集落で飼われている牛は、乾季には三つの放牧集団(A:三七世帯・一一六頭、B:六〇世帯・二一九頭、C:一六世帯・四六頭)ごとに放牧されていた(一九九八年九月時点)。

図II-4と図II-5は、集団Bにおける放牧行動の季節的変化を示している。雨季には低湿地の限られた土地でしか放牧していなかったが、トウモロコシの収穫後には、個人の刈り跡の畑も共同の放牧地として利用しているのがわかる。雨季にひとつにまとまっていた集団も、乾季には三つに小さく分裂して、それぞれ別の場所で放牧を行なう。トウモロコシの収穫が終わり、牛が作物を荒らす危険性がなくなるとともに、利用可能な放牧地が拡

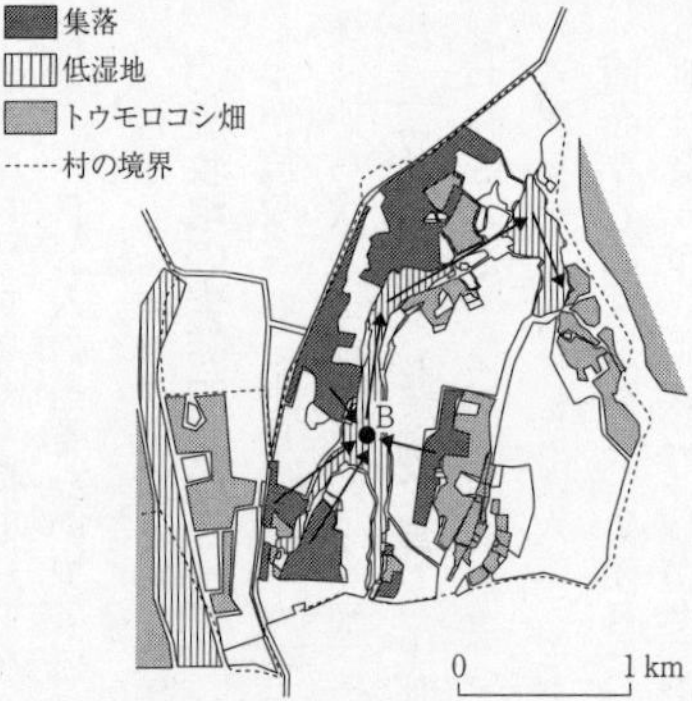

図Ⅱ-4　放牧集団Bの雨季（播種から収穫前まで）の放牧行動
（1998年9月の観察事例より）
B：219頭（60世帯）

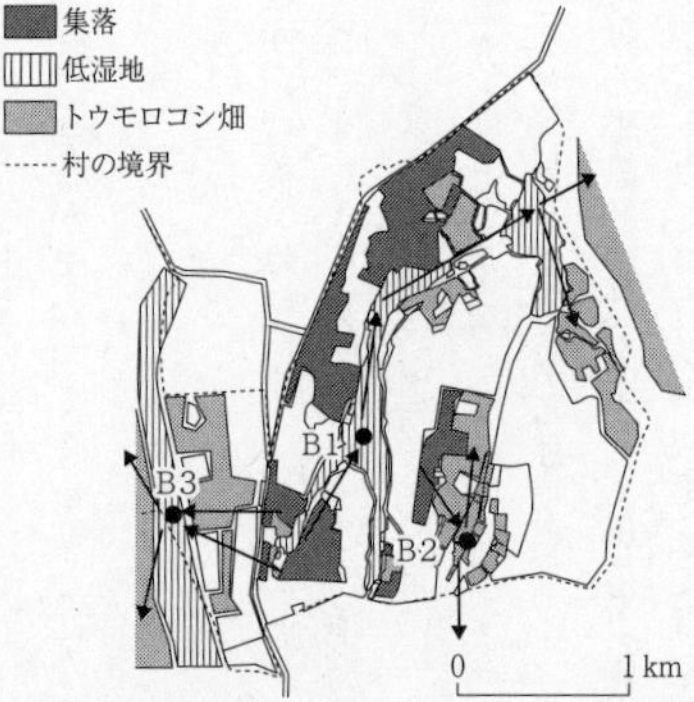

図Ⅱ-5　放牧集団Bの乾季（収穫後から播種まで）の放牧行動
（1998年12月の観察事例より）
B1：14頭（5世帯），B2：68頭（25世帯），B3：123頭（30世帯）

大したために、大きなひとつの集団としてまとまるメリットがなくなったのだ。

雨季のトウモロコシ収穫前には、狭い低湿地でしか放牧することができない。しだいに牧草の状態も悪化してくる。低湿地のあちらこちらで、草がなくなって土が露呈する場所が目立ちはじめる。牛たちもあまり草を食むことなく、じっとしていることが多くなる。各世帯は午後の比較的早い時間（二〜四時）に放牧集団から牛を受けとり、大きな集団では行けないコーヒー林の草地や畑のそばの空き地などで、自分たちの牛に草を食べさせる。こうした牧草の減少がつづくと、牛が痩せはじめ、集団の分裂にもつながる。放牧集団Bで、そのような事例を目にした。

事例５　収穫前における放牧集団の不安定化

一九九八年九月半ばごろ、B集団のうち四分の一ほど（五〇頭ほどの牛）が、トウモロコシ畑をこえた道の西側にある低湿地で放牧するために、集団から分離した。それ以前から、牧草の状態がかなり悪化していたため、トウモロコシの収穫を待たずに別の放牧地に移動したという。ふだん、その放牧地へはトウモロコシ畑があって行くことができないが、小学校のグラウンド横の道からコーヒー林をぬけて牛を低湿地に連れていくようになった。ところが数日後、学校側がそこを通ることを禁じたため、またもとの放牧地にもどらざるをえなくなった。放牧集団Bの代表者は合流を認めず、しばらくは同じ放牧地に、もともと同じ集団だった牛の群れが二ついる状態がつづいた。代表者は「こちらの放牧当番が一巡するまで、合流は認めない」と主張して、毎朝のように放牧地で言い争いが起きていた。それでも結局、数日後には合流してもとにもどった。

放牧集団でまとまることで、各世帯は時間と労力をかけずに自分たちの牛を飼養することができる。ただし、大きな放牧集団でまとまっているといつも同じ低湿地でしか放牧できないため、牧草の状態が悪化する収穫前の時期には、労力をかけてでも自分の牛を条件のよい場所で放牧しようというインセンティブが高まる。それが、早い時間に牛を引きとって各世帯で放牧したり、集団を離れてでも別の放牧地に移動しようという動きにもつながるのである。

トウモロコシの収穫が終わると、畑の刈り跡や遠方の低湿地にも行けるようになり、放牧地が拡大する。結果として牧草の状態もよくなるため、遅い時間まで放牧集団に牛をあずけたままにする者が多い。放牧集団もいくつか小さな集団に分かれて放牧するようになり、収穫前に高まっていた緊張関係もやわらぐ。牛が畑のトウモロコシを食べる心配もなくなるため、放牧地にほとんどほったらかしにされる牛もいる。利用可能な牧草地の面積やその資源量の変動に応じて、放牧集団の凝集と分散がくり返され、集団内の緊張関係の高まりとその弛緩が起きている。これが放牧行動にみられる季節的変化の特徴だといえる。

③境界領域の所有と利用

とくに誰のものでもない「低湿地 *bakkee*」にくわえ、基本的には世帯ごとに所有／利用されている「畑 *maasii*」も、トウモロコシの収穫を契機に、すべてが村の共同の放牧地になる。こうした意味では、畑地がつねに個人によって排他的に所有されているとはいえない。それは、トウモロコシを栽培する期間のみ、個人や世帯によって独占的に所有／利用されており、その所有と利用の関係は季節的に変動している。

もうひとつ所有と利用の関係があいまいな土地がある。低湿地と丘陵地の境界部分の土地である。調査を行なっていた一九九八年から二〇〇三年のあいだで、丘陵地の土地の所有者が低湿地の部分にはみ出るかたちで柵をつくり、そのなかにユーカリの苗を植えはじめる出来事を目にしてきた（写真Ⅱ-4）。近年、ユーカリは貴重な建材として高値で取引されていることから、このユーカリ植林地の拡大は、低湿地という共有地を個人が囲い込む現象であるように思えた。しかし、それほど単純化できないこともわかってきた。

写真Ⅱ-4　低湿地周辺の柵とユーカリ植林地

図Ⅱ-6は、一九九八年・二〇〇〇年・二〇〇三年に低湿

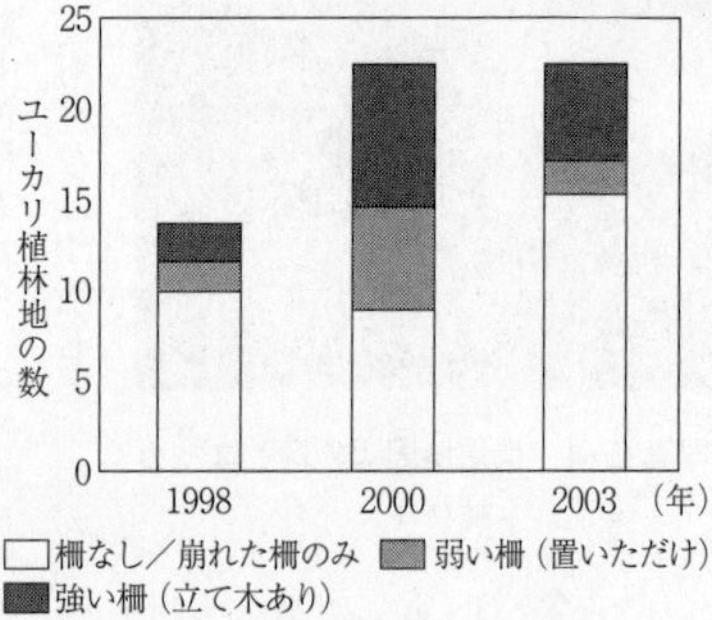

図Ⅱ-6　低湿地におけるユーカリ植林地の増減と柵の有無（1998年・2000年・2003年）

地と丘陵地の境界付近につくられていた柵とユーカリの植林地の増減を示した図である。このデータから、一九九八〜二〇〇〇年にかけて大幅に増加したユーカリの植林地も、二〇〇三年時点では伐採されたり、柵が崩れたりしてなくなっている場所が少なからずあることがわかる。

話を聞いていくと、低湿地にユーカリが植えられるようになった背景には、ここ数年の少雨が関係していることがわかってきた。一九九一〜九三年ごろまでは雨が非常に多く、雨季には低湿地のほとんどがひざ下くらいの深さまで水没していた。しかし、九五年ごろからしだいに雨が減る傾向にあり、雨季でもとくに低湿地の周辺部では水につからなくなった。この雨量の減少と低湿地の乾燥化が、ユーカリの植林を可能にした。人びとは、みずからの丘陵地の土地を低湿地側に拡張するようにして柵で囲い、ユーカリの苗を植えはじめた。柵がつくられ、ユーカリが植えられたことで、本来は共同の放牧地であった低湿地の一部が個人によって所有／利用される状況が出現したのである。

ただし、図Ⅱ-6からもわかるように、はじめは牛が入らないようにしっかりとつくられていた柵も、ユーカリが育つにつれて崩れていき、補修されることもない。そしてユーカリが伐り出されたあとは、それまで個人が排他的に利用していた土地も、またもとの共同の放牧地にもどり、継続的にその土地の所有が主張されることはない。低湿地と丘陵地の境界付近の土地では、雨量の減少によって利用可能性が高まったことを背景に、ユーカリの生長と伐採のサイクルにあわせて、土地が個人によって排他的に所有されたり、またもとの共有地にもどったりしていたのである。

生活するための土地――集落 *ola* と屋敷地 *qe'e*

村の「集落 *ola*」（「隣り近所」の意）には、柵に囲まれた「屋敷地 *qe'e*」（「柵のなか」の意）が集まっている。この集落は、ユーフォルビアやモロコシの茎などでつくられた丈夫な柵で区切られたほとんど唯一の土地である。こうした人びとが居住するための土地は、村でもっとも頻繁に売買される土地であり、とくに「道路沿いの土地 *daari kara*」については、近年、数千ブルもの高値で取引されるようになっている（第11章第4節で詳述）。ここでは、アッバ・オリ家を例に「屋敷地の所有と利用」についてみていきたい。

屋敷地の所有と利用――アッパ・オリ家の事例

アッパ・オリの屋敷地には、彼がその妻と暮らす家（A）のほかに、結婚した三人の息子（B・C・D）がそれぞれ居を構えている（図Ⅱ-7参照）。この地域では、近年の土地不足の影響もあって、ひとつの屋敷地のなかに複数の世帯が家を構えるケースが増えてきた。ほとんどの場合、結婚してあらたな世帯をつくった息子夫婦の家である。

屋敷地には、家屋だけでなく、タロイモやサトウキビ、香辛料、果樹、コーヒー、チャットなどを栽培する小さな庭畑がいくつもつくられている。アッパ・オリの屋敷地の庭畑では、おもなものだけでも一二種類の栽培植物が植えられていた。こうした庭畑では、コーヒーやチャット、果樹といった永年作物以外は、年によってつくられる作物が異なる。たとえば、家屋近くのタロイモ畑になっているところでは、前年は葉菜類が育てられていた（図Ⅱ-7の＊1）。こうした庭畑での農耕には、男性だけでなく女性の役割も無視できない。とくに葉菜類など換金性の高い作物については、夕方から毎日ひらかれている村の路上市で売るために、女性が刈りとる場合がほとんどである。野菜類やササゲ、香辛料といった家庭の食卓に並ぶ作物の場合も、土地の耕起や植えつけはおもに男性が行なうものの、食事の準備のために女性がひとりで収穫している姿をよく目にする。

これらの屋敷地は、もともとすべてアッパ・オリの土地であった。それが、息子たちが成長するにつれて、分割して与えられた。現在では、図Ⅱ-7にも示したように、小さな

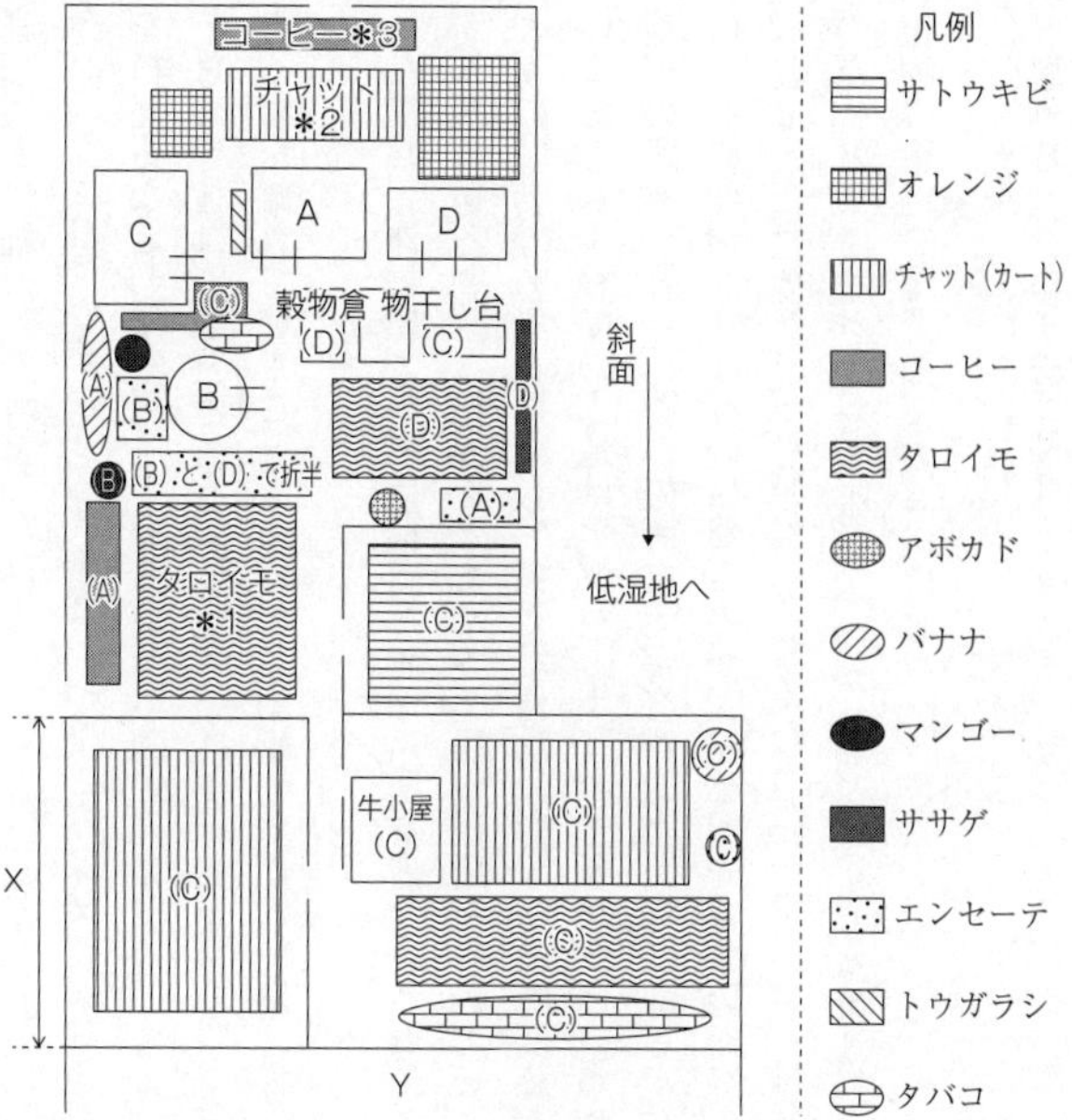

図Ⅱ-7　アッバ・オリたち家族の屋敷地（2003年10月現在）

（A）などは，その作物／土地が世帯Aの所有物とされていることを示す。

庭畑ごとに細かく所有者が分けられ、個別に利用されている。図II-7のXの土地は三男ヤスィン(C)がまだ一〇代半ばだったころに父親が与えた土地で、彼はチャットや果樹を植えるなどして利用している。その他の兄弟に対しては、長男には別のコーヒー林が与えられ、彼は別のところに家を構えている。次男ヤスフ(B)と四男ディノ(D)はしばらく村を離れていたこともあって、結婚してから家屋に近い畑(図II-7のY)を二分割した。

ただし、作物によっては植えた者が「所有者」とされることが多く、この屋敷地の土地が単純にある明確な境界をともなって誰かに所有されているとはいいきれない。事例8のように、妻である女性にも、植えた作物に対する所有関係が認められている。その一方で、いまでも「すべての土地はアッバ・オリの土地だ」といわれることもあり、ここでは「土地への所有」と「作物への所有」が交錯した関係にある。さらに果樹などの場合、じっさいにその作物が誰のものになるのか、兄弟間でも争いが絶えない。「おれが苗を植えた」、「じっさいにはおれが世話をして育てた」、「いや、ここは父親の土地だから、みんなのものだ」と、さまざまな主張がぶつかりあう(第5章第3節を参照)。図II-7の一部の栽培植物の事例を紹介しておく。

事例6　タロイモ(図II-7＊1)

もともとアッバ・オリ夫婦の庭畑だった。次男ヤスフが結婚して土地がないこともあり、ヤスフが植えつけや収穫の作業を手伝うかわりに、収穫の二分の一ずつをアッバ・オリと分けている。

事例7　チャット（図Ⅱ-7＊2）

もともとアッバ・オリがこのチャットを植えたが、その後、世話が行き届かず荒れてしまう。一九八六年ごろ、次男ヤスフが枝を刈り込んでふたたび育てはじめる。しかし、その後、ヤスフは村を離れてしまい、そのあいだ、四男ディノが世話をする。ディノは、親や兄弟たちに「自分のチャットだから、さわるな！」と告げ、自分だけで売ってしまうこともある。ただし、ときにアッバ・オリやヤスフ、ヤスィンが摘みとって嚙むことがある（売ることはない）。

事例8　コーヒー（図Ⅱ-7＊3）

最初に次男ヤスフが町から苗を買ってくるが、じっさいには母親であるファトマが植えたため、ファトマだけが摘みとっていて、他の者は手をつけない。家族が飲むコーヒーとして使われることもあれば、売られることもある。売った現金も、基本的にはファトマのものだが、家の必要品が買われることが多い。

屋敷地の土地と作物をめぐる家族のあいだの所有と利用には、つねに流動性がつきまとう。事例7のチャットの例にもあるように、たとえ、いったん誰かのものとされた作物であっても、最後に誰が消費するかは不確定なままになっている場合が多い。土地と、そこで育てられる作物に対して、複数の異なる所有の主張が重なりあい、潜在的な競合関係が継続している。

3 利用行為が支える所有の排他性

土地の「利用」が「所有」をつくる

本章では、土地所有を「利用」との関連のなかでとらえようと試みてきた。まず、土地の利用形態によって、その所有のあり方に違いがあることを示した。もちろん、この背景には、低湿地が雨季に水浸しになるといった生態的な条件によって利用が制限される側面もある。しかし、同じ低湿地でも、早蒔きのトウモロコシが植えられるところもあれば、牛の放牧のためだけに使われる土地もある。同じような丘陵地の斜面が屋敷地にされたり、畑やコーヒー林にされたりする。条件が同じ土地でも、そこで栽培される作物の種類や屋敷地の内か外かで、その所有のあり方は大きく異なってくる。この「何のために利用するか」が、土地所有のあり方を理解するうえで重要な視点となる。

調査地域では、土地への出自集団の関係を示す「土地の父 *abba lafa*」や先占権を含意する「財産 *qabiyyee*」という語彙が、オロモの土地所有のあり方を象徴する概念として論じられてきた。しかし、これまでみてきたように、農民と土地との関係には、さまざまなバリエーションがある。短期間だけ労働力が投入され、あとはほとんど放置されている土地（コーヒー林 *buna*）、耕作期間は世帯単位で排他的に所有／利用され、集約的な労働が投入されながらも、収穫後から次の播種までは誰もが放牧できるようになる土地（畑 *maasii*）、いつでも誰もが牛を放牧できる土地（低湿地 *bakkee*）、頻繁に売買される土地（集落の土地 *ola*）、柵で厳重に囲まれる一方で、家族のあいだでは複数の所有と利用の主張が交錯している土地（屋敷地 *qe'e*）。すべての土地がひとつの「慣習法」のもとにあるわけでも、〈*abba lafa*〉という固有の「民俗概念」に覆われているわけでもない。

従来の土地所有研究は、それがどのような土地であれ、あくまで「土地」そのものが一定の価値をもつ「財産」として所有対象になることを前提としてきた。しかし、農村内部の土地利用には多様性があり、農耕サイクルなどにしたがって土地の利用価値に変化が生じたり、その排他性の度合いに違いがあらわれたりしている。同じ土地でも、農民と土地との関わり方には、さまざまな違いや変化がみられる。つまり、農民たちによる土地の「利用」という行為によって、その所有のあり方がつくられているのである。

たしかに畑の刈り跡に他人の牛が入って自由に利用していても、その畑の土地がすぐに他人のものになるわけではない。しかし「所有」という現象が、資源や富への排他的なアクセスを意味しているとしたら、たとえ土地の所有者が同じ個人であったとしても、収穫後は誰もが自由に使える土地と、空き地であっても厳重に立ち入りが禁止される（日本などの）「私有地」とを同じ所有形態として同列に扱うわけにはいかない。資源へのアクセスが誰に対してどれほど開かれているのか、その排他性に着目して土地所有という問題を考える重要性は、こうした多様性を描き出すことにある。

これまでもみてきたように、農民にとって土地そのものがつねに価値のある「財産」あるいは「商品」として売買の対象になるのは、道路沿いの宅地など限られた場所にすぎない。むしろ排他的な所有の対象として重要なのは、畑の穀物であったり、コーヒーの実や建材として売却される樹木、果樹などの栽培植物といった、利用することではじめて価値をもつ個々の「資源」である。人びとは、一義的にはその「資源」を確保するために、さまざまな手段で特定の領域を家畜や他人から保護し、排他的に利用したり占有したりする。その行為が、結果として「土地所有」の排他性の度合いとしてあらわれる。穀物を栽培したり、牛に草を食べさせたり、柵を構築したりといった「資源」の「利用」をめぐる行為が、土地の「所有」と分かちがたく結びついているのである。

土地所有の規則性を支えるもの1――畑・コーヒー林・屋敷地・ユーカリ植林地

それでは、それぞれの土地では、いかにその「利用」が「所有」のあり方に影響を及ぼしているのだろうか。資源の利用形態と土地所有との関係を分析的に示すために、これまで「なわばり論」の研究で示された資源領域の排他性の変化に着目してきた。本章の冒頭で紹介したように、ダイソン＝ハドソンらは、資源をいかに排他的に占有するかが、その領域を防御するコストとベネフィットの関係に依存していると論じた。

この「経済的防御可能性」にもとづいた説明は、おおまかには調査地の事例にもあてはまる。畑の作物は、きわめて密度が高く、収穫についての予測可能性が高い資源である。そのため作物が実りはじめて収穫された穀物が家に運ばれるまでは、排他性の強い土地所有のあり方が実践される。作物が実りはじめると、人びとは出作り小屋で昼夜を過ごし、つねに畑を監視することで穀物を獣害から守っている。放牧集団の牧夫の重要な役目のひとつも、牛が畑に入らないよう監視することであった。畑という土地の領域を守るための行動は、穀物が熟すにつれて強まり、そして収穫された穀物が家に運ばれるまでつづく。ところが、収穫が終わると、畑の土地はまったく見向きもされなくなり、しばしば境界さえもあいまいになってしまう。畑の穀物を守るために、長期間にわたって大きな時間と労力がかけられているのは、収益の得られる予測可能性が高いことが背景にある。

一方、コーヒーは年ごとの収量に大きな差があるうえに、実を摘みとる時期がせいぜい二〜三ヶ月と限られている。また畑の作物と違って、家畜による食害や野生動物による獣害にさらされる心配はない。さらにコーヒーの実る時期には、多くの人がコーヒー林に出向いて摘みとりを行なっているため、人から見られずに他人のコーヒーを大量に盗みとることは難しい。そのため、年間を通してコーヒーの土地の境界に柵がつくられたり、監視されることはめったにない。ただし、事例1にもあったように、コーヒーの収量が高いことが確実になったときには、その境界を確認しようというインセンティブが働き、境界をめぐる争いが起こりやすくなる。コーヒーの量が多く、その領域の排他性を保持するベネフィットが高まるほど、土地の境界を画定するためにある程度のコストがかけられるようになるのだ。

同じく屋敷地のなかでは、果樹やチャット、野菜類など換金性の高い作物が、年間を通して育てられており、それらが侵害されたときの損失は大きい。そのため、屋敷地はつねに高い柵で厳重に囲んで動物や盗人から守られている。ただし、屋敷地の内部では、多様な作物がさまざまな経緯で植えられており、その所有はいつも論争の的になりやすい。しかも家族という関係では、どちらか一方が他方を排除することは容易ではない。そのため屋敷地内部の土地と作物の所有をめぐっては、その資源の価値の高まりとともに複数の所有の主張が顕在化する傾向にある。この屋敷地の事例からは、世帯外に対する排他性の確保と世帯内での複数の排他的所有の拮抗という異なる領域保護の方向性が共在していることがわかる。

低湿地の周辺につくられはじめた個人のユーカリ植林地では、雨量の減少によって周辺部の土地が利用可能になったことが関係していた。ただし、そうした土地も個人や世帯によって排他的に所有／利用されるわけではなく、苗木が植えられる最初の時期だけ牛に荒らされないように柵がつくられていた。

そこには「ユーカリ」という資源の性質が大きく関わっている。ユーカリ植林地を保護するメリットがもっとも大きいのは、牛などの家畜に荒らされる可能性の高い苗木の時期である。そのため苗木を植える段階では、わざわざ手間（コスト）のかかる堅固な柵がつくられる。ところが、ユーカリが大きく育つと家畜に食べられる危険性はなくなる。領域を保護するベネフィットは減り、柵は更新されなくなる。たしかに、成木になったユーカリのほうが資源としての価値は高く、他人に盗まれたときの被害は大きい。しかし、集落近くにある大きく育ったユーカリを誰にも知られずに伐り出して、売却することは不可能に近い。この場合、柵という物理的な領域保護は、家畜からの防御という側面が強い。他の村人に対しては、低湿地の一部を柵で囲ってユーカリを育てる行為自体が、「ここは自分たちの土地だ」という排他性の主張として作用している。

ユーカリが大きく育つと、柵もやがて朽ち果て、更新されることもない。ユーカリが建材として伐り出されると、その土地はまた共同の放牧地にもどる。土地そのものを恒常的に領域として保護／所有しているというよりも、そこで育てられるユーカリの生長段階に応じて土地を排他的に所有する度合いが変化しているのである。

ここまでの事例の特徴は、次のようにまとめることができる。まず基本的には、領域を保護するメリットが大きいほど、排他的な所有が実践されている。ただし、そのとき重要なのは、資源の侵害に対する脆弱性という要素であった。この脆弱性は、資源の性質（成熟期間／大きさ／盗まれやすさ）や侵害される相手（家畜／野生動物／人）などによって左右される。人びとは、それらの要素に応じて、実際にある場所を占有して利用することから、監視や柵の構築、境界画定にいたるまで、さまざまな手段で資源の排他的利用の確保を試みていた。

ダイソン＝ハドソンらの定式では、「資源の時間・空間的な予測可能性」と「資源の密集度」との関数によって、経済的防御可能性が決まるとされている。しかし、土地が固定されている農村社会では、資源密度の大小によって、自由にある領域を囲い込んだり、放棄したりできるわけではない。土地利用が固定していることで、資源の空間的な予測可能性はほぼ一定した状態にある。こうした状況下では、むしろ「資源の価値」と「侵害に対する脆弱性」との関係が経済的防御可能性にとって重要になってくる。つまり、資源の価値と侵害に対する脆弱性が高いときに、排他的な形態で土地が所有されるのである。

土地所有の規則性を支えるもの2——放牧地

家畜となる牛とその放牧地との関係を考えるためには、資源利用が行なわれる「単位」の違いに注目する必要がある。まず、牛が世帯単位で所有される一方で、放牧は集団で行なわれている。家畜の放牧を集団で行なえば、各世帯が放牧に必要な時間と労力を軽減できる。たとえば、各世帯が個別に放牧することになれば、それぞれの牛に世帯の誰かが付きそっていなければならない。集団で放牧することで、その負担をみんなで分かちあうことができる。つまり、低湿地という放牧地が村のなかで共有の資源とされている(=世帯単位のなわばりが形成されていない)背景には、世帯にとっての放牧コストという要素が大きく関わっている。

この放牧集団の形態は、穀物の収穫の前後で変化する。収穫前には低湿地の牧草が減少するため、大きな集団で昼過ぎまで放牧されたあとは、世帯単位で分かれて放牧が行なわれる。各世帯は、不足する牧草を補うために、集団では行けない小さな空き地などで牛に草を食べさせる。たとえ個々の世帯の放牧にかける時間や労力といったコストが増えたとしても、必要な牧草を確保するために低湿地以外の草地の有効利用がはかられているのだ。

収穫の後には、放牧可能地が畑の刈り跡まで大きくひろがるため、いくつかに分かれた集団で夕方遅くまで放牧される。これは、小さな集団に分かれたほうが拡散した放牧地を利用するのに適しているためである。集団の規模は小さくなるものの、各世帯は、ほぼ一日中、放牧集団に牛をあずけたままにして、できるだけ放牧のコストを抑えている。牧草資源について「世帯」や「放牧集団」という単位で考えたとき、資源量やその予測可能性が変化しても、排他的に利用される「なわばり」はいずれも形成されていない。低湿地や刈り跡の畑は、つねにどの世帯も、どの放牧集団も、自由に使える状態にある。むしろ牧草地をなるべく共有の状態におくことで、放牧のための時間と労力を減らすことがめざされている。

ただし、「村」という単位でみると、「なわばり」がつくられることがある。草が減少するトウモロコシの収穫前には、他村の牛が低湿地の放牧地に入り込むことも、その逆もない。ときに隣村の牛の群れが境界付近の低湿地に入り込むと、大声で怒鳴って追い返される（柵をつくるなどのコストのかかる方法はとられない）。ところがトウモロコシの収穫が終わって畑の刈り跡が利用されるようになると、たとえコンバ村の牛が隣村の低湿地や畑の刈り跡に入っても、追い返されることはなくなる。「村」という単位における牧草資源の排他性は、牧草の希少性が高まる穀物の収穫前に強まり、牧草が潤沢になる収穫後に弱まっている。

ここでも、資源を保護することのベネフィットが、そのコストを上回るときに「なわばり」が形成されるという「経済的防御可能性」という観点には、かなりの妥当性がある。ただし、資源の密度とその予測可能性が高いときになわばりが形成される、というダイソン＝ハドソンらの定式はあてはまらない。彼らのモデルでは、資源が減少すれば必要量をまかなうための面積が拡大して領域を守るコストが高まり、なわばりの形成が妨げられると考えられていた。[6]調査村の事例では、たしかに牧草という資源は減少するものの、収穫前の時期は放牧可能な土地が物理的に限られており、その領域を拡大することはできない。そのため牧草が減少する収穫前のほうが、貴重な牧草を守るために他村の牛を入れないよう領域保護の行動が強まることになる。希少な資源を、できるだけ限られたメンバーで利用することで、牧草の減少期を乗り切ろうとしているのである。

畑やコーヒー林などと同じく、ここでも特定の資源の「価値」という要素が重要になってくる。牧草が減少する収穫前には、村レベルでの排他性が強まる一方で、人びとはなるべく世帯ごとでも家畜のための牧草を確保するようになる。放牧のためのコストをおさえるために、各世帯が完全に「なわばり」を形成することはないものの、牧草の価値が高まれば高まるほど、放牧集団による牧草の共同利用から離れて、世帯単位での個別利用の重要性が高まるのである。

＊　＊　＊

コンバ村における土地の所有と利用の排他性は、かならずしもダイソン＝ハドソンらの図式だけで説明できるわけではない。とくに、土地のサイズを自由に拡大・縮小できない人口稠密な農村社会では、資源領域の大きさやその予測可能性よりも、ある固定した領域内における資源の価値や侵害への脆弱性に応じて、土地所有の排他性が変化していた。

こうした限界はあるものの、ある領域を守って利用することの「経済的防御可能性」が、土地所有の多様性やその排他性の変化を理解するひとつの指標になることは間違いない。こうした説明は、農村社会の土地が単一の「制度」や「民俗概念」に覆われているといった議論や、逆にすべてがアクター間の「交渉」の産物だとする議論よりも現実に近く、そしてより説得力のあるものだろう。

もちろん、経済的な要因だけで所有の排他性という現象を説明することができるのは、ある限られた範囲にすぎない。たとえば「なわばり」の防御といっても、人間社会では監視や柵の構築といった物理的／空間的な防御に限られるわけではない。コーヒーやユーカリが、土地の所有者による柵の構築や監視がなくても盗まれないように、資源の所有と利用の排他性は、ある一定の社会関係のなかで保護され、維持されている。[7] ほかにも、コーヒー林と畑地とで相続方法が異なる（畑は原則として息子にしか相続されない）ことは、生業とジェンダーの文化的意味づけから考える必要がある。道路沿いの土地が売買されやすい背景には、その場所が、商店や移住者の住居が立ち並ぶ都市的空間になっていることが関係している。

最初に述べたように、この章では、エチオピア農村社会の土地所有について、土地をめぐる争いなどの不確定な要素を考慮する前に、資源の排他的利用の経済性から説明できる事象が少なからずあることを示しておく意図があった。この土地所有にあらわれる規則的な側面をふまえたうえで、どのような局面で規則性が破られ、不確定な（交渉可能な）状況に陥るのか、考えていく必要がある。

次の第8章では、土地をめぐって人びとが築いている「関係」に焦点をあてていきたい。ある個人や世帯に排他的に占有／利用されているようにみえる土地であっても、じつはさまざまな人びとがつながりあう資源配分の網の目のなかにある。この資源への複合的な社会関係こそが、土地所有に不確定な状況を生じさせる背景となっている。

第8章　選ばれる分配関係

1　畑をもつ者・牛をもつ者・耕す者

分配比率の変遷

調査地域では、トウモロコシなどの穀物を畑で栽培するとき、分益耕作（share cropping）がひろく行なわれている。これは、地主と小作が収穫物を一定割合で分配するシステムのことで、毎年一定額を支払う固定地代制や労働者を雇用する賃金労働と対比される[8] [Robertson 1987]。

村では、ふつうこの分益耕作のことを「イルボ *irboo*」、すなわち「四分の一」ないし「分数」といった意味の言葉で呼んでいる。オロモ語辞書によると、〈*irboo*〉とは「小作が地主に支払う年間収量の四分の一のこと」とされ [Tilahun 1989: 327]、アムハラ語でも〈*arbo*〉という語は「四分の一」を示している [Pankhurst 1966: 137]。ただし、調査村では「何分の一」という分数を示す意味で用いられることが多い。たとえば、三という数字

表Ⅱ-1　分益耕作の変遷

区分		所有／負担	コーヒーの価格高騰（1994）以前（帝政時代後期・社会主義時代）					現在		
通常の土地	地主	土地	1/4					1/3		
	小作	牛・種・労働	3/4					2/3		
	地主	土地・種・牛	2/3					1/2		
	小作	労働	1/3					1/2		
休閑後の固い土地			1年目	2年目	3年目	4年目	5年目以降	1年目	2年目以降	
	地主	土地	1/7	1/6	1/5	1/4	1/3	1/4	1/3	
	小作	牛・種・労働	6/7	5/6	4/5	3/4	2/3	3/4	2/3	
	地主	土地・種・牛	2/3					1/2		
	小作	労働	1/3					1/2		
非常に固い土地／獣害がひどい土地			1年目	2年目	3年目	4年目	5年目以降	1年目	2年目	3年目以降
	地主	土地	1/7	1/6	1/5	1/4	1/3	1/5	1/4	1/3
	小作	牛・種・労働	6/7	5/6	4/5	3/4	2/3	4/5	3/4	2/3
	地主	土地・種・牛	2/3					1/2		
	小作	労働	1/3					1/2		
森に近い土地			1年目	2年目	3年目	… 7年目	8年目以降	現在はこのような未開地がないため，ほとんど事例がない。		
	地主	土地	1/10	1/9	1/8	… 1/4	1/3			
	小作	牛・種・労働	9/10	8/9	7/8	… 3/4	2/3			
	地主	土地・種・牛	2/3							
	小作	労働	1/3							

「サディ *sadi*」をつけて「イルボ・サディ *irboo sadi*」というと「三分の一・三分の二」の分配率を示し、四という数字をあらわす「アフル *afur*」をつけて「イルボ・アフル *irboo afur*」では「四分の一・四分の三」という分配率を示している。

表Ⅱ-1は、村での分益耕作の変遷を聞き取りによってまとめたものである。これをみると、まず畑となる土地の条件によって分配比率が異なっていることがわかる。「休閑後の固い土地」で、耕すのに労力が必要な土地であるか、あるいは「獣害がひどい土地」であるか、「（樹木の伐採が必要な）森に近い土地」であるか、といった条件が分配比率を決める重要な要素になっている。土地の条件が耕作に不利なほど小作の手にする収穫物の割合が大きくなり、それが年ごとに少しずつ平準化されていく。

しかし興味深いことに、犂《すき》を引かせる「去勢牛 *sanga*」をもたない小作の場合、そうした土地の条件による比率の違いがみられないうえに、一九九四年以前には収穫物の三分の一しか分配を受けとっていない。土地も去勢牛もない者には、他の地域から土地をもとめて移り住んできた貧しい農民が多く、〈*chisennya*（Am./Or.）〉と呼ばれて社会的にも低い立場にあった。彼らは、地主の畑に家を建てて生活しており、土地の条件によって分配率を交渉する余地はなかった。また、通常の土地で去勢牛をもつ地主が収穫物の三分の二を手にし、土地だけを提供する地主が四分の一しか分配されないことを考えると、かつては去勢牛を所有していることが、土地を所有していることよりも収穫物の分配において重要であったことがわかる。

聞き取りのなかでも、以前は未利用の土地が豊富にあった一方で、現在より牛の数が少なく、犂を引かせる去勢牛（第Ⅱ部の扉写真）の存在が貴重だったことが指摘されていた。しかし、一九九四年にコーヒー価格が高騰したあたりから、こうした分配比率に変化が起きた。土地と労働力の希少性が高まり、去勢牛を保有していることの価値は低下した。この背景には牛を所有する世帯が増加する一方で、畑での耕作労働を請け負う者が減少したことが関係している。

このような分配比率の変遷から、土地を「所有」している意味や価値が、その土地の条件の違いや去勢牛の有無、あるいは土地を耕す者の社会的地位といったさまざまな要素との関係によって変化してきたことがわかる。「土地」を所有していること、「労働力」をもっていること、「去勢牛」をもっていること、これら三つの要素がひとつの土地のうえで重なりあって、はじめて作物の栽培という資源利用が成り立っている。かならずしも土地を所有しているだけで、何らかの特権的な利益を享受できるわけではない。

地主-小作関係の事例

それでは、じっさいの畑では現在どのような所有者と利用者との関係が築かれているのだろうか。ある畑地（図Ⅱ-8）における耕作の事例をみてみよう（表Ⅱ-2）。

まず、九例のうち自作している畑が一例しかなく（⑤）、ほとんどの畑で所有者と利用者との関係が結ばれていることがわかる。基本的には表Ⅱ-1で示したとおり、土地・牛・種のすべてを土地の所有者が提供し、土地を借り受けた者が労働だけの場合、両者が「二分の一・二分の一」の割合で収穫物を分配している（①・④・⑦）。地主が土地だけを提供し、去勢牛も種子も小作がもっている場合は、その比率が「三分の一・三分の二」（②）ないし「五分の一・五分の四」（⑥）になっている。

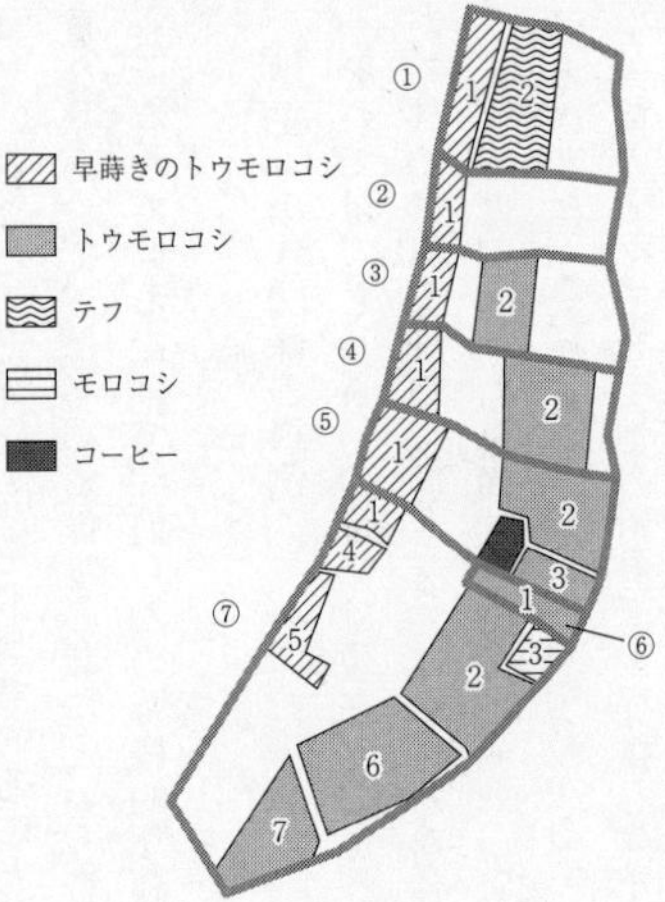

図Ⅱ-8　畑地の所有と利用の関係をめぐる事例

表Ⅱ-2　畑地の所有と利用との関係（2000年）

土地No.	畑No.	分配比率			所有／負担		
		地主		小作	地主		小作
①	1	1/2		1/2	土地・牛・種		労働
	2	1/2		1/2	土地・牛・種		労働
②	1	1/3		2/3	土地		牛・種・労働
		地主	中間	小作	地主	中間	小作
③	1，2	1/3	1/3	1/3	土地	牛・種 （草刈りのみ）	労働
④	1，2	1/2		1/2	土地・牛・種		労働
⑤	1〜3	自作					
⑥	1	1/5		4/5	土地		牛・種・労働
⑦	1〜3	1/2		1/2	土地・牛・種		労働
	4〜7	1/2		1/2	土地・牛・種		労働

「土地No.」と「畑No.」は，図Ⅱ-8と対応している。

表Ⅱ-3　畑地の所有者・利用者関係についてのサンプル調査結果

	耕作形態	事例の数（n＝41）	
自作	自分の牛	2	8（19.5％）
	他人から牛を貸借*1	6	
小作	土地所有者が牛を提供	19	32（78％）
	耕作者が牛を所有／負担*2	5	
	第三者が牛を提供	8	
共同耕作	土地所有者と牛提供者がともに耕作		1（2.4％）

＊1　1頭だけを他人から貸借している2例を含む。
＊2　耕作者の負担で牛を第三者から一時的に貸借する場合を含む。この場合，牛を借りた者が収穫後にトウモロコシを7袋分（乾燥実換算で約284.4 kg）与えることになっている。

しかし、なかには③の土地のように、地主と小作のあいだにもうひとりの者が介在している例もある。このケースの場合、土地の所有者がアガロの町に住んでいるため、村に住む者が牛と種を提供して、所有者・牛と種の提供者・耕作者の三者間で「三分の一・三分の一・三分の一」という割合で収穫物の分配がなされていた。

こうした畑地の事例をみると、ほとんどの場合、土地の所有者が自分で耕作を行なうのではなく、別の者が穀物の栽培に従事しているのがわかる。サンプル調査を行なった畑地四一例のうち、約八割にあたる三二例の畑は自作ではなかった（表Ⅱ-3）。

この分益耕作が行なわれている三二例の内訳をみると、土地の所有者が去勢牛と種を提供する「二分の一・二分の一」の分配率のケースが一九例ともっとも多く、小作が牛と種を負担する「三分の一・三分の二」の分配率のケースは五例にすぎなかった。

このように、土地を所有する者が去勢牛も所有していることが多く、どちらかといえば土地所有者のほうが経済的に優位な立場にあることがうかがえる。

さらに、その三二例のうち、耕作者が複数いる場合や、土地の所有者と牛の提供者が別であるケースなど、三名以上のあいだで分益関係のある事例が一五例と半数近くにのぼった。ひとつの畑の耕作とその収穫物の配分に多くの者たちが関与しているのである。

他人に耕させる農民

土地を所有する者は、なぜ自分たちでは畑を耕さず、他人に耕させているのだろうか。村では、「コーヒーのとれるこの地域の農民は怠け者が多い。自分で汗を流して働こうとはしない」といった言葉を聞くことが多い。ほんとうに、それだけだろうか。サンプル調査の四一例のうち、土地を他人に貸与している三二例の親族関係や職業などを調べてみると、「畑を耕すための労働力がない場合」が一二例（三七・五%）、「あきらかに世帯内に労働力となる者がいる場合」が一三例（四〇・六%）、「労働力はあるものの、畑が遠かったり、他に耕す畑があるなどの理由が認められる場合」が七例（二一・九%）であった。かならずしも労働力がないために分益耕作を行なっているとはいいきれない実情がみえてきた。

それでは、いったいどのような者に土地を貸し与えているのか。地主と小作、それぞれの親族関係の有無を調べてみると、この三二例のなかで両者のあいだに何らかの親族関係がある事例はまったくなかった。つまり、世帯内に利用可能な労働力があっても、それをあえて使わずに、親族とはまったく関係のない他人に土地を耕させていたのだ。なぜ、親族の労働力を使わないのか。この疑問に答えるために、かつて親族間で分益耕作を行なっていたふたつの事例を紹介しておきたい。いずれも父親と息子のあいだで分益耕作が行なわれていたが、現在は解消されている。

事例10　父親の土地を息子が分益耕作するときの葛藤

一九九六年に早蒔きのトウモロコシを栽培する未利用の低湿地の一部が行政村によって農民世帯に分配された。この土地を受けとったある六〇代半ばの男性は、すでに結婚して独立した世帯をもつ息子に耕してもらい、あとで収穫を分配することにした。しかし、息子は自分ばかりが農作業をして、父親が手伝わないことに嫌気がさし、父親にこの土地を等分割することを要求する。現在、息子は半分の土地を自分で耕し、父親は残りの半分を別の他人に貸して分益耕作してもらっている。

父親と息子が土地を分割し、半分は親族でない者に分益耕作してもらうことで、それまでひとつの親族内に入っていた収穫の四分の一は親族以外の者の手に渡ることになった。

父親と息子が協力すれば、ともに手にする収量は多くなるにもかかわらず、それでもなお、彼らは土地を分けて耕すことを選んだことになる。こんな例もあった。

事例11　父親と息子の収穫分配をめぐる争い

二〇〇二年一一月。年老いた父親とすでに結婚した息子とのけんかが起きた。父親は、集落中に聞こえるような大声で息子に「出ていけ！」とさかんに怒鳴りちらした。理由を聞くと、父親の土地を耕していた息子が約束どおり収穫を父親に分けず、すべて自分の家にしまいこんだことが原因だという。次の年から、父親は別の者と分益契約を結び、息子は他の土地をさがすことになった。

家族で協力して働いたほうが、互いにとって有利であるとわかりながら、なぜ、そうできないのだろうか。ヤスィンは、父親と息子のあいだで分益関係を結ばない理由について、次のように説明する。

「父親と息子がいっしょにやると、いつももめてしまう。息子がちゃんと父親に収穫物を分けなかったり、ごまかそうとするからだ。でも他人であれば、互いに監視しあってきちんと収穫物が分配されるので、そんな問題は起こらない」(Yasin, 2003. 1. 17)。

つまり、親族内に労働力があるのに、わざわざ他の者とのあいだで分益契約を結ぶというよりも、そもそも親族の者は、畑を耕す労働力としてあまり期待できないのだ。「親族」という関係では、ときに労働に対する厳密な対価の支払いや契約の正確な履行が妨げられてしまう。一方で、親族以外の「他者」という関係は、相互監視が機能する一定の緊張関係におかれている。このそれぞれの関係の質的な違いが、分益耕作を支えるひとつの論理だと考えられる。

ひとつの畑の土地をめぐって、所有者と利用者とのあいだでさまざまな割合で収穫物の分配が行なわれている。その関係しだいでは、土地から得られる利益の配分に違いが生じ、土地を「所有」する意味や価値も変わってくる。そして、こうした関係が幾重にも築かれている背後には、「親族」という関係と「他者」という関係の論理の違いも浮かび上がってきた。このことは、コーヒー栽培についてもいえる。

2　コーヒー林をもつ者・借りる者・摘みとる者

コーヒーをめぐる分配関係

コーヒーは、乾季のあいだに白い花を咲かせたあと、緑色の小さな固い実をつける。それがしだいに赤く色づいてくると、最初の収穫時期となる。この「赤コーヒー *buna dii-ma*」は、基本的に輸出用とされ、外皮と果肉を取り除いて乾燥させる「精製」を行なうために、工場に出荷される。

赤コーヒーが実りはじめると、村にはコーヒーを買いつける精製工場の車が毎日やってくる。村の大通りには、この季節だけの赤コーヒー市がつくられ、村の商人が農民たちのもちよるコーヒーをその場で秤にかけて買いとる（写真II-5）。この時期、農民の家を訪ね歩きながらパンや日用品を売る行商人なども町から訪れ、村は活気にあふれる。

ところが、この赤い実も二週間ほどでやがて乾燥して黒っぽくなっていき、最後には地面に落ちる。この「乾燥コーヒー *buna gogga*」は、国内消費用として出荷されたり、家庭で消費される。赤い実がなくなるころには、精製工場からの車も姿を消し、村の商人が乾燥コーヒーを買いとって町まで運ぶようになる。

こうしたコーヒーの採取も、コーヒー林を所有している農民世帯が行なうだけではない。そこには、畑地とはまた違った所有者と利用者との関係がみられる。まず、コーヒーの植えられた土地を年単位で貸し出すダララ（*darara*）という利用形態から説明しよう。「ダララ」とは「花」を意味し、コーヒーが開花したときに、その年の収穫量を勘案した金額でコーヒーの土地を借り受けることからきている。コーヒーの出来にかかわらず、ダララで土地を借りた者がすべての利益を手にする。

ダララで土地を貸与する者の多くは、労働力のない高齢世帯であったり、まだ子どもが小さい女性世帯主の家庭、あるいは雨季の困窮期に現金を必要とする者である。雨季にお金に困っている土地所有者はダララによって、コーヒーが実る前に現金（一ファチャーサあたり四〇〇ブルから五〇〇ブル）を手に入れることができる。一方、コーヒーの土地をもたない若年世帯などは、最初にある程度の金銭をダララで支払うことで、コーヒーの実りがよいときにはその数倍もの利益を手にすることができる。

写真Ⅱ-5　農民が摘みとったコーヒーの重量を秤ではかって買いとる

畑の分益耕作と同じように、コーヒー摘みの作業を他の者にまかせて利益を分配するイルボ（*irboo*）の慣行もある。通常、作業を行なう者が全収量の三分の一を手にすることが多い。コーヒーの量が多くなればなるほど、摘みとりをする者が受けとる割合は四分の一、五分の一と小さくなっていく。ただし、コーヒー林が遠くの森のなかにある場合など、条件が悪いときには二分の一になることもある。さらに土地の所有者が年老いた女性のときなどに多くみられるのが、コーヒーの栽培に関わる苗木の植えつけから、下草刈りや摘みとり、監視などの作業をすべてひとりの者にまかせるケースである。このとき働く者が赤コーヒー・乾燥コーヒーともに全収量の三分の一を受けとる。この関係は

「固定された」といった意味のアムハラ語で「マダベンニャ *mädäbännya*」と呼ばれ、ふつう数年間にわたって継続する。

コーヒー栽培の雇用関係

コーヒー栽培では、作業の種類や時期によって、さまざまな雇用関係が結ばれている。まず摘みとり前に必要な作業として、下草刈りがある。枝から落ちたコーヒーを拾いあつめやすくするために、前もって下草が刈られる。重労働のため、面積あたりの出来高払いで労働者が雇われることが多い。一ファチャーサ（〇・三六ヘクタール）あたり二〇ブルほどが相場だとされる。さらに、コーヒーの摘みとり作業は、コーヒーの実が熟していく段階によって雇用関係が変化していく。

表II-4は、コーヒーの実る時期ごとの収穫方法とその雇用形態についてまとめたものである。コーヒーの収穫作業には、枝から摘みとるだけでなく、枝についたものをまとめてしごくようにとったり（*simuxatoo*）、棒で枝をたたいて落としたり（*arcasuu*）、最後に土の上から拾いあつめる（*haraa*）など、いくつかの作業形態があり、その時期ごとの作業方法によって分配の比率や形態が変わってくる。雇い主は、「いまは枝から赤い実だけ摘むように」とか、「すべて土の上から拾いあつめろ」などと指示をだすことが多い（写真II-6）。赤コーヒーのマーケットが開かれているときには、キロ当たりの金銭で支払いが行なわれるが（表II-4の①・②）、乾燥コーヒーになると、採取した実を雇い主と労働者とのあいだで「四分の三・四分の一」や「二分の一・二分の一」などの比率で分配することになる（表II-4の④・⑤）。

コーヒーの土地三六例のサンプル調査からは、こうした関係が幾重にも重なりあっている実態が浮かび上がってきた。じっさいにはダララでコーヒーの土地を一年間だけ買いとった者が、下草刈りの労働者を雇い、さらにコーヒー摘みをイルボで他の者にやらせたり、また別の者を出来高の現金払いで雇ったりする、といったケースもめずらしくない。しかも、赤コーヒーは日当労働で、乾燥コーヒーはイルボで、最後に残りを拾いあつめるのは村の子どもたちにまかせる、といった具合にコーヒーの実りの時期によって「摘みとる者」との関係が変化している。さらに、そうした関係はコーヒーの収量によっても違う。コーヒーが少ないときは、世帯の者だけで摘みとりを行ない、コーヒーの量が多いときは、短期間に多くの労働力が必要になるため、労働者が雇われる。まさにひとつのコーヒーの土地に何人もの「受益者」が、それぞれの関係を変化させながら関与しているのだ。

「クッロ」を雇う

コーヒーの土地の所有者と利用者との関係には一定の傾向がみられる。畑での穀物栽培と同じように、下草刈りにしても、コーヒーの摘みとりにしても、自分たちの世帯だけの

表Ⅱ-4　コーヒーの労働に関する労働慣行

コーヒーの時期・作業の名称	労働の依頼者の取り分	労働者への支払い	作業形態
① *buna diima*（赤コーヒー）	摘みとられたコーヒーのすべて（すぐに換金して賃金を払う）	1 kg＝15〜25 サンティムの出来高で日払い賃金	熟した赤い実の摘みとり
② *buna lafa*（土の上に落ちた実）	すべてのコーヒーの実（赤い実のみ選別して換金。残りは乾燥させて後に売却）	1 kg＝15〜25 サンティムの出来高で日払い賃金	土に落ちた赤・乾燥両方を拾いあつめる。土の上からのみ
③ *simuxatoo*（枝から実を「しごく」の意）	摘みとられたコーヒーのすべて（乾燥させて後に売却する）	17 kg＝約 5 ブルの出来高で日払い賃金	赤コーヒーの時期が終了後，木の下に牛の皮などをひいて，枝のコーヒーをしごくようにとりつくす
④ *buna gogga*（乾燥コーヒー）	コーヒー多：3/4 コーヒー少：2/3	コーヒー多：1/4 コーヒー少：1/3	木の上の実を棒でたたき落とし（*arcasuu*），地面に落ちた実を拾う
⑤ *haraa*（最後に「掃き片づける」の意）	1/2	1/2	最後に所々に落ちている実を拾いあつめる。小さな子どもたちにまかせることも多い

写真Ⅱ-6　「クッロ」出稼ぎ民：最後に落ちた実をあつめる

労働にたよるケースは少ない。図Ⅱ-9は、コーヒーの土地三六例を調べたサンプル調査から、誰が「下草刈り」と「摘みとり」を行なっているかを集計したものである。自分たちの世帯だけで行なっている割合は、ともに二五％程度にすぎない。

とくにコーヒーの実る時期になると、南部の「クッロ」と呼ばれる民族の出稼ぎ民が、この地方に大量にやってくる。彼らは国営のコーヒー農園にくわえ、地元農民のもとでもコーヒーの収穫作業を行なう。農民たちは、町から歩いてくるクッロたちに「うちで働かないか」と声をかけ、住み込みで雇い入れる。「編み籠 *qurcat* (Am.)」と食糧袋をさげてくる彼らの風貌は、ひと目でそれとわかる。人びとは、村の農民を雇うよりも、こうした出稼ぎ民を雇うことを好む。

「コーヒーの摘みとりには、親族よりも集落の他人がいい。もっともいいのは出稼ぎ民のクッロたち。村の者ならこっそり盗んだり、朝だけ働いて、午後は家に帰ってしまうが、クッロたちは朝から晩まで働くし、収穫をごまかしたりしない」(Yasin, 2003. 1. 27)。

クッロの出稼ぎ民たちは、基本的には、農民の家の納屋などで自炊をしながら、コーヒーの時期が終わるまで働く。食費は自腹なので、一日でも早くコーヒーを摘み終わって帰

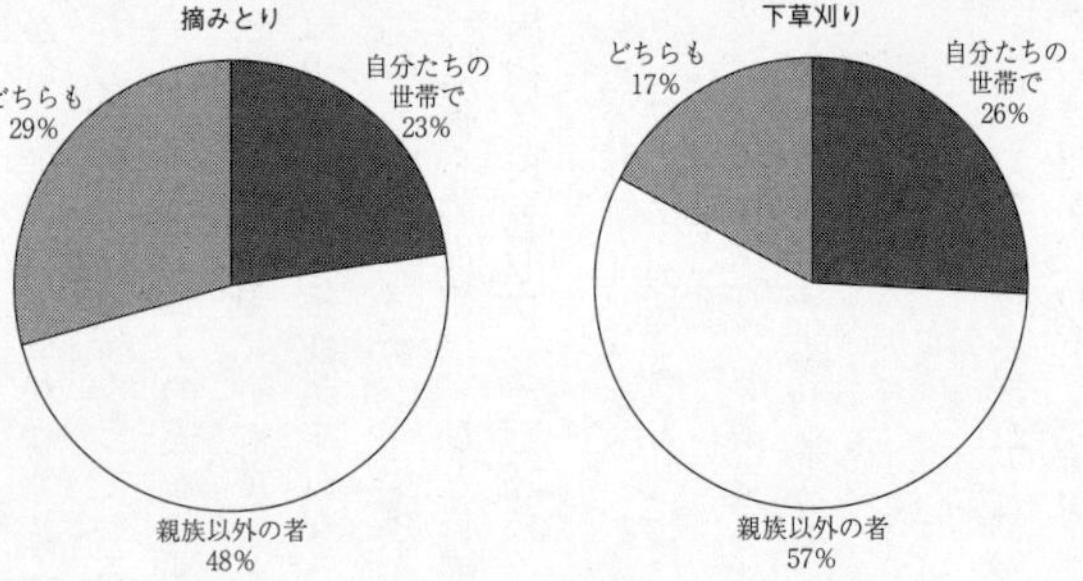

図Ⅱ-9　コーヒー栽培に従事する者との関係

るほうが有利になる。出稼ぎにきているあいだ、クッロたちは懸命にコーヒー摘みにいそしむ。こうしたところに、親族よりも村の者、村の者よりも出稼ぎ民が労働力の調達先として好まれる理由がうかがえる。畑地の場合と同じように、労働力を必要とする側と提供する側、双方の関係が近ければ近いほど、労働力としての期待が薄くなる実態がある。コーヒーの場合でも、「親族」とは「使えない」労働力なのだ。

コーヒーの栽培をめぐって、さまざまな人びととの関係が幾重にも築かれている。とくに換金作物であるために、遠くからやってくる出稼ぎ民なども含めて、畑でのトウモロコシ栽培以上に多様な者たちの関与がみられる。じっさいに土地を利用するという「行為」には、多くの「受益者」たちが織りなす複合的な関係が内包されている。

この土地という資源への複合的な社会関係が、土地とそこから生み出される富の分配をめぐる争いの背景となっている。人びとは、資源の配分をめぐってせめぎあい、そこに重なりあっているさまざまな社会関係を調整・交渉しあう。次の第9章では、そうした土地争いの事例を通して、資源の所有と分配をめぐる不確定な状況があらわれる局面について考えていきたい。

第9章　せめぎあう所有と分配

　これまで、ひとつの土地に関わる所有者と利用者の複合的な関係について、土地利用のバリエーションを軸に描いてきた。その関係は、つねに安定しているわけではない。村ではいつもさまざまな者のあいだで土地をめぐる争いが絶えず、それが土地の所有や利用の連続性をくつがえす転換点ともなっている。ところが、ここでは、土地争いの具体的な事例を通して、こうした土地の所有と富の分配をめぐる不確実な交渉の過程を描いていく。

1　土地争いの調停と解決の手続き

　土地をめぐる争いが起きたとき、農民たちには解決をはかる三つの選択肢がある。ひとつは、数人の村の「年長者 *jarsa biya* (*shëmagëlle*, Am.)」を調停役として立て、双方で話し合いを行なうこと。ふたつめはカバレ（行政村）で週に一度行なわれる「裁定 *shongo*」に申し立てを行なうこと。みっつめは、ゴンマ郡の役所がおかれているアガロや県庁があるジンマなどの公的な裁判所に訴えることである。

ただし、じっさいには、これらの場は相互に関連している。たとえば、最初にカバレに訴え出ても、村の役員たちの裁定の場で、年長者があいだに入って調停を行なうよう申し渡されることもある。年長者たちの調停がうまくいかなかったときには、当事者がアガロなどの裁判所に訴えることにもつながる。さらに、アガロやジンマの公的な裁判所でも、「農民どうしの土地争いはカバレ・レベルで解決するように」と、係争がカバレに差し戻されることも少なくない。これら紛争解決のための場には、それぞれ違った論理にもとづく意思決定のプロセスがみられる。ここでは、まず村の土地争いの解決において重要な役割を担っている「カバレの裁定」と「年長者」について簡単に説明しておきたい。次節以降で具体的な事例を読み解いていくときの基礎的な情報となる。

カバレでの裁定を申し立てるには、最初に問題の内容と経緯を書き記した「訴状」を二枚つくり、一枚をカバレに提出、もう一枚を問題のある相手側に渡す。紙を渡された「被告」は、その返答を二枚つくり、それぞれカバレと「原告」に渡す。その後、両者が三人から五人の証人を立て、決められた日に行なわれる裁定にのぞむ。そして三人の裁定員が、双方の証言や言い分を聞いたのちに、何らかの判定を下すことになるが、問題が明確でない場合、裁定員が指名する中立的な証言者がさらに召喚される場合もある。

ただし、証言以外には判断材料がほとんどないため、こうした係争が何度もくり返され、二年以上にわたってつづくケースもある。また、当事者どうしが近い関係にある場合など、それぞれ二〜三人の「年長者」を呼んで個別に調停を行なわせるケースも少なくない。土地などの財産をめぐる争いが五〇〇ブルを超える高額な事案であるときも、この「年長者」による慎重な調停が行なわれるか、アガロの裁判所にもちこまれて、カバレはあまり関与しないことになっている。

このように記述していくと、システムとしてはしっかり確立されているように思える。ところが、じっさいの事例からは、かならずしも公正で円滑な運用がなされているとはいえない面もみえてくる。カバレという村の組織のなかでは、身内びいきや賄賂による買収なども後を絶たず、裁定員の性格や人脈にも大きく左右される。

「年長者 *jarsa biya*（「国の長老」の意）」の存在は、カバレでの裁定においても大きな意味をもっている。ただ、その役割は裁定の場だけにとどまらない。土地争いだけでなく、夫婦間や村人どうしのけんか、金銭をめぐるトラブルなど、村の日常的な争いごとでも、年長者たちは中心的な役割を果たしている。村人に聞くと、村で争いごとの解決にあたる年長者は、だいたい決まっているという。ただしこれらの年長者を決める選挙があるわけでもない。年長者の家系があるわけでも、ある一定の年齢に達したら誰でも年長者になれるわけでもない。村人の言葉を借りれば、「頭がよく、知恵があって、いろいろな事情によく精通している者が〈*jarsa biya*〉になる」という。そして、「調停などの仕事がうまくできなければ、おのずと評判が悪くなって、〈*jarsa biya*〉ではなくなる」ともいわれる。

何か問題が起きたとき、それぞれの側は、村の二〜三人の年長者に調停をとりもってくれるように頼む。人によって、だいたい依頼する相手は決まっているようだ。中立的な立場にある年長者を選んで判断を仰ぐというよりも、当事者が自分たちに近い存在の年長者を呼んでその主張をサポートしてもらう意味合いが大きい。ただし、ときには依頼者が自分側の年長者からたしなめられることもある。表向きは、中立的にふるまうことがもとめられているので、「弁護人」のような存在ともやや異なる。

複数の者からじっさいに誰が年長者なのか、名前をあげてもらった。すると、年齢的にも四〇代から六〇代とかならずしも村の「長老」というわけではなかった。むしろ人前でも弁が立ち、教育を受けていて文字の読み書きができたり、兵役の経験などで村以外の事情にも通じている者などであった。

何よりも共通しているのは、その声の大きさと発言力の強さである。何か問題が起きたときに、相手を圧倒するかのような弁舌をふるうことができなければ、年長者の役は務まらないようだ。カバレの裁定や年長者は、じっさいの土地争いの解決過程にどのように関わっているのだろうか。土地をめぐる典型的な争いの事例を紹介しながら、それらの「権威」の果たす役割について論じていきたい。

2　資源配分をめぐる争い

地主と小作の争い

土地争いのなかでもっとも多いのが、地主と小作のあいだのもめごとである。とくに小作がすぐに地主から追い出されてしまう問題が頻発している。図II-8・表II-2（二二八頁）で示した畑地の事例では、二〇〇〇年の時点で八つの地主-小作関係がとり結ばれていた。このうち二〇〇二年までの三年間にわたって同じ関係のまま継続していたのは、地主が町に居住しているひとつのケースにすぎない。地主-小作関係がいかに流動的なものであるかがわかる。

なぜ、これほどまでに地主と小作との関係は不安定なのだろうか。地主と小作のあいだで起きている問題の具体例をいくつか紹介しながら、その解決にいたるプロセスを示す。そして地主と小作とのあいだで争いが頻発する背景には何があるのか、考えてみたい。まずは、小作が地主から追い出されるケースである。

事例12　小作が地主から退去を言い渡される――年長者の調停↓威圧による妥協

二〇〇〇年の収穫作業が終わったあと、アッバ・オリは、年老いた女性と娘のふたり世帯であった地主側から出ていくよう通告され、もめごとになった。地主側の表向きの主張は「トウモロコシが完全に乾燥する前に収穫してしまった」ことであった。後からわかったことだが、これはアッバ・オリのことを好ましく思わない者が、地主側に悪い噂を流したためだった。その噂の内容とは、「〔アッバ・オリたちは〕トウモロコシをきちんと分配せずにこっそりと家に持ち帰っている。他の小作を自分たちがみつけてくるから、もうアッバ・オリに耕させるのはやめたほうがいい」というものだった。噂を流したのは、ロカ集落の者で、その畑の土地はそれまで彼らが〈*kalo*〉（丘陵地の「空き地／草地」）として牛に草を食べさせていた場所だった。さらにかつてその土地は、ロカ集落の者が耕していたため、アッバ・オリが畑を耕しはじめたことを最初からよく思っていなかったようだ。

結局、この問題は、双方がふたりずつ呼んだ年長者たちによる調停にかけられることになった。あくまで退去をもとめる地主側に対して、アッバ・オリたちは、「それまで何年も耕されていなかった固い土地を耕させておいて、一年で出ていけというのは許されない」と主張する。年長者たちが最初に下した判断は、「土地は地主のものなので、小作はその要求に逆らえない」、つまり「出ていかなくてはならない」というものであった。その後、アッバ・オリとともに畑を耕していた三男のヤスィンが調停の場で「絶対に出ていかない！　追い出せるもんなら、追い出してみろ！」と怒りをぶちまけたことに地主や年長者たちも恐れをなし、三年間だけは耕作を継続することで話がおさまった。

年長者が最初に出した決定も、ヤスィンの怒りの言葉でいっきに覆ってしまう。争いの解決で鍵を握っている年長者たちの判断も、最終的な実効性をもつには両者の合意が必要になる。年長者を交えた調停は、絶対的な「権威」によって一方的に裁定が下される場というよりも、むしろ双方が主張をぶつけあいながら、ぎりぎりの調整を行なっていく場だといえる。そうした意味では、カバレの裁定や年長者の調停を経ても、結局は「力の論理」が争いの解決につながるケースもめずらしくない。次の事例は、地主と小作の土地の売買をめぐる金銭トラブルである。

事例13　畑の購入をめぐる争い――カバレへの訴え↓年長者の調停↓力による解決

ある農民の男性は、一年間土地を借り受け、地主側に収穫の三分の一を分配する約束で畑を耕した。その後、男性は地主からその畑の土地を買いとるようもちかけられ、お金を払った。しかし、その地主の男性は別の者にも同じ土地を売りつけていた。男性は、お金の返還をもとめてカバレに訴えるが、もとの地主側はお金を受けとったことを否定、問題の解決は年長者の調停にゆだねられた。しかし年長者を交えた話し合いでも、話は平行線のまま、もとの地主側はなかなかお金を返そうとしない。業を煮やした男性は、最後には山刀を手にもとの地主の家に行き、「脅して、お金をとりもどした」。

カバレの裁定も、年長者の調停もへることなく、もっと単純に「力の論理」が働いている事例が、地主と小作との分益率をめぐる争いの例でもあった。

事例14　分益率をめぐる争い――力による解決

しばらく耕されていなかった固い土地だったため、土地だけを提供している地主に対して、一年目は収穫の四分の一を分配する約束が交わされていた。二年目も、四分の一のままでよいと話がついた。しかし三年目には、地主のほうが収穫の三分の一を分けるようもとめる。小作がそれを拒否したため、地主の男性は小作の若者に出ていくよう迫った。若者は、「今年ももう一度、畑を耕す」といって拒否し、牛を連れて畑に犂入れをしはじめる。それを知って怒った地主の男性は、山刀を手に畑に向かい、犂を引こうとする若者を怒鳴りつけてやめさせた。結局、その年は地主の息子が、三分の一の分配で耕すことになった。

争いの解決において、どちらかといえば地主のほうが優位な立場にあることは、事例12

からもあきらかだが、結局は、両者の力関係がもめごとの解決に決定的に作用していることは否めない。ただ、じっさいに怒鳴って相手を威圧したり、山刀を振りかざしたりする「力の発現」がいつも起こっているわけではない。はっきりとした調停や言い争いの場ももたれないまま、互いが相手の出方を探って、なんとなく問題が自然消滅してしまう事例もあった。

事例15　退去のほのめかしと小作の拒否——調停の延期→自然消滅

隣村の地主の土地では、コンバ村のふたりの若者が小作として二分の一の分益耕作で畑を耕していた。二〇〇二年の収穫が終わったころ、地主側からひとりの少年が小作のもとに送られてくる。「来年は労働者を雇って畑を耕させたいと考えているので、もう畑から出ていってほしい。あずけている去勢牛も返してほしい」といった内容が伝えられる。それを聞いたふたりの小作の若者は、「たいへんな思いをして固い土地から耕してきて、そんなに簡単に手放すわけにはいかない」と言って、拒否する考えを伝えた。しばらくしてから、ある日取りが決められ、双方で話し合いがもたれることになった。しかし、その日にちょうど集落の者の葬式が行なわれたこともあって、小作のふたりは話し合いに出向かなかった。それから、きちんとした話し合いももたれないまま、畑の一部に早蒔きのトウモロコシを播種する時期になった。ふたりの若者は、地主の了解を得ぬままに犂入れをはじめる。地主側も、それをやめさせることなく、黙認。しばらくして、何事もなかったかのように、小作のふたりは地主の家に播種するためのトウモロコシをもらいに行った。結局、その年も、そのまま彼らが畑を耕すことになった。

地主側は、最初に人を送って、出ていってほしいという希望を伝えたが、予想以上の反発にあって、退去させることを断念したようだった。しっかりとした話し合いはもたれなかったものの、お互いの言動は人づてに伝わっていた。かならずしも力の行使にまでいたらなくとも、相手の出方を見極めながら、一方が争いを激化させることなく手を引くこともある。

じっさいの土地争いの解決過程では、このように「カバレの裁定」や「年長者の調停」、「裁判所」などをへることなく調整されることも少なくない。こうした背景には、カバレによる裁定のプロセスも一筋縄ではいかない、という現実がある。カバレの裁定という場は、ある程度の拘束力をもった「裁定」を下す場である。しかし、その手続きはかならずしも公正にすみやかに行なわれているわけではない。何らかの判断を仰ぐには、時間と労力、そしてときには「財力」がいる。次の事例は、逆に小作のほうが、その土地の所有を主張したという事例である。

事例16　小作が土地に対する所有を主張する――引き延ばされたカバレの裁定

ある男性は、一〇〇歳を超える高齢の老人から土地を借り受け、分益耕作を行なっていた。去勢牛は小作として畑を耕す男性のものであった。一九八八年から九三年までの五年間、男性は収穫の四分の一を老人に対して分配していたが、その後は分配をやめてしまう。村人の話だと、老人が高齢なのをいいことに、最初から自分の土地だったと主張しはじめたのだという。ところが、老人の子どもたちが、土地の返還をもとめてカバレに訴え出る。訴えられた男性は、農業訓練センターに勤めていて経済力もあり、カバレの役員とも親交があった。その彼が裁定員などに賄賂を渡すことで、係争は延期されつづけた。その後、裁定員が交代しても、係争は決着しないまま放置されていた。やっと八年後の二〇〇一年になって、カバレは三人の証人を召喚して、土地が老人のものであった事実を認め、土地の返還をもとめる裁定を下す。

「カバレの裁定」も「年長者による調停」も、どちらも村人にしてみれば決定的な権威をもった解決方法とまではいえない。じっさいの事例では、さまざまな場や人を動員しながら、ときに「力」を見せつけながら、問題の解決を自分たちに有利に運ぼうとする「交渉」が行なわれている。そこでは、一元的な権威による問題の解決というよりも、むしろ複数の権威をもつ枠組みが利用されており、状況によって、あるいは当事者間の関係によって、その拘束力の作用が変化している。

たとえば、事例12では、「土地を所有している地主の優位性」がひとつの説得力のある論理として持ち出されていた。しかし、そうした論理も絶対的なものではなく、「出ていかない！」という小作側の抵抗の前に揺らいでしまう。ただし事例14で、小作側が同じように「出ていかない！」といって抵抗を試みても、地主側の力に圧倒されて、その試みは失敗に終わっている。これには、最初の事例12の地主が高齢の女性と娘の世帯だったのに対し、事例14の地主が「年長者」としても名の知れた者で、放牧集団の代表者にもなっていた人物だったことも関係しているだろう。事例15の場合も、地主側は六〇代の男性だったが、小作のひとりが乱暴者として名の通っていた若者だったことが、地主が相手の出方をみながら引き下がった背景にあったのかもしれない。

もちろん、「力」とはいっても物理的な暴力だけでなく、事例16のように経済的な力も含まれている。いずれにしても、地主と小作はつねに緊張関係におかれており、争いが起こったときには、その両者の力関係が交渉の過程で顕在化する。カバレの裁定や年長者の調停は、その力の拮抗に対して、両者の関係とは違う別の枠組みを提供する場として機能しているといえる。

最後に、なぜこれほどまで地主と小作との関係が不安定な緊張関係にあるのか、その背景について少し考えてみたい。いくつかの事例を聞き取りするなかで浮かび上がってきたのは、地主と小作の土地との関わりについての思惑の違いである。小作としては、何年もかけて土地を耕してよい状態にした場所で耕作をつづけることに大きなメリットがある。同じく地主側にとっても、信頼できる相手との良好な関係を継続したほうがよいようにも思える。ところが、そうはなっていない。

ここには、あえて長期的な関係ではなく、短期的な関係にとどめておきたい地主側の思いが見え隠れしている。地主にしてみれば、あまり長期間にわたって同じ小作が耕しつづけ、その土地に対する関係を強めていくのは望ましいことではない。最後の事例16にもあるように、地主側には、同じ小作が畑を自分の土地にしてしまうのではないか、という潜在的な危惧がある。このことは逆にいえば、長期間にわたる土地の利用は、その土地の「所有」をも侵害しかねないことを示唆している。

「小作を退去させる」行為は、土地の所有者としての優位性を誇示し、その「所有」を確実なものにしたいという地主側の戦略なのかもしれない。こうした解釈は、土地の所有者が労働力を調達するときに社会関係の近い「親族」よりも関係の遠い「他人」を選好していることとも一致するだろう。地主側は、小作との関係をあえて短期的なものにとどめようとしているのだ。土地への支配としての「所有」は、こうした不断の働きかけによって支えられている。

「家族」のあいだの土地をめぐる対立

ここでとりあげる土地争いの事例は、土地相続をめぐる対立である。土地所有について考えるとき、その「相続」のあり方は鍵となる要素である。世代間の財産の「相続」や「分配」は、つねに深刻な争いを生む。それは、土地という資源にアクセスできる親族の範囲とそれぞれの優先度を決める作業でもある。調査村でも、こうした相続をめぐる争いの事例が数多く聞かれた。

しかも村における土地相続の問題は、その親族関係の複雑さによって混迷の度合いを深めている。とくに一部の女性は何度となく離婚と再婚をくり返している（第2章第3節参照）。ここでとりあげるヤスィンの妻アバイネシの母親アスナクも、そうした女性のひとりだった。

事例17 「親子」の関係をめぐる論争——土地の相続争い〈9〉（図II-10）

アスナクは、結婚して息子を産む。しかし間もなく、同じ町の男と愛人関係になり、その男とのあいだに娘アバズが生まれる。夫と離婚したアスナクは、コンバ村に住むイタナ（ショワ地方から移住してきたキリスト教徒のオロモ）に嫁いでいた姉のザンナベチを頼って、彼らの家に身を寄せた。このときアスナクは、愛人の子どもであるアバズだけを連れてきていた。

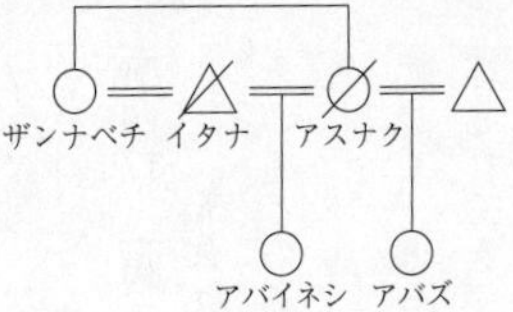

図Ⅱ-10 「親子」の関係をめぐる論争：関係者の親族図（事例 17）

イタナとザンナベチとのあいだには子どもがいなかった。しばらく四人での生活がつづいていたが、そこでイタナとアスナクとのあいだに娘アバイネシが生まれる。イタナは、アバズとアバイネシをともに我が子として可愛がって育てた。やがて、ふたりの娘の母親であるアスナクはまた家を出て、別の土地の男と結婚し、そこでもひとりの娘をもうける。ところがその後、病を患い、最後はイタナのもとにもどって亡くなってしまう。イタナも一九九七年に亡くなり、年老いたザンナベチとアスナクの娘ふたり、アバズとアバイネシが家に残された。

数年後、アバズは結婚して家を出る。アバズとアバイネシがひとりでザンナベチの世話をすることになった。しかしもともとザンナベチは、夫が自分の妹とのあいだにもうけたアバイネシに、よい感情を抱いていなかった。ザンナベチは「夫の土地をアバイネシには与えない」と言いはじめる。アバイネシは、「父親のすべての土地は、血のつながった本当の娘である自分だけのものだ」と反発し、「ともに娘として育てられた自分にも権利がある」と主張するアバズにも土地は渡さないと言って、口論がつづいた。ついには、ザンナベチが「お前なんか知らない！　出ていけ！」と罵り、アバイネシは恋仲にあったヤスィンのもとに転がり込む。ザンナベチはアバズを頼りにするようになり、亡き夫の土地だった約一二ファチャーサ（四・三二ヘクタール）ほどの農地（畑とコーヒー林）の収穫をアバズにだけ分けて、アバイネシは蚊帳の外におかれてしまう。そして、ザンナベチは土地をすべてアバズに相続させると周囲にもらすようになった。

アバイネシは、「自分こそは父親であるイタナのほんとうの娘であって、すべての土地を相続する権利がある」と、ザンナベチをカバレ（行政村）に訴えた。カバレの裁定の場で、ザンナベチは「アバイネシは自分の子ではないので、相続させる必要はない」と主張する。カバレでの裁定では、「誰に相続させるかは、イタナの妻であるザンナベチが決めること」という方向で話が進む。

アバイネシは、カバレでの裁定をあきらめ、神に裁きをゆだねることにした。もともとキリスト教徒だったアバイネシも、ヤスィンとの結婚でイスラームに改宗していた。ワチョ集落にある聖者廟のモスクにおもむき、「私が間違っているのなら、私に罰を下してください。すべての裁きは、聖者シェイコタとアッラーにゆだねます」と祈りを捧げた。さらに村に住む「クッロ」の呪術師のもとを訪ね、事情を説明した。呪術師の男性は、ザンナベチを呼んで話し合いで和解をはかろうとするが、ザンナベチは応じなかった。彼は家の裏庭にある「憑霊 *ayanne*（*wokabi*, Am.）」と交信できる場所にアバイネシを入れ、そこでも彼女は間違っているほうに裁きを下すよう祈った。さらに呪術師は、呪薬を彼女に渡し、裁きが下るまでは家においておくよう伝えた。

それからまもなく、ザンナベチが原因不明の病にかかり床に伏してしまう。八ヶ月ものあいだ、寝たきりになったまま、病状は悪化するばかりだった。アバズは夫とともに、同じ呪術師のもとを訪れ、病気の原因を問いただした。呪術師は「アバイネシが、神に裁きをゆだねているためだ」と言う。さらに、「まずは土地をアバイネシにも分け与えるようザンナベチを説得しなければ、病に対する薬を与えることもできない」と告げた。

アバズたちはザンナベチを説得し、アバイネシへの謝罪とともに、母牛一頭と、かつてイタナが娘ふたりに与えていた小さなコーヒーの土地を与えると申し出た。しかし、アバイネシは、「私がもらうべきなのは、父親が残してくれたものすべてだ」と言って拒否する。呪術師は、アバズの夫に対して「ザンナベチに財産を相続させる相手を明記した文書に署名させるよう説得しなさい」と伝える。彼はザンナベチに事の次第を説明し、彼女も一時はふたりに与えることを承諾する。すると、病状もやや回復しはじめた。しかし数日後、ザンナベチはふたたび署名することを拒みだす。

ふたりの調停に乗り出していた三人の年長者は、「相続人がいないままだと、カバレが土地を没収することになりかねない。まずはアバズとアバイネシが相続人であるという文書に署名させなければならない」として、ザンナベチを説得した。そして、イタナの土地のうち半分はザンナベチが相続したもの、半分はイタナ自身のものとし、ザンナベチの土地は彼女の意志どおりすべてアバズに相続させ、イタナの残り半分は、アバズとアバイネシのあいだで等分するという遺言書をつくって、ザンナベチに署名させた（図Ⅱ-11）。その後、二〇〇二年の雨季にザンナベチは息をひきとる。遺言書がカバレに提出され、土地の相続が認められた。

その後、アバズ夫婦、アバイネシ夫婦にくわえ、イタナの友人であった男性やアスナクの最初の息子、アスナクの最後の夫、そして四人の年長者が集まって、話し合いがもたれた。イスラームの教えでは、遺言を反故にすることは許されないため、年長者のなかには遺言どおりの相続を強く主張する者もいた。しかし、アバイネシはすべての土地をアバズと等分すべきだと主張して譲らない。アバズたちも、ザンナベチの病気の原因が、アバイネシが神に裁きをもとめたことにあったと考えていたため、自分たちだけが得をして災難に見舞われることを恐れた。最後にはすべての土地を等分することを了承し、「すべての土地をアバズとアバイネシとで等分割する」というザンナベチの遺言とは異なる合意がなされた。

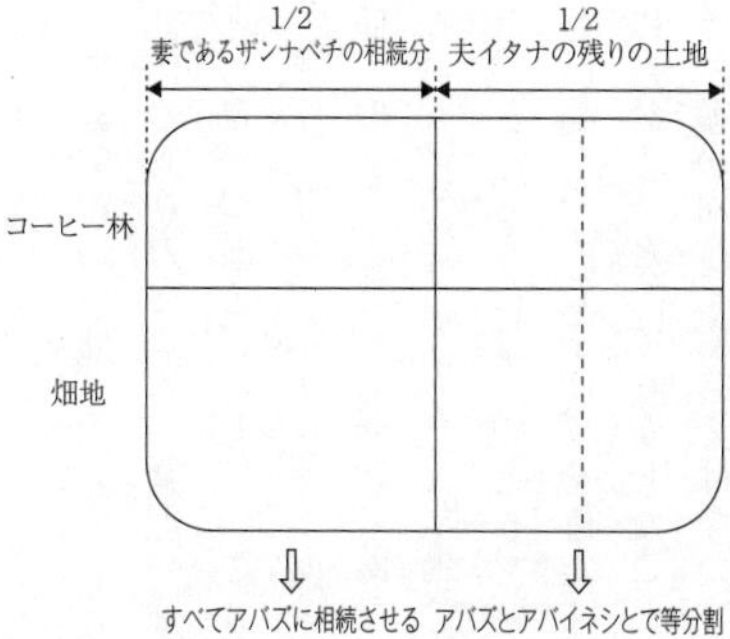

図Ⅱ-11　ザンナベチの遺言書に記された土地の相続方法（事例17）

亡き父親の土地をめぐってくりひろげられた骨肉の争い。この事例では、土地の「相続」のあり方を決める論理や権威の枠組みが複雑に交錯している様子がわかる。これをひとつひとつ解きほぐしていこう。

まず、ザンナベチ・アバズ・アバイネシの三者のあいだで論争となったのは、「親子関係」の解釈をめぐる問題である。アバイネシは、イタナの血を引いていることを根拠として、「自分だけがイタナの正式な子である」と主張した。それに対し、アバズは、「イタナは、どちらも自分の娘として育ててきたのだから、ともに娘であることに変わりはない」と反論した。親子関係を確定するとき重要なのは、血のつながりなのか、それとも実質的に自分の子として養育したことなのか。この解釈をめぐる論争については、おそらくすべての者が同意する答えはない。しかし、この論争もカバレの裁定の場では、別のかたちで展開していく。

ザンナベチは、「亡くなったイタナのすべての土地は、正式な妻である自分のものである。誰に相続させるかは自分が決める」とし、険悪な関係にあったアバイネシには相続させないと公言した。たしかに、この地方では、夫が亡くなった場合、その土地の暫定的な所有者は妻とされ、その妻が亡くなるまでは表立って子どものあいだで土地を分割することは避けられる。カバレの裁定も、この慣習にそったかたちで進められた。ここにきて、アバイネシはカバレでの裁定をあきらめ、イスラームの「神」と「聖者」に裁きをもとめる行動にでる。さらに「クッロ」の呪術師のもとを訪れ、その「憑霊」にも裁きを下すよう請う。カバレという公的な権威による裁定の場から、イスラームの「神」や「聖者」、そして異民族の「呪術師」という宗教的・呪術的な枠組みへと、論争の舞台が転換する。

このあらたな枠組みが力を発揮することを可能にしたのは、「ザンナベチが原因不明の病気に倒れる」という事態であった。これは偶発的な出来事だったのかもしれない。それでも、ザンナベチの病状が、この土地相続をめぐる争いにおいて重要な鍵を握ったことは間違いない。

病状が悪化しつづけたことは、周囲の者の心理にも影響を及ぼしていた。アバズ夫婦や年長者たちも、アバイネシに土地を与えることを頑なに拒みつづけるザンナベチを説き伏せ、図Ⅱ-11に示した妥協案をつくりだした。さらにザンナベチの死は、イスラームの戒律である「故人の遺言をくつがえすことはできない」という掟さえも凌駕してしまう。土地相続を左右する枠組みが、ザンナベチの病死という事態をきっかけに、公的なものから宗教的・呪術的なものへと大きく転換された。結局、この争いのゆくえを大きく左右したのは、人びとがアバイネシの聖者や憑霊への祈りとザンナベチの病死とを強く関連づけたことだった。

この一連の争いの過程を、たんに「交渉」という言葉で片づけることはできない。それは、当事者によって依拠された複数の異なる枠組みが、偶発的な出来事を契機に力の作用を変化させ、論争の方向性を決定づけるまでにいたった、という過程である。土地所有の規則性をくつがえす「争い」というプロセスを理解するには、土地所有を規定する法や制度を列挙するだけでは不十分である。土地所有のあり方を決める力をもった複数の権威の所在を確かめながら、その力の作用のあり方を解き明かしていかなければならない。

3 所有の規則性をめぐるふたつのレベル

「秩序」の所在

土地の所有をめぐる規則性と不規則性との関係は、どのようなものとして理解できるのだろうか。第7章では、土地の利用形態によって、ある程度、その所有の排他性が基礎づけられていることを指摘してきた。ただし第8章で示してきたように、そのじっさいの土地の利用には、複数の受益者の関係が築かれており、そうした受益者間の資源の配分をめぐる争いや対立が土地の所有や資源配分のあり方を不安定なものにしている。

たしかに土地をめぐる争いを解決する手段として、カバレ（行政村）の裁定や年長者による調停、裁判所といった「規則」や「慣習」に根ざした調整の場が用意されており、そこでは慣習や国家の法がひとつの制度として土地の所有や資源配分に対して一定の規則性を保障しているかのようにみえる。しかし、じっさいの土地争いの過程では、そうした紛争解決の枠組みにくわえ、さまざまな物理的・経済的力の行使や、宗教的・呪術的要素が複合的に関与することで、そのプロセスを不確定なものにしている。

こうした所有をめぐる規則性と不規則性との関係について、もう少し整理しておこう。序論でも紹介したように、ヴェーバーは、規則性のある社会的行為について、とくに意識することなく（あるいは利害や便利さから）、「そうするものだ」としてくり返している行為（「慣習」・「習俗」）と、「そうすべきだ」という理想や義務感から「正当な秩序」をつくりだそうとしている行為（「習律」・「法」）とを区別していた。この区別は、土地所有の規則性をめぐるふたつのレベルを考えるときに重要な視点になる。

まず、第7章で指摘してきた資源の利用形態ごとにある程度、その土地所有の排他性が決まってくるという現象は、まず第一のレベル、とくにそうすべきだというわけではなく、たんに利益にかなう、そうするものだ、という理由から生じている規則性にすぎない。資源の価値やその予測可能性が高いときにその領域の排他性を強めるのは、何もそういうルールがあるからでも、それが何らかのローカルな概念にかなっているからでもない。むしろ、資源を所有・利用するときの当然の行為だといえるだろう。人びとがこうした何らかの経済的な利害にそって規則的に行動していることを一概に否定することはできない。

しかし一方で、土地や作物という資源の配分をめぐる対立が顕在化したとき、そこでは

「どのようなあり方が正しいのか」という第二のレベル、すなわち「正当な秩序」をめぐる争いが起きている。このとき、イスラームの「習律」や国家の「法」が継続的に適用・強制されれば、ある程度の規則性が担保されることになる。

これまでの土地所有に関する研究では、こうした異なるレベルの規則性が、ひとつの「制度」や「民俗概念」にもとづいて説明されていたことに、まず注意しておく必要がある。もう少し具体的にいえば、コンバ村において、丘陵地タッバが各世帯によって個別に所有・利用され、低湿地バッケエが牛の共同放牧地として村の誰もが利用できる土地になっているのは、タッバとバッケエというふたつの「制度」があるからでも、その区別を支える何らかの「コスモロジー」があるからでもない。水はけの悪い低湿地を畑やコーヒー林として利用することは、多大な労力がかかってしまうために「適さない」というにすぎない。

「ルール」を可視化させる行為

それでは、どういうところに「制度」が存在し、土地所有を規定しているのだろうか。法理学者のハートは、一次ルールと二次ルールというふたつの区別を示して、日ごろは意識されていない一次ルールが、何らかの「法的言説」としての二次ルールに言及されることで可視化されると論じた［ハート 1976(1961)］。ここで重要なのは、一次ルールと二次ルールというふたつのルールが実体として存在しているわけではなく、それぞれが「言及される」―「言及する」という関係で結合する限りにおいて、「法」という現象が生じている点である［橋爪 1985: 95–8］。つまり、まず「法」があって、人びとがそれにしたがって行為しているのではなく、人びとがさまざまな行為のなかで、ある行為を「責務の一次ルール」として言及すること（＝二次ルール）で、社会規範としての「法」が把握可能なかたちになるのである〈10〉。

このハートの議論は、基本的に近代的な国家などの司法制度（＝確定的な二次ルール）が存在している状況を想定したものであるが、資源の所有をめぐるふたつのレベルの規則性を理解するうえで、有効な視点を提供してくれる。

これまでとりあげてきた土地利用や土地争いの事例をみてもわかるように、まず、人びとが土地の所有や利用のあり方を「そういうものだ」として規則的に行為しているレベルがある。そこには、何らかの「ルール」に則って行為している意識は存在しない。しかし、ときにその規則性に疑問が投げかけられ、争いになったときに、はじめて何らかの「そうすべきだ」という「ルール」が言及される。

「血がつながっている子どもこそが、真の相続人である」とか、「この地域の慣習では、亡き夫の財産の相続については、妻に権限がある」、「法律では、相続人がいない土地は国家のものとして行政村に没収される」、「イスラームの規律では、遺言は反故にできない」

など。これらはどれも争いに関わる複数の参与者が主張することで、はじめてその場で適用されるべき「ルール」として可視化される。そこには国家の法のように成文化されているものから、根拠があいまいなものまでが含まれうる。ただし、ローカルな村レベルでの争いでは、それらの相容れない複数の「ルール」のどれが効力をもつのかについて、強制力をともなった決定を下すことは難しい。つねに「そうすべきだ」というレベルで規則性を担保すべき二次ルールそのものが争われることになる。

こうした事例からみえるのは、資源をめぐる争いの場で顕在化する複数の規則の枠組みは、その論争のコンテクストに応じて、拘束力をもったり、もたなかったりするということである。特定の年長者が参照する慣習がつねに人びとによって受け入れられ、それに異議を唱えたり、別の枠組み（公的な裁判など）に争いの場を転換する者がいなければ、その慣習は、一貫性をもったローカルな「制度」として取り出せるかもしれない。

しかし、少なくともエチオピアの農村部では、年長者の権威も、ローカルな慣習も、争いのなかで参照される枠組みのひとつにすぎない。しかも、そうした慣習が一貫性をもったかたちで、すべての争いにおいて参照されているわけでもない。ローカルな慣習や制度は、所与のものとして存在しているというよりも、むしろ行為者たちによって持ち出され、参照されることではじめて「かたち」をもつのだ。

人びとが「そういうものだ」あるいは「そうするのが得だ／便利だ」として行為してい

るレベルでは、資源の所有と利用のあり方は、規則的なものとしてみえている。しかし、ある局面でそのあり方が争われはじめたとき、複数の規則性を維持するための「主張」(二次ルールへの言及)が拮抗するようになり、結果として資源をめぐる争いそのものが一貫性のない不規則性を生み出していく。人類学者が、ローカル社会の「制度」として取り出してきたものは、こうした一連のプロセスのなかで一時的に参照され、可視化される枠組みにすぎない。

4　行為としての所有

「所有」を維持する力

ここまで、土地利用と土地争いの事例を通して、そこに関わる複数の人びとのあいだで資源の所有と分配をめぐるせめぎあいが行なわれている過程を示してきた。最後に、これらの事例をもとに、土地やそこから生み出される富を所有する意味を「行為」という観点から考えてみたい。

土地から得られる利益を受益者間で分配するとき、人びとは所有者が利用者とのあいだに「経済的他者」としての関係を築こうとし、ときには地主が小作を追い出すことで、優位性を保持しようとしていた。そこには、つねに土地という資源に関わる小作との関係に

「働きかけ」を行ない、土地やその富への関係を強化しようと試みる地主側の意識が垣間みえていた。

土地を「所有」することは、かならずしも所与の安定した「事実」として存在しているわけではない。人びとは、さまざまな社会関係のなかで積極的に「働きかけ」をくり返すことで、なんとか「所有」を維持しようとしているのである。事例16のように、地主側が高齢で、何の働きかけもしなくなれば、土地の「所有」が容易に切り崩されてしまうことにもつながる。

ただし、地主と小作の争いの事例にもあるように、その地主側の試みはかならずしも成功しているわけではない。ひとつの土地に多様な者が関与している場合、それぞれの者の利害は一致しない。大きな利益をあげる者もいれば、ほとんど利益を手にできない者もでてくる。地主側が小作とのあいだに短期的な「経済的他者」としての関係をもつことに利益があるとしても、それでは小作は最初に投入した労働の対価を十分にとりもどせなくなる。両者の利害関係はつねに衝突し、それが「争い」となって表面化する。小作側も、自分たちの資源の取り分を確保するために、必死な抵抗を試みる。土地から得られる富の配分をめぐって、さまざまな人びとが不断に働きかけを行なっている。それは、第Ⅰ部でみてきた、作物などの富の所有や分配のあり方ともつながっている。

ジンメルは、『貨幣の哲学』のなかで、「所有の意義のすべての深さと広さとを把握しようとすれば、それをも行為と呼ばなければならない」と述べている［ジンメル 1999（1922）：325］。さらに、「所有者の意志以外の何ものもこの客体を利用し享楽することができないという確実性」が、「法に先立つ状態においては、〔中略〕自己の所有権を保護する所有者の力によってのみあたえられる」一方、「法的な状態においては総体が所有者にたいして所有権の持続的な所有と所有権からのすべての他者の排除とを保証するから、もはやこの個人的な力が必要とされることはない」と指摘している［ジンメル 1999（1922）：331-2］。〔11〕この言葉は、所有という状態が、その所有（＝客体を利用し享楽すること）を維持するための何らかの力に根ざした行為を必要としており、法という強制力がなければ、個人的な力の行使によってのみ支えられることを示唆している。

現代のエチオピアは法治国家であり、農村部であっても、その「法」が何らかの強制力をもっていることは間違いない。しかし、これまでみてきたように現実の資源の所有をめぐる争いは、「法」という枠組みのなかだけで解決されているわけではない。むしろ、法が持ち出される以前に、多くの事例において、個人間の交渉や力の行使によって何らかの「解決」がはかられている。本書が注目してきたのは、まさにこうした日常のなかで人びとの力をともなった「行為」によってかたちづくられる「所有」のあり方なのである。

不規則性が生まれる局面

第7章で論じたように、土地の所有を資源の「利用」という視点からとらえると、そこには所有と利用との規則的な関係がみられた。低湿地がつねに共同の放牧地とされて丘陵地の斜面が世帯単位で所有されることや、さまざまな資源の所有の強度や排他性が定期的に変動するという規則的にくり返される現象をとらえるとき、その説明は明快で説得力をもつものとなる。

ところが、土地をめぐる受益者たちの関係を考慮に入れると、その関係の不確実性が浮かび上がる。人間どうしの関係は、人間と土地（資源）との関係よりも、複雑で流動的なものになってしまう。土地の所有という資源を確保する人びとの行為が、その受益者間の関係の調整へとつながり、そこに人びとのあいだの「交渉」が生じている。コスト－ベネフィットによる経済的計算も、地主が優先権をもつという規則も、小作が地主に対して浴びせかけた怒声という「行為」ひとつによって粉々になってしまう。規則性にみちていた世界が、ここにきて不規則性の陥穽に足をとられる。

法のパラダイムから土地所有をとらえる立場は、その規則性を強調する記述を行なってきた。たとえば土地所有の要素のなかで、「相続」という問題を規則的にくり返される現象としてとらえたとき、それはあたかも何らかの「制度」や「慣習」にそっていつも誰にとっても同じように執り行なわれるものとなる。

「ムスリム・オロモの慣習では、イスラームの法にもとづいて、父親の土地が息子に対して娘の二倍の大きさになるよう相続される」といったかたちで。しかし、この「きまり」は、ふたつの意味においてかならずしも実現されるとは限らない。ひとつは、ひとことで括られている「土地」の多義性であり、もうひとつは息子や娘という言葉で示される「親族関係」の多義性である。

第7章第2節で示したように、「コーヒーの土地」は女性にもその分け前が相続されるものの、「トウモロコシの土地」が娘に分割されたり、その分け前が男の兄弟から支払われたりすることはない。また「屋敷地」では、父親が結婚した息子に土地を分割して生前贈与しながらも、父親とその土地との関係がまったく消えてしまうわけではなかった。さらに苗を植えた者がその果樹の所有者となるといった、「土地」だけの所有や相続関係をみていてもわからないケースもある。これらすべてが、「イスラーム法」のなかに事細かに規定されているわけでも、つねに参照される慣習法があるわけでもない。土地にはその利用形態によって多義性がつきまとっており、それがそのまま争いを引き起こす火種ともなっている。

「親族関係」についても、事例17でみたように、結婚の形態そのものの流動性のために、かならずしも所与の自明なことであるとは限らない。誰が、ほんとうの「子」なのか、誰が真の相続人になれるのか、ここでも親族関係をめぐる多義性が論争を引き起こしてしまう。こうして、土地の相続という現象ひとつとってみても、「規則」の適用では片づけることができず、つねに交渉や対立が引き起こされる余地が残されている。土地争いは、かならずしも慣習におさまりきらない例外的なケースというわけではない。むしろその争いのなかではじめて「慣習」そのものが可視化され、再確認されたり、更新されたりしているのである。そういう意味では、「規則」や「慣習」への言及や適用というプロセス自体が、一定の秩序とともに不規則性を生じさせているといえるだろう。

「権威の所在」からみえる交渉のプロセス

土地争いの事例からみえてきたのは、その争いの過程が、物理的にせよ、心理的なものにせよ、複数の拮抗する「力」を帯びた相互行為の場になっていることであった。人びとは、自分たちの得るべき富の所有を確保するために、さまざまな拘束力をもつ枠組みに言及して、みずからの正当性を主張しあっていた。ただし、その過程は、かならずしも政治的／経済的／社会的な「力」をもった者によってすべて操作されるものではない。そこには不確定な要素がちりばめられており、弱い立場の者が偶発的な出来事をきっかけに有利な結果を得ることもあった。そこで、こうした不規則な争いの過程を理解するために、本章では、土地争いの当事者のあいだで、どのような枠組みがいかなる力を作用させているのか、その権威の所在を確かめてきた。それは、交渉のプロセスという土地所有の不規則性をとらえる有効な視点を模索する試みでもある。

もう一度、土地争いにおいて重要な鍵を握っている複数の枠組みを整理しておこう。まず、村の土地争いでは、カバレによる裁定と年長者が大きな役割を果たしていた。これらはともに土地争いの過程で、さまざまなかたちで影響力を発揮させていたが、その作用の仕方や効力をもたらす場には違いがあった。さらに、カバレが当事者や証人の証言にもとづいて何らかの決定を下すのに対して、年長者は調停の場で過去の事案を紹介したり、双方が納得できる妥協案を示したりする役割を担っており、かならずしも絶対的な決定力をもっているわけではない。

カバレの裁定にしても、年長者の調停案にしても、当事者が納得しない場合、その決定が実効性をもつことは難しく、最後には物理的な「力」による解決がはかられることもあった。コミュニティのなかの土地争いでは、実効的な支配力をもつ主体が一元的に決断を下すというよりも、それぞれに相対的な力をもった枠組みが多元的に参照されるなかで、問題の解決がはかられている。

また、土地争いの事例からみえてきたのは、カバレや年長者だけでなく、神や憑霊などの存在も大きな影響力をもっている点である。この宗教的／呪術的な枠組みは、祈りといった「行為」や病気や災難といった「出来事」とつながることで現実的な拘束力を発揮させ、土地争いの結果に決定的な影響を及ぼしていた。

カバレの裁定や年長者による調停で不利な立場に立たされた者にも、「神の裁き」や「呪術」という力の作用によって挽回できる可能性がある。しかも、それらの宗教的・呪術的枠組みには、イスラームやオロモという宗教／民族の枠を超えた、土着的信仰や異民族の呪術といったさまざまな要素が混淆している。そこに、一元的な「神」の権威のもとに収斂する構造はない。

こうした多元的な権威の枠組みは、所与の存在として力をもっているわけではない。むしろ、人びとが土地や富の所有をめぐってその枠組みの正当性に言及しあうことで、はじめて現実的な力を帯びはじめる。どの枠組みがいかに権威性を帯びていくかは、争いをめぐるコンテクスト（何を争点にするか／どういう場で解決をはかるかなど）や相互行為のプロセスそのもの（どの枠組みが正当なものとして参照されたり、受け入れられていくか）によって大きく変わってくる。

土地という資源に関わる者たちは、みずからの利益を確保するために、絶え間ない「働きかけ」をくり返していた。土地と富の所有をめぐる争いは、そうした人びとの不断の相互行為が顕著にあらわれる場でもある。この争いのプロセスで顕在化していた複数の枠組みとその力を導く人びとの行為を描き出すことで、「所有」という現象の動態性を浮き彫りにし、より厚みのある記述と理解が可能になる。そこには、コスト－ベネフィットだけではとらえきれない「所有」という人間の営みのダイナミックなプロセスが映し出されている。

第Ⅲ部　歴史が生み出す場の力

第Ⅲ部では、コンバ村における土地と農民との関係がいかなる変化を経験してきたのか、その歴史過程を描いていく。これまで記述してきた農村の土地やそこから生み出される富をめぐる人びとの相互行為の背後には、国民国家への包摂という大きな歴史的な変動があった。ここでは分析の視野を地域や国のレベルにまでひろげたうえで、農村社会の所有と分配を支えるダイナミックな空間の再編過程をあきらかにしていきたい。

一八世紀後半からこの地方を支配していたオロモのゴンマ王国の時代は、一九世紀末にエチオピア帝国への編入というかたちで幕を下ろす。イタリアによる植民地統治（一九三六―一九四一年）をはさんで築かれた、皇帝を頂点とする封建体制は、北部の支配的民族であるアムハラを中心とした貴族階級や官僚組織の支配でもあった。ところが一九七四年の軍事独裁政権（デルグ）による「革命」で皇帝は廃位され、社会主義的な国家政策のもと、農地の国有化と農業の社会主義化が進められる。そして、八〇年代末の激しい内戦の末、九一年に現政権が樹立される。

わずか一〇〇年あまりのあいだに何度もの政治体制の変動を経験するなかで、村の空間構成は大きな変化を経験してきた。こうした変化は、どのように農村の土地や富のあり方に影響を与えてきたのだろうか。人びとのミクロな相互行為の場を支える歴史の力学を描き出していきたい。

第10章　国家の所有と対峙する

1　エチオピア帝国への編入

一九世紀末にはじまるエチオピア帝国への編入は、それまでどちらが先に利用しているかという先占《せんせん》の原則が優勢だったゴンマ地方の土地所有に大きな変化をもたらした。それは、土地の所有をめぐって、農民たちが首都から派遣された知事や役人という外部権力にさらされるようになった歴史でもある。

ゴンマ王国時代の土地所有

一八世紀後半から一九世紀初頭にかけて、ゴンマ地方にひとつの王国が築かれた〈1〉。このゴンマ王国は、同時代にギベ川流域に興隆したギベ五王国のひとつである。いずれもオロモの王をもち、一八三〇年代以降、ムスリム商人たちの影響でイスラームを受容するようになった［Trimingham 1952: 199–200］。

ゴンマ地方では、王国が成立するまで、有力なクランがそれぞれの年齢階梯のリーダーを中心とした政治組織をつくっていた［Guluma 1984: 49］。その後、九つの主要クランが王家筋のアワリニ・クランから王を選び、主要クランの有力者からなる評議員がそれを支えた[2]。

王は評議員の助言のもとでアッバ・コロ（行政官）を選出し、王国内の各地の司法や行政の役割を担わせた。これらの王や評議員、アッバ・コロたちは広大な土地をもち、そこに小作農や奴隷を住まわせていた。しかし、それ以外の土地では、「先占」の原則にしたがって、先に開拓したり占拠した者が「土地の父」となった。

こうした土地は〈*qabiyyee*〉（「持ちもの＝財産」の意）といわれ、最初の占有者の子孫が相続するものとされた。あとから移り住んできた者は、小作としてその土地の一部を耕すか、自分たちであらたに未開拓の土地を伐り拓いていた［Guluma 1984: 114-29; Mohammed 1990: 119］。ゴンマ王国時代の支配体制と土地所有については、オロモ人歴史家であるグルマ・ゲメダが詳しく述べているので、ここで引用しておきたい。

「王国がつくられると、無主地の森林や牧草地に対して最初の支配者の権利が主張された。その後、無主地の森林にくわえ、罪人の奴隷化という精巧なシステムによって支配者の所有地はつねに増大していった。奴隷になった者は、個人としての自由を失うだけでなく、土地を含めたすべての財産を失った。彼らの土地も財産も自動的に支配者の財産になった。このように「王 *moti*」の土地はつねに増加しつづけ、支配される人びとは失いつづけた。このプロセスは、あきらかに王をして王国最大の「土地の父」たらしめるものだった。〔中略〕王族のメンバーも王国中に大きな土地をもっていた。また、自分たちの土地に対して古くからの〈*qabiyyee*〉の権利を維持している人びと（農民や大規模な家畜保有者）もいた。〔中略〕しかし、大多数は土地なし民だった。これらには、土地なし農民や奴隷、職業カーストなどが含まれている。このオロモ社会には、こうした土地所有者層と土地なし民とのはっきりとした階層が存在したにもかかわらず、口頭伝承は社会的地位の移動がかなり容易であったことを示している。少なくとも、土地なしの自由農民や王族奴隷の一部は、社会階層を上昇させることが可能であったばかりか、じっさいそうしたことが頻繁に起きていた。たとえば、土地なし農民は戦場で敵を殺したり捕まえたりして功績をあげて土地を手にすることもできた。〔中略〕同様に、土地をもっている豊かな者も簡単に土地を失った。〔中略〕王やその家族、ひと握りの有能な役人や兵士だけがその地位を維持することができた」[Guluma 1984: 133-6]。

王を頂点として、王族、土地保有農民、土地なし自由農民、奴隷といった社会階層に分かれていた一方で、そのなかの人びとの移動性はかなり高かったことがわかる。

一八世紀以前にこの地域にオロモが移住してきたとき、そのおもな生業形態は牧畜で、土地はすべてクランに属し、土地をめぐる争いもクランの「会議 *caffee*」(「低湿地／牧草地＝会議をひらく場所」の意)にゆだねられていたとされる [Mohammed 1990: 118-20]。その後、農業が主要な生業になるにつれて個別的な土地所有形態に変化してきた。もともとは長子が優先的に父親の土地を相続し、年下の兄弟は長男の畑を分益小作として耕すか、あるいは土地をもとめて他の場所に移住していた [Lewis 2001(1965): 58; Guluma 1983: 134-5]。しかし、イスラームの影響が強まると、男子の兄弟のあいだで父親の土地を平等に分割して相続することが一般的になった [Lewis 2001(1965): 58; Tekalign 1986: 153]。クランやリネージの全成員がアクセスできる土地は放牧地以外になく、親族の結束や排他性はゆるやかであったとされる〈3〉。

かつてコンバ村の周辺でも、それぞれの土地にはそこに居住するクラン名がつけられていた。現在でも、「あの土地は○○クランの土地だった」といわれたりする。しかし、くわしく聞いていくとそのクランの土地のなかは男子の成員によって個別に分けられていたようだ。ここで聞き取りをもとに一九世紀末ごろのコンバ村の様子を再現してみたい。

図Ⅲ-1は、ゴンマ王国時代末期(一八八〇年代ごろ)、コンバ村東部の土地がクランごとにどのように所有されていたかを聞き取りをもとに再現した図である。この時代のクランの居住地が現在の村の集落名とも重なりあっていることがわかる。ウォルジ、ババユ、アルフェティ、アワリニの土地は同じクランの複数の男性によって分割して所有されており、それ以外はひとりの者によって所有されていた。ひとりの者が土地を所有している場合、次のような理由が考えられる。①複数の相続人がおらずひとりで土地を相続した。②兄弟などの相続人が別の場所を相続した。③所有者がその土地を手にした第一世代だった。いずれにせよ、こうした土地も、次の代では複数の息子たちに分割相続されたり、ほかの者に売却されたりしている。

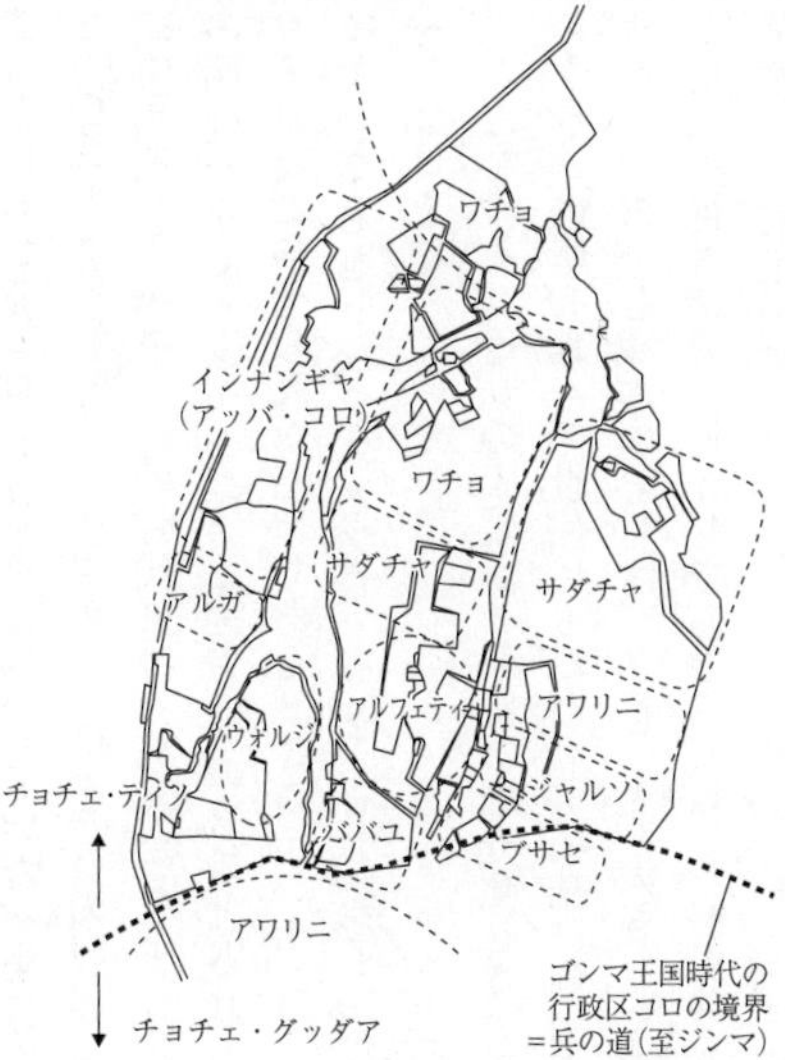

図Ⅲ-1　19世紀後半（帝政以前）におけるコンバ村のクラン別土地所有の概略図

比較的土地に余裕があった時代には、狭い土地を複数の相続人で分割するよりは、移動してあらたな土地を開拓するほうが有利だったとも考えられる。

図Ⅲ-1に示したように、現在のコンバ村はゴンマ王国時代から一九七四年までチョチェ・ティノ（Coche Xinno＝「小チョチェ」の意）といわれるコロ（行政区）に属していた。南に隣接するコロであるチョチェ・グッダア（Coche Guddaa＝「大チョチェ」の意）との境界は、ゴンマ王国のアッバ・レブ（Abba Rebu）王（r. 1830–56）の時代につくられたとされる道であった（第11章第4節で詳述）。この図のなかでインナンギャ・クランのものとされるのは、このチョチェ・ティノのアッバ・コロに与えられた土地である。このインナンギャ・クランはもともとゴンマ地方南部に大きな土地をもつクランで、少なくとも親子二代にわたってチョチェ・ティノのアッバ・コロを務めていた[4]。

ただし、それぞれの土地がそれほど細分化していないことからもわかるように、これらのクランの所有地も何世代にもわたって相続や分割をくり返してきたわけではなかったようだ。そのひとつの例として、図Ⅲ-1で大きな土地をもっているワチョ・クランの移動と土地獲得の経緯を紹介しておこう（以下、歴史的な事象については情報源を〔 〕で示す。詳細は注5を参照のこと）。

事例1　ワチョ・クランの移動と土地獲得の経緯〔P〕

ワチョ・クランの本拠地は、ゴンマ地方西部のキロレ（Kilole）周辺にあった。一九世紀半ば、隣国（グマ王国？）との戦いが起こり、ワチョ・クランの土地は襲撃を受けて、人びとは各地に離散した。そのうちのひとりアッバ・ジョブルが現在のコンバ村のあたりに移り住んだ。ところが間もなく、この地域一帯は旱魃に見舞われ、二年間ほとんど雨が降らなかった。人びとは飢えに苦しみ、草などを食べてしのいだ。たくさんの人が命を落とし、生きのこった人の多くもこの地を離れた。アッバ・ジョブルも家族を連れて、ジンマ王国南部のダド（Dado）に移り住んだ。ダド周辺には、エンセーテがたくさんあり、食糧には困っていなかったという。そして数年後、彼はふたたびコンバ村にもどり、現在のワチョ集落のあたりに家を建てた。そのころは、まだ旱魃の影響で多くの人びとが流出していたので、かなりの土地が空き地のまま残されていた。アッバ・ジョブルは、人のいなくなった土地（とくにコンバ村北部からコチョレ村にかけて：六三頁・図2-2参照）をすべて自分のものにして広大な土地を手に入れた。彼のもとでは、多くの土地なしの小作や召使、奴隷が働くようになった。

戦争や旱魃などをきっかけとして頻繁に移動がくり返されていた様子がうかがえる。人がいなくなった土地は、別の者の手にするところとなった。しかし、未利用の土地がたくさんあった時代には、広大な土地をもちつづけること自体はそれほど重要ではなかった。土地を所有しつづけるには、その土地を耕せるだけの牛や労働力を確保できなければ意味がなかったからだ。ワチョ・クランのアッバ・ジョブルも、コンバの地にもどって以来、広大な未利用地を自分で積極的に開墾したり、多くの小作人に耕させたりして利用していた。使っていなければ、やがてそこにまた別の者が入ってきて自分のものにしてしまう。この時代、土地の所有はいかに実質的に占有し、利用しているかにかかっていた。

ゴンマ王国時代、この地方は王を頂点とする政治体制のなかにありながら、土地そのものの所有が政治的にコントロールされることはあまりなかった。グルマが指摘するように、「罪人の奴隷化」と「戦時の功績への褒章」などのときに土地が没収・再分配されることがあったとしても、それは土地そのものの支配というよりは、社会的身分や階層秩序をコントロールする側面が強かったと思われる。コンバ村の周辺でも、土地をもつ自由民の立場にあれば移動が制限されることはなく、未利用の土地をもとめた移動がくり返されていた。そこで土地所有を規定していたのは、「先占」という原則であった。

こうした土地所有のあり方は、その土地を所有する者たちの関係に大きく依存していたことがわかる。つまり、どちらが先に土地を占有していたのか、その優先性の主張に根ざしたものであった。「先占」という原則が、じっさいの場面でどのように作用していたのかを限られた資料からうかがい知るのは難しい。ただ、おそらくそれは王の権威によって支えられた「規則」や「権利」でもなければ、オロモ社会に古くから根ざしていた固有の民俗概念でもなかった。

これまで「先占」という原則は、人類学者や歴史家などによって、〈*qabiyyee*〉というローカル・タームとともに西部オロモ社会の土地所有を支える特徴的な「権利」として概念化されてきた。しかし、「先占」が「土地所有」を支える基本的な原則だとすれば、土地所有の権利を認定する上位の枠組みよりも、その優先性を主張する者と近隣の土地所有者との関係が重要だったことを示している。アッバ・ジョブルの事例からもわかるように、そもそも土地がそれほど稀少な資源ではなかった時代には、じっさいにある領域を排他的に占有・利用して実効支配できなければ意味がなかった。ところがエチオピア帝国に編入されると、この「先占」の原則が通用しない相手があらわれる。「占有・利用している」ことの実効性も、かつてない大きな外部の力によって容易に否定されてしまう。

アムハラによる土地収奪

一九世紀末になると、ゴンマ王国にもエチオピア高地のアムハラの支配が及ぶ。一八八二年、ゴンマ王国の王アッバ・ドゥラ・ケレッペエ（Abba Dula Qereppee）は、後にエチオピア帝国の王となるメネリク[7]（Menelik）(r. 1889-1913) の派遣した武将ラス・ゴバナ[6]（*ras* Gobana）への貢納を約束する。

当時、メネリクはショワ地方の王としてその領域を急速に拡大しはじめていた[8]。四年後の一八八六年、最初のショワの行政官ダジャズマチ・バシャ（*däjazmach* Bashah Aboyye）がゴンマ王国に派遣される。ゴンマ王国内に進軍したダジャズマチ・バシャの軍勢は民衆の激しい抵抗に遭い、一度は撤退する。一年後に援軍とともにふたたび侵攻して王都サヨ

（Sayo）に拠点を築くが、反乱はつづき、結局、後に別の行政官が派遣されて、やっと反乱軍と和解する。帝国への編入プロセスは、すぐに完了したわけではなかった。

当時、メネリクに征服されたエチオピア南部では、「植民兵－農奴（*näftennya-gäbbar*）体制」といわれる封建体制が築かれていた［Donham 1986］。これは南部遠征にくわわった植民兵たちに「徴税権 *gult*」を付与して、被征服民への搾取的な支配を行なうもので、地元農民は植民兵に毎年税を支払い、しばしば労働奉仕を強制された。たとえば、南部オモ地域のアリでは、税が支払えなかったり、労働奉仕を逃れたりした場合、その家族は植民兵の奴隷にされていた［Naty 2002: 60］。しかし、ギベ地域では一八八〇年代の征服初期の段階で、植民兵の横暴な支配に対する反乱が起きたこともあって、強固な支配体制が築かれることはなかった。

グルマは、「ギベ地域での反乱のあと、とくに抵抗運動がもっとも激しかったゴンマ地方では、行政官は地元エリートを地域の行政組織に取り込もうとした」と指摘している［Guluma 1996: 56-9］。地元のオロモ有力者は力を保持しつづけ、植民兵と農民との仲介者として重要な役割を果たしていた。ゴンマ王国時代につくられたアッバ・コロの制度も、アムハラ行政官のもとでオロモによって担われる末端の行政職として一九七四年まで残されることになる。そのため、アムハラによる地元農民の搾取は他地域にくらべるとゆるやかであった。(9) コンバ村でも、アムハラ移民がオロモ大地主のもとで小作や召使として働くことめずらしくなかった。

それでも、なかには広大な土地を手に入れるアムハラの行政官もいた。ゴンマ地方を一九〇七～一二年ごろまで治めていたひとりのアムハラ貴族、ダジャ・ウォサネ（*dä-jazmach* Wasane）は、コンバ村の西方にひろがる「森の土地」を獲得しようと画策した（図Ⅲ-2の破線で囲まれた部分）。当時、この「森の土地」には、南側を中心に集落や畑がひろがって農民たちが居住していたが、北側は深い森に覆われ、部分的に伐り拓かれた畑が点在しているくらいだった。この土地が「奪われた」歴史は、いまでも村人に語り継がれている。

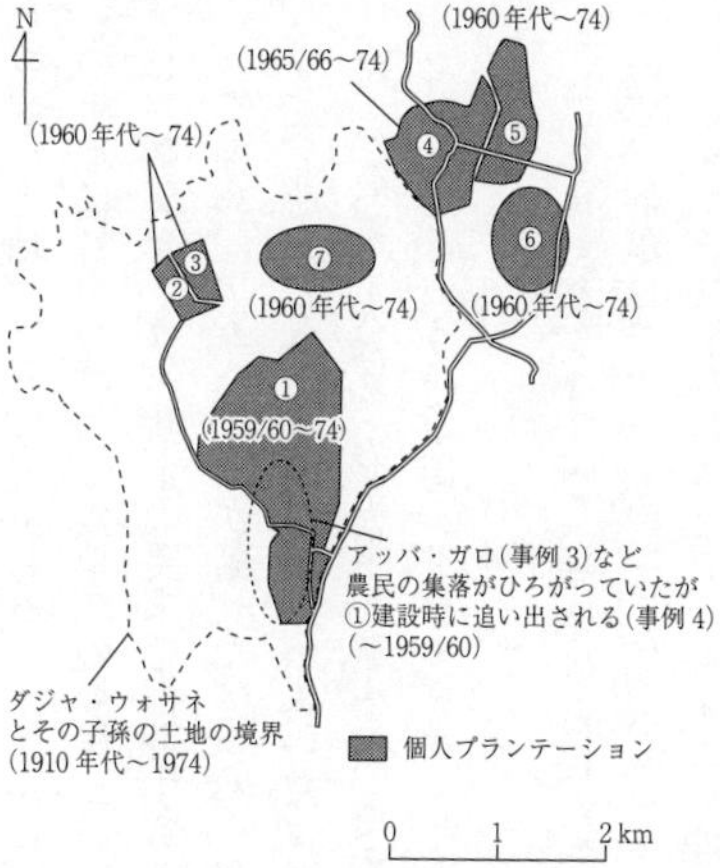

図Ⅲ-2　コンバ村の土地の歴史1：20世紀初頭から革命（1974年）前まで

①～⑦は，第10章第1～2節に対応している。

事例2　「森の土地」をめぐる争い〔A・F〕

四代目のゴンマ県知事として中央政府から派遣されたダジャ・ウォサネは、当時、この地方を二分して管轄していたふたりのアッパ・コロに「ラバを繋ぎ飼う土地」を分けてくれるよう頼んだ。ふたりのアッバ・コロは森のひろがるコンバの土地に目をつけ、この地域の農民三〇〇人に相談をもちかけた。彼らは集まって相談し、ダジャ・ウォサネの要求を拒否することにした。それぞれの農民から一ブルずつお金を集め、アムハラ語が話せたアッバ・ビロ・ファラジャ(Abba Bilo Faraja)を使いに立て、そのときアディスアベバにいたゴンマ王国最後の王に土地を与えないよう訴え出た。「なぜ、人びとの土地を与えるのですか? アムハラが好きなのですか?」と問いただしたという。結局、ダジャ・ウォサネは何も行動を起こさないまま二年間、沈黙を守った。

二年後、ダジャ・ウォサネは農民たちに対し、この八六ガシャ(*gasha*)[10]の土地について、毎年二チャバ(約二・八八ヘクタール)につき一・五ブルの税金を支払うよう要求してきた。二年のあいだに、彼は土地面積の確定作業を進めていたのである。[11]三〇〇人の農民たちは、「いまは払うことはできないが、あとで必ず払う」と、いくらかの賄賂をそえてダジャ・ウォサネに伝えた。そして、ふたたびアッバ・ビロ・ファラジャを使いに立て、今度はアディスアベバの政府に対し、「私たちは税金を払っているので、土地を奪わないでほしい」と陳情しようとする。

しかし、ダジャ・ウォサネはこのアムハラ語の話せるアッバ・ビロ・ファラジャと裏で密約を交わしていた。そして政府に「これらの土地は人の住まない森林で、税金は何も払われていないので、ダジャ・ウォサネにすべて与えました」という内容の文書を署名つきで提出させる。このアッバ・ビロ・ファラジャは、文書を提出したあとアディスアベバで客死してしまう。

その後、ダジャ・ウォサネは、この「森の土地」の八六ガシャが自分のものであると宣言し、税金や小作料を払わない農民を追い出しにかかった。「すべての家を燃やしてしまうぞ」と脅して、じっさいに一軒の家に火をつけたという。多くの農民たちはリンム、グマ、ゴッガなど周辺地域に逃れた。

「森の土地」が権力者であるアムハラ貴族のものとなるまでには、こうした土地の「所有」をめぐる地元農民との駆け引きと抗争がつづけられてきた。ダジャ・ウォサネは配下の者をこの地におき、農民から収穫物の一〇分の三を「小作料 *irboo*」として納めさせた。穀物倉庫に集められたトウモロコシは農民たちに売り払われ、現金だけがダジャ・ウォサネのもとに届けられていたという〔E〕。

しかし、この八六ガシャすべての土地が完全に彼の管理下におかれていたわけではなかった。「政府の仕事で給料もあり、とくに利益をあげる必要もなかった。ただ自分の土地であると誇示していただけ」〔M〕ともいわれている。また、一度追い出された農民のなかには、しばらくしてもとの土地にもどってくる者も少なくなかった。「アムハラの手下がオロモ農民を追い出しても、しばらくしたらまたもどってくる。それからまた追い出される。そのくり返しだった」〔A〕。「森の土地」をめぐる攻防は、その後もずっとつづいていた。村で最年長の一〇〇歳を超える男性は、土地をとりもどすために戦いつづけたひとりである。

事例3 「森の土地」の「所有」を争った男〔A・O〕

ボルチョ集落に住むアッバ・ガロは、長いあいだ、この「奪われた土地」をめぐって争いをつづけてきた。一度は、ダジャ・ウォサネとその配下によって、土地から追い出されたが、その後もこの土地が古くからババユ・クランの土地であったと主張しつづけていた。イタリアによる植民地統治が開始された一九三六年以降、森林地帯などの「無主地」が政府所有地として再測量されることになった。馬に乗って視察にきたイタリア人の指揮のもとで、彼は広大な「森の土地」の測量に協力する。測量には長いロープが使われた。その後、彼はアガロの役所に出向き、ダジャ・ウォサネに奪われた二〇ガシャにくわえ、現在のコチョレ村までの六〇ガシャについてもババユ・クランの土地であるとして返還をもとめた。役所では、次のように言われた。「この場所は政府の土地ではないのか。もし、そうでないと言うならば、証人を一〇人連れてこい。うそをついているとわかったら、このユーカリの木に首を吊るしてやるぞ」。彼は「もし、うそだったら、絞首刑にすればいい！」と答え、一〇人の証人を連れて再度、役所を訪れる。役所も、その証言を受け入れ、この土地がアッバ・ガロたちババユ・クランのものであることを認めた。

しかし、イタリアの統治が終わった一九四一年以降、再度、ダジャ・ウォサネの息子たちがもどってきて彼を追い出しにかかる（図Ⅲ-2参照）。アッバ・ガロは、何度も首都アディスアベバまで行き、土地の返還を命ずる文書をとってきた。そしてその文書をゴンマ郡の知事のところにもっていき、賄賂を渡して土地の返還を命ずる文書にサインさせた。これに対して、アムハラの地主側もアディスアベバから別の文書を取り寄せ、土地が自分たちのものであることを示した。アッバ・ガロはそれでも抵抗しつづけ、領域内にあった家屋敷からけっして立ち退かなかった。そして最後まで、誰にも小作料を払うことはなかった。

エチオピア帝国の支配に編入される過程で、土地の「所有」がひとつの大きな争点となった。それは、それまでの「先占」の原則が通用しない、アムハラ貴族など外部権力というあらたな枠組みとの遭遇でもあった。そこでは、いかに上位の権威、かつてのゴンマ王国の王、首都アディスアベバの官僚機構、ゴンマ地方の行政、といったところから「認証」を引き出せるかが鍵となっていた。

この時代、土地の「所有」は、幾層にも重なった権威の枠組みのなかで争われるものになった。しかし、その枠組みもけっして上から下までが組織的に連動していたわけではない。イタリアの占領統治といった変動のなかで揺らぎ、さらに賄賂や働きかけのなかでいくつもの異なった「認証」を与えうるものであった。そして、最後まで争いつづけたアッバ・ガロのように、立ち退かない、小作料を払わない、というかたちで権力者の「所有」に抵抗することも可能だった。

このことは、行政のだす文書が最終的な「権利」を保証するものとして実効力をもっていたというよりは、所有の「主張」を支える根拠のひとつにすぎなかったことを示している。しかし、やがて「実力行使」によって、農民の「主張」が無力化される出来事が起こる。

2　革命までの道のり

プランテーション開発の進展

一九五〇年代末ごろから、「森の土地」でプランテーション経営をはじめる者がでてくる。[12]その背景には、商業的な農業開発を推進する政府の政策やコーヒー生産の拡大などがあった。[13]最初にこの地に個人プランテーションを建設したのは、ダジャ・ウォサネの孫にあたるフェトラリ・ガブラ＝クリストス〈14〉（以下、ガブラ＝クリストス）である。彼は政府の役人として州知事などを歴任していたが、一九五九／六〇年、公職を辞して祖父の土地の一部にプランテーションをつくった（図Ⅲ-2の①）。プランテーション開設のための土地の確保は、これまでになく厳しい「実力行使」をともなった。ガブラ＝クリストスによって追い出されたあと、彼のもとで守衛として働いていた男性は次のように語っている。〈15〉

事例4　個人プランテーション建設のための土地確保〈H〉

最初にガブラ＝クリストスが来たとき、彼は現在の国営農園の事務所がある場所に大きなテントを建て、「この地は私の父の土地である」と宣言した。そして、そこにトウモロコシを製粉するための発電機を使った製粉所を建てた。当時、一帯は多くの農民が住む集落になっていて、畑やコーヒー林がひろがっていた。

ガブラ＝クリストスは農民の植えたコーヒーについて、半分は自分が受けとる権利があると告げた。そして、農民たちのコーヒーを自分が連れてきたアムハラの労働者たちに摘みとらせようとした。しかし、コーヒー摘みに不慣れな労働者たちは、コーヒーの木をいためてしまうばかりだった。みかねた農民たちは、「私たちが摘みとってもちよりましょう」と提案した。農民たちはダド（労働交換のための共同労働組織）をつくって、コーヒー摘みを行なった。コーヒーをもちよって彼の屋敷の庭にひろげた農民たちは

「さあ、半分の額を払ってくれ」と頼んだ。ガブラ＝クリストスの使用人は「ちゃんとそれぞれの名前とコーヒーの量を記録しているので、あとで支払う」と答えた。しかし、いくら要求しても何の支払いもなされないまま、ガブラ＝クリストスは「最初にまずこの地を離れなさい。そのあとでコーヒー林の面積に応じて支払う」と農民たちに通告する。人びとは出ていくのを拒否し、住民のなかからアムハラとオロモそれぞれ三人ずつ年長者を集め、ガブラ＝クリストスに話し合いをもとめた。しかし、彼は「最初に出ていきなさい」とくり返すばかりだった。

農民たちは、それでも抵抗した。ガブラ＝クリストスは、労働者たちを動員して、農民の屋敷地のエンセーテやチャットなどをすべて伐りつくした。農民の住居だけがとり残された。さらにトラクターが入り、土地の耕起がはじめられた。農民たちは外に出る道を断たれ、牛を放牧地にだすこともできなくなった。牛が家をでて、ガブラ＝クリストスの耕作地に入ると、一頭につき一〇ブルの罰金を支払わされた。それでも残っていた農民については、労働者を使って家の取り壊しがはじめられた。一部は脅しのため焼き払われたりもした。抵抗する人びとは鞭やこん棒で打ちのめされた。農民の屋敷やコーヒー林が更地にされ、すべてトウモロコシの畑につくりかえられた。農民たちはゴッガやグマに逃れた。

この話をしてくれた男性もグマに逃れていたが、一九六五／六六年にもどって、トウモロコシ畑を獣害からまもる守衛として農園で働きはじめた。このとき前節（事例3）で紹介したアッバ・ガロも追い出されてしまう。ガブラ＝クリストスは、こうして農民を徹底的に追い払った残忍さが非難される一方で、「働き者」として地元農民から一目おかれていたようだ。「フェトラリは、いつも作業着をきて、働きまわっていた。土地を耕さないでそのままにしているオロモ農民を見ては、「なんでパンの〔ように肥沃な〕土地を耕さないで、腹をすかせたままでいるんだ！」と叱りとばし、「このロバめ！」と嘲った。強烈な人だった」〔A〕。

彼は有能なアムハラ農民を周辺地域から呼び寄せ、家や牛を与えて農園で働かせた〔Q〕。最初の二年間はトウモロコシ、そして三年目からはバナナの栽培も行なわれた。このときバナナの葉陰にコーヒーの苗や庇陰樹となる木の苗が植えられ、三年ほどで大きく育つと、バナナは抜かれた。一方で彼は、自分の土地でトウモロコシなどの耕作を行なっていた農民から一チャバあたり四キンタル（四〇〇キログラム）の小作料を徴収したり〔H〕、その収穫物の一〇分の三を納めさせたりしていた〔A〕。農民が森を伐り拓いてつくった畑をプランテーションに編入し、あらたにコーヒーを植林するなどして、しだいに農園の規模は拡大していった〔A〕。

ガブラ＝クリストスは、未利用の土地をアガロの事業家にも貸与していた。ほかにも、

「森の土地」の北側では、アガロの役人などが法的には「無主地」とされた政府所有地を譲り受け、プランテーションを建設しはじめた。アガロの役所で土地税を払う手続きをとるだけで、簡単にその土地を手にできたという〔P〕。ここで、個別に紹介しておこう（番号は図Ⅲ-2に対応）。

②③アト・イルマ、アト・イルガ兄弟[16]：アガロ在住のグラゲ人事業家の兄弟。ガブラ＝クリストスから土地を借り受けてコーヒー・プランテーションをつくる。労働者を雇って一ガシャあまりの未開拓の土地を伐り拓き、コーヒーの植林を進めた〔H・J〕。

④フェトラリ・メンギスツ：アムハラ。一九六五／六六年ごろには、アガロの役人をしていた。「無主地」とされた政府所有地八ガシャあまりを譲り受け、コーヒーなどを栽培するプランテーションを建設する〔A・M・J〕。

⑤アト・アイヤレ：アムハラ。もともとアガロの役所で記録保存係をしていた。蓄財した給料でオロモ農民から四ガシャの土地を一〇〇〇ブルほどで購入。コーヒーのプランテーションをはじめる。彼がコンクリートで建造した近代的なコーヒーのパルピング施設跡は現在でもコーヒー農園内に残っている〔A・M・P〕。

⑥マモ・ハイレ：カンバータ。アガロの保税倉庫の責任者。アガロに九〇軒あまりの家をもち、賃貸していた。現コチョレ村の北西部にコーヒー・プランテーションを建

設。三〇〜五〇人ほどの常勤労働者がいた。税金の横領などを問われてデルグ政権時代に入ってから処刑される〔A・P〕。

⑦アッバ・ブルグ・ゲラ：ゲラ出身のオロモ農民。政府から三ガシャあまりの土地を譲り受ける。畑地として、五人の小作人（三人のオロモ移民と二人のクッロ）に耕させていた。小作料は収穫の二分の一だった。デルグ政権樹立とともに、自ら土地を政府に譲渡し、金銭を受けとった。「自分の土地を農民には渡さない」と言ったという〔A・P〕。

一九六〇年代を通して、「森の土地」では労働者を雇用した個人経営のプランテーションがいくつもつくられた。しかし、こうした役所における手続きで「所有権」が認められた土地でも、じっさいには農民が利用していることが少なくなかった。一九六〇年代には、そうした土地をめぐるアガロ役人と農民との訴訟が行なわれ、アディスアベバの裁判所まで出向く者もいた〔A〕。しかし、裁判がくり返されるだけで、最終的に土地をとりもどした農民はいなかった。

コーヒー栽培の浸透

アムハラ移民やオロモ地主によるコーヒー植林も、この時期に並行して進んでいく。大きな土地をもつ所有者のもとでは、地元農民が小作としてコーヒーの植林や摘みとりを行ない、採集したコーヒーを一定の割合（ほとんどの場合は二分の一ずつ）で分配していた。さらに出稼ぎ民に摘みとり作業を手伝ってもらうこともあった。アッバ・オリの事例を紹介しておこう。

事例5　農民のコーヒー栽培のひろがり〔A〕

アッバ・オリが、アムハラ人地主の土地にコーヒーを植えたのは一九五七年ごろのことだった。コーヒーの実が収穫されるようになってから最初の五年間ほどは、近くの者たちと同じやり方だった。「労働交換 *dado*」で摘みとりを行なっていた。それはトウモロコシの収穫作業と同じやり方だった。しかし、個人プランテーションで働く賃金労働者が流入するようになってくると、クッロなどの出稼ぎ民が「分益制 *irboo*」で摘みとらせてほしいといってくるようになった。小作の取り分である二分の一のなかから、コーヒーの収量によって一〇分の一～四分の一（収量が多いほど分配比率は減る）を出稼ぎ民に分配した。五人ほどの出稼ぎ民たちは、摘みとり期間の数ヶ月を小作の家の小屋などに寝泊まりし、食事を与えられて生活していた。当時は、まだアガロにコーヒー市場がなかったため、この地域の商人が農民からコーヒーを買いつけて、ラバやロバでジンマまで運んでいた。

一九五〇年代末以降、個人プランテーションの拡大とともに、クッロなど遠方からの出稼ぎ民が流入するようになり、コーヒーをめぐる労働形態が変化してきたのがわかる。コーヒーが商人を介してマーケットにつながるようになり、農民に現金をもたらす商品作物となった。土地は、富をもたらす投資の対象となり、多くの外部者が村の土地を所有するようになった。とくに「政府所有地の取得」というまったくあたらしい土地獲得の方法があらわれ、役所で手続きができる役人たちがこぞって「森の土地」の一部を手にするようになった。この時代、土地の「所有」は、国家政策という大きな枠組みのなかに取り込まれはじめた。外部者との「所有」を争うには、ますます裁判所や行政府などの上位の権威から「認証」をもらうことが重要となった。一九五〇年代以前は、ぼんやりとしていた「国家」という存在が、ある程度はっきりとした輪郭で村人と土地との関係に介在するようになったといえる。

そして、土地の所有者だけでなく、そこで働く労働力も外部から供給されはじめた。コーヒー農園では、賃金労働というあたらしい労働形態があらわれる。「森の土地」におけ る個人プランテーションの拡大は、それまでアムハラ貴族とその家臣のもとでゆるやかにしか「所有」されてこなかった土地や、農民たちがみずから伐り拓いて利用してきた土地が、資本家となった地主層とその雇用した労働者によって排他的・収奪的に所有・利用されはじめたことを示している。村の土地の所有と利用が地域社会を超えた外部世界との関連のなかに位置づけられるようになり、村人にとっての「土地」の意味や価値までもが変化しつつあった。

3　農業の社会主義化と「国民」の創出

農民の組織化——土地の再分配と農民組合の結成

一九七四年九月、ハイレ＝セラシエ皇帝が拘束され、帝政エチオピアの歴史に幕が下ろされる。当時、エチオピアは、七三／七四年の北部の大旱魃の発生につづいて、七四年二月のアディスアベバでの物価高騰を契機とした労働組合のゼネストや学生によるデモがくり返され、きわめて不安定な情勢にあった〔吉田 1996: 130〕。こうした混乱のなか、七四年九月には陸軍士官学校出身の下級士官たちによって設立された「デルグ（暫定軍事行政評議会）」が政府の実権を掌握する。[17]

コンバ村にも政府が変わったという話がひろまる。しかし、すぐに急激な変化が起こったわけではなかった。その年の一〇月から一一月にかけてのトウモロコシ畑の収穫は、それまでどおり小作が地主に対して現物で小作料を支払っている〔A・B〕。そして、一一月から二月にかけての播種も従来どおりの地主‐小作関係のもとで行なわれていた。

ところが一九七五年三月、ラジオで「すべての土地は耕作者のものである」という放送が流されはじめる。[18] それを聞いていたある地主は、怒ってラジオを壁に投げつけたという。大地主の土地を没収して小作農民に分配するという「農地国有化布告」によって、農村社会の土地所有は大きな変化の渦に巻き込まれていく。[19]

この「農地国有化布告」では、農地の国有（公有）が宣言されると同時に、以下のような改革の項目が示された。①私的所有権の否定、②もとの地主に対する賠償の否定、③一世帯あたり一〇ヘクタールを上限に土地を耕作者に分配すること、④農業における労働者の私的な雇用を禁止、⑤売買、交換、譲渡、抵当、賃借あるいは他の方法によって、保有地を移転することを禁止、⑥国家への税とコミュニティへの自発的な貢献を除く農民のすべての義務を無効にすること［*Negarit Gazeta* 29th April 1975; Kidane 1990: 90］。大土地所有者から没収した土地を農民たちに再分配し、その後のいかなる土地移転も禁ずるという、きわめてラディカルな土地改革であった。

一九七五年三月二一日（マガッビト *mägabit* 一二日）、村に一台の車がやってくる（以下、A・B）。車から降りた二人の男は、「地主というものはなくなった。土地はすべて農民のものだ。小作料も支払う必要がない。〔犂耕をする〕去勢牛も耕作者のものだ」と新しい政策について説明しはじめた。ラジオでは、連日、「今日は、○○郡にザマチャ（*zämächa*, Am.）が入った」と報じられていた。「ザマチャ」とは、土地改革と農民の組織化を進めるために農村部に送られた学生たちのことで、初期の社会主義政策の遂行に大きな役割を果たしている。[20] このザマチャの指導のもと、村でも土地改革が実行に移されていった。小作はその年の一、二月に耕して播種した畑をそのまままみずからの土地とし、耕作に使っていた地主の去勢牛も自分たちのものにした。大地主には五ファチャーサ（約一・八ヘクタール）の土地が残され、あとは土地をもたない農民に分配された。

こうした土地の再分配の過程で、この地方の大地主など八名が、ザマチャの手によって処刑される〔以下、A〕。土地の接収や再分配は、「反抗すれば処刑される」という雰囲気のなかで進み、「逆らうことはできなかった」という。一九七五年一〇月から一一月の収穫期には、もとの地主に小作料を払う農民はいなかった。しかしその代わり、すべての者に税金が課された。「初年度は七ブル、その後一五ブル、それからすぐに二〇ブルになった」。革命がはじまって一年あまりで、農民たちの生活は大きな変化をとげていった。

アッバ・コロの制度は廃止され、あらたにカバレという行政単位が導入される。一九七五年一二月には、このカバレごとに「マハバル *mahëbër* (Am.)」と呼ばれる農民組合 (Peasant Association) が組織される。[21] 農民組合は末端の行政機関でもあり、土地の再分配などの国家政策を遂行する役目を担った。一八歳以上のすべての農民が組合員として登録され、議長や書記のほか、裁定員（三名）や自警団（二〇～二五名）などが組合員の推薦と選挙で選ばれた。

この農民組合の結成以降、組合が指導する共同労働がはじめられる。一九七八／七九年、大地主から接収した土地の一部には農民組合の「共同コーヒー園」がつくられ（図Ⅲ-3）、農民たちはそこで週に一〜三日ほど無償で労働しなければならなくなった。さらに八二／八三年ごろからは、そうした組合の共同労働が増え、戦場に赴いている兵士や女性世帯主の畑をみなで耕すなど、週のほとんどが労働奉仕に費やされることもあった。とくに五月から八月にかけては、林の間伐や草刈り、苗木の植えつけ作業などが行なわれ、共同コーヒー園のための労働が毎日のようにつづいた〔A〕。

アッバ・オリも、一週間ほどこうした組合の仕事がつづき、家に帰れないこともあったという。ちょっと仕事を怠けたり、私語をしたといっては、夜、村の牢屋に入れられた。毎日三〇人から四〇人がそんな些細な理由で拘束されていた。この共同コーヒー園から得られた利益は、農民たちに分配されることはなく、農民組合の経費や役員の報酬にあてられていた。

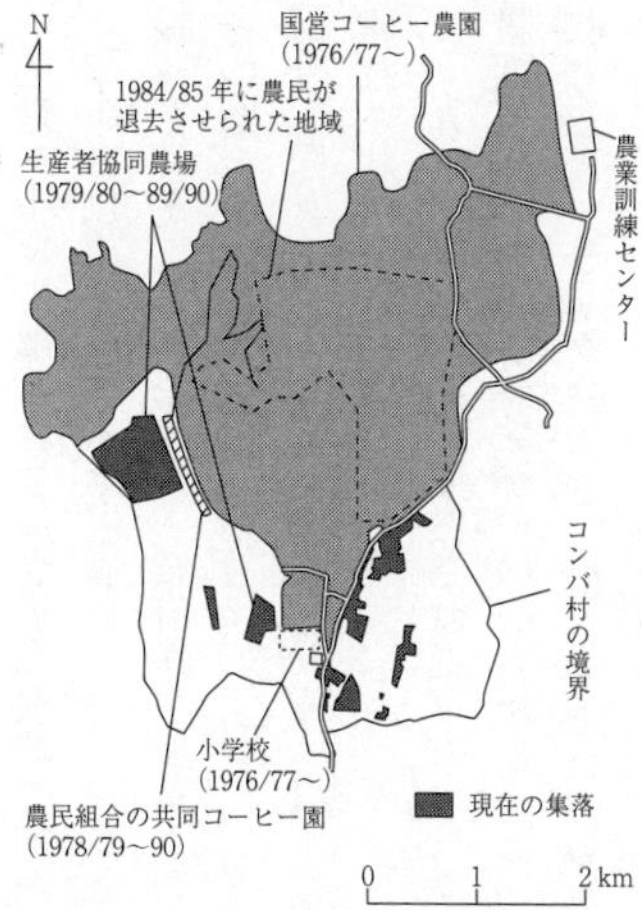

図Ⅲ-3　コンバ村の土地の歴史２：革命（1974 年）以降

国営コーヒー農園と生産者協同農場の創設

「革命」以前に資本家地主層によって建設されていた個人プランテーションは、すべてが接収されることになった。政府から派遣された官吏がガブラ＝クリストスなど大土地所有者の財産を調査し、差し押さえた〔H〕。その後、こうして接収された「森の土地」の大部分が国営のコーヒー農園にされる。ほかにも小学校や農業訓練センターなど国の施設が建設された（図Ⅲ-3）。

一九七六／七七年に開設されたゴンマ・フラト（Gomma II）という名の国営農園では、開設当初、労働者の数が一〇〇人から一三〇人ほどしかおらず、最初の三〜四年間は、接収したガブラ＝クリストスのトウモロコシ農園がそのまま利用されていた〔J〕。複数の個人プランテーションに植えられていたコーヒー林も栽培が継続されていたが、七九／八〇年以降、古いコーヒーは伐り倒され、品種改良された苗が森林や未開拓地に植林されはじめた〔I・L〕。こうして国営農園が拡大する一方で、その敷地内にはいぜんとして多くの農民が生活していた[22]。

一九八一／八二年に就任したゴンマ・フラトのマネージャーは、積極的なコーヒー林の造成と農民の退去を指揮した〔J〕。農民を退去させる仕事には、八四／八五年ごろに村や国営農園内で組織されていたエチオピア労働党の支部が大きな役割を果たす〔以下、A・B・H〕[23]。まず党員が中心となって国営農園の労働者を雇用するキャンペーンが行なわれた。農園の外に住む農民たちとのあいだで、国営農園が安定した給料を保証する代わりに彼らの土地を農園側に譲渡する約束が取りかわされた。こうして集められた土地が農園から退去する者に補償として与えられたのである。このとき、多くの農民が「軽い仕事をするだけで、毎月の給料がもらえる」という誘いにのって契約書に署名させられ、土地を失った。

この大規模な農民の退去と労働者の大量雇用は、一九八四／八五年にピークを迎える。コンバ全体で七〇～一〇〇人あまりの農民がみずからの土地の大半を農園側に譲渡し、常勤の労働者として雇用された〔A・N〕。このとき農民の退去が行なわれた地域は、図Ⅲ-3のとおりである。大規模な農民の退去と土地の収用によって、国営農園による「森の土地」の独占的な開発への足場がほぼ完成する。

当時、農民たちは無償で労働奉仕させられる農民組合のやり方にうんざりしていた。「ただで働かされるよりは、給料が入ったほうがいい」〔B〕。多くの農民が土地を失っても農園労働者になることを選んだ背景には、こうした理由があった。しかし雇用された労働者たちは、約束とは裏腹に厳しい労働条件に苦しむことになる。

事例6　国営農園での厳しい労働条件〔H・A〕

イル集落から労働者として雇用されたひとりの女性は、仕事中に大木が足の上に倒れてきて、けがをした。幸いにも、けがはたいしたことはなかったが、仕事をつづけるのがつらくなり、働きが悪くなった。現場監督は、あまり働くことのできない女性のやっていた仕事を（正当な労働と）認めず、夕方まで働いても、給料をほとんど与えなかった。トウモロコシや塩の配給も無料ではなく、給料からの天引きだった。給料がそれにみたない者は、配給を受けることもできず、空手のまま犬を追い払うように帰された。勧誘のときは楽な仕事だといっていたのに、雨のなかでも働かされた。

事例7　国営農園の労働者となったアッバ・オリの初月給〔A〕

大木を伐り倒してコーヒーを植林するという重労働にもかかわらず、配給食糧の天引きや現場監督との個人的な関係などによって、月給はどんどん減額された。アッバ・オリが最初の月にもらった給料も、わずか二五サンティム（セント）しかなかった。彼は経理担当の女性に向かって、「女はワット〔おかず〕の調理でもしてるもんだ！　なんで正しい給料を払わないんだ」と食ってかかる。しかし、すぐに守衛が飛んできて、彼は二五サンティムとともに外に放り出されてしまう。農民組合の共同労働から逃れて入った国営農園の労働も過酷なものであった。アッバ・オリは言う。「火のなかに入れられたような時代だった」。

とくに国営農園の開設当時は、仕事の中心が深い森を伐り拓いてコーヒーを植林するという重労働だったため、高齢の農民や女性のなかにはつらい経験をした者が多い。また、労働党の幹部が力をもち、政党活動に賛同しない者は給料や仕事の面でも冷遇されたという〔G・K〕。政党関係者は、みなユニフォームを着用し、四〇人ほどが毎週のように集会を行ない、労働者から賄賂を受けとって便宜をはかるなど、強い影響力をもっていた。人びとはいまでも農園の労働者たちのことを「兵士」という意味の「ワタッダル *wätad-där* (Am.)」と呼んでいる。

「森の土地」の一部には国営農園のほかにも、一九七九／八〇年、農業生産者協同組合 (Agricultural Producers' Cooperative) の協同農場が建設される (図Ⅲ-3参照)。この「アムラチ *amrachi* (Am.)」(「生産者」の意) と呼ばれる組合は、デルグ政権の農業の集団化政策によってつくられたいわゆる集団農場で、生産手段の管理や労働の組織化、政治教育などを目的とした〔小倉 1989: 37-8〕。国営農園が、中央から派遣された幹部職員や技術者などによって運営されるのに対し、この協同農場は農民組合によって自主的に運営された。

最初二三世帯で動きはじめた協同農場は、八四／八五年になって規模が拡大され、農民の数も七〇世帯まで増える。これは国営農園が労働者の雇用を進めた時期とも重なっている。それまで自分たちの土地で農業にいそしんでいた者たちが、いっせいに国家の社会主義的な組織に入った。協同農場にくわわった者の多くが、農民組合の行なっていた共同労働から逃れるために自発的に参加したという。「すべての農業が、やがてゴンマ・フラト（国営農園）か、アムラチ（生産者協同農場）か、マハバル（農民組合）になるという話だった。あとで入るところがなくなってしまうと言われた」〔A〕。農民たちに残された選択肢はなかった。

協同農場では、トウモロコシの栽培が行なわれた。現場責任者が毎日の仕事量を記録し、その仕事量と家族の数とを考慮してトウモロコシが分配された〔以下、B〕。残りの収穫は倉庫に入れられ、売却してでた利益は現物で支給した量に応じて、年に一度金銭で支払いがあった。しかし、農民たちの仕事への熱意は薄く、当初から十分な利益があがる状態ではなかった。「みんな自分がやらなくても配給があるので、何かとさぼってしまう。だからアムラチはよくない」。一九九〇年、協同農場は農民組合の共同コーヒー園とともに解散される。二年後、その農地は最終的なメンバーだった三三世帯や土地のない世帯のあいだで分割されることになった。

一九八四年に政府がまとめた一〇ヶ年計画では、九三年の計画終了時点までに国の社会主義農業への転換がおおかた完了するとされた。しかも全耕地の六〇%が社会主義部門になり、なかでも生産者協同農場がその五〇%を占めると考えられていた〔Dessalegn 1992: 47〕。しかし八〇年代末になっても協同農場と国営農園は全耕地の一五%以下にとどまり、さらにそうした集団農場では、「農民の意欲も低く、必要な仕事は遅延し、生産の質も低かった」[Dessalegn 1992: 48]〈24〉。

一九八〇年代後半には、農業の集団化政策の破綻はもはや時間の問題だった。九〇年五月五日、メンギスツ大統領は、マルクス・レーニン主義的な経済政策を放棄し、混合経済システムを導入することを宣言する。この政策転換のなかで、国営農園を含む特定の国営事業の民営化、私的な商業農園の促進、農民たちが個人的な農業を望む場合には協同農場を解消することなどが提案された[Kidane 1990: 167]。デルグ政権時代を通して進められてきた農業の集団化が失敗に終わったことを政府自身が認めたのである。しかし、このときにはすでに政権基盤は弱体化しきっていた。メンギスツ大統領が国外へ亡命し、反政府勢力による新政権が樹立されたのは、この宣言からわずか一年後のことである。

革命前後にコンバ村が経験してきた歴史をたどると、すべての小作農民が土地を手にするという農地改革の意図は、ほとんど実現されていなかったことがわかる。むしろ、ほとんどの農民が土地から引き剝がされ、国家によって「農民組合」・「国営農園」・「協同農場」という三つの社会主義的な組織のなかに吸収されていった〈25〉。

デルグ時代、「国家」が、村の土地に強力に介入しはじめ、国有体制への大規模な「所有」の転換を行なうようになった。そして、そこでは土地だけでなく、農民たちを国家体制のなかで組織化することがめざされた。農民と土地との関係を規定する、「国家」という権威の枠組みがかつてないほど強力に顕在化しはじめた時代だったといえる。

4 「社会主義」という夢の終焉

一九八〇年代末、エチオピア全土で内戦が激しさを増し、村でも一四歳以上の男子には兵役が義務づけられるようになった。行政村には各世帯の子どもたちのリストがあり、その年になった少年は強制的に連行された。ときには、学校にまで村の自警団が入って連行しようとすることもあった。そうしたとき少年たちは、いっせいに窓から外に逃げ出した。「召集がある」と噂が流れると、若者たちは林のなかに身を隠した。家から食事が運ばれ、何日も林に潜んでいることもあったという。九〇/九一年には、六〇歳の老人までもが徴兵されるようになった。村人は、デルグ時代の終焉を予感しはじめていた。

一九九一年五月二七日(グンボット *gënbot* 一九日)の早朝、アガロ東のキロレ(Kilole)に進軍したエチオピア人民革命民主戦線(以下、EPRDF)の反政府軍は、丘の上に陣取り、国営農園ゴンマ・フラトに向けて(と思われた)激しい砲撃を開始する。[26] 威嚇のための砲撃によって、農園は一瞬にして混乱に陥ってしまう。このときの様子が次のように語られている。政府の管理のもとで運営されてきた国営農園が、政権交代という国家の枠組みを揺るがす事態のなかで混乱をきたした様子がうかがえる。

事例8　政権交代時の国営農園の混乱〔G〕

ゴンマ・フラトの幹部たちはいっせいに車でジンマに向けて逃亡をはじめた。ほかの職員たちも家財道具をコンバの村のほうに移した。国営農園が政府施設であることから、攻撃を受けることを恐れたのだ。そして混乱のなか、労働者たちがトウモロコシやコーヒーの貯蔵されている国営農園の倉庫に押しかけた。最初にコンバの北のコチョレにある農園の倉庫が労働者たちに押し入られて略奪を受ける。農民もくわわって暴徒と化した一団は、次にゴンマ・フラトの事務所へと向かった。事務所の裏には大量のトウモロコシが蓄えられた三つの倉庫があった。人びとが向かっていることを聞きつけたゴンマ・フラトの守衛たちは、銃をもって待ちかまえた。午前一一時ごろ、事務所前に集まった群衆は、「なかに入れろ!」と口々に叫んだ。守衛のひとりが銃を三発空に向けて撃ち、「明日からのわれわれの食糧じゃないか!」と人びとを説得して押しとどめた。

三日後、マネージャーがジンマからもどり、ゴンマ・フラトも平静をとりもどした。群衆を説得した守衛は、褒賞として五〇ブルを与えられた。一九九一年九月ごろ、ゴンマ・フラトの労働者たちをすべて集めて大きな集会が開かれた。そこには幹部もそろって出席していた。新政権の役人が来て、労働党の政党活動を行なっていた者や不正をした者たちに名乗り出るように言った。人びとは「お前もパーティーの人間だろう!」、

「〇〇も立つんだ！」とやじを飛ばした。

名指しされた者のなかには泣いて許しを乞う者もいた。名前があがった者は、みな倉庫に集められた。そこで尋問が行なわれ、問題のある者はアガロに連行して刑務所に入れられた。彼らの多くは一週間ほど政治思想などに関する講習を受けたあと帰された。マネージャー以下の役員は解任されて別の任地に赴いた。労働党の幹部として労働者から賄賂を受けとるなど影響力を誇っていたある男性は、井戸の守衛の職に追いやられた。

現在、ゴンマ・フラトはCPDE（Coffee Plantation Development Enterprise）という公営企業によって経営されている。これは、一九八〇年に設立されたCPDC（Coffee Plantation Development Corporation）が、[27]九二年の「公営企業布告」にもとづいて運営の自立性の高い組織に再編成されたものである。

ゴンマ・フラトには二〇〇〇年九月現在で、常勤の職員と労働者が五七〇名、季節労働者などが六〇五名、雇用されている〔L〕。コーヒーの収穫期には、季節労働者の数が一五〇〇人を超えることもめずらしくなく、周辺農村のコーヒーの実りが悪かった二〇〇〇年一二月ごろには現金収入をもとめて三〇〇〇人以上の季節労働者が集まった〔I〕。しかし、近年は新規のコーヒー植林もほとんど行なわれず、活動が停滞している。投資額が膨大なことや生産性・効率性の悪さが改善されないこともあって、一九九一年七月の時点で、ＣＰＤＣの累積赤字は、すでに約一億六八〇〇万ブルにも及んでいた［Itana 1994: 52］。

農民や労働者のあいだでは、つねに外国企業による買収の噂が飛びかう。じっさいに数年前にはイスラエル企業による買収の話があったものの、条件面での折り合いがつかなかったという〔L〕。ＥＰＲＤＦ政権は、莫大な赤字をかかえる採算性の悪い公営企業については、売却・民営化を進める方針を固めており、ゴンマ・フラトを経営しているＣＰＤＥも中・長期的には解体され、それぞれの農園が外国企業や個人投資家に売却される可能性が高い〈28〉。

一九九一年の政権交代以降、私的所有権の導入を含むあたらしい土地制度に関する議論が各方面でつづけられてきた［Dessalegn 1992, 1994］。しかし、九五年の新憲法制定によって、政府は土地の国有（公有）政策を継続する方針を固める［Fasil 1997］。農産物流通の統制を廃し、外国資本の投資を呼び込むなど経済の自由化が進められる一方で、農地を私有化して市場取引を認めるまでにはいたらなかった。

一九九七年、政府は農地に関するはじめての法令を発布する。この法令は、地方分権と民族自治政策にそったかたちで州政府が土地行政に責任をもち、コミュニティが公平性に配慮しながら土地の再分配を実施していく方針を示すものであった〈29〉。デルグ時代に禁止されていた土地の賃借や労働者の雇用については解禁されたものの、土地の保有権の売買や

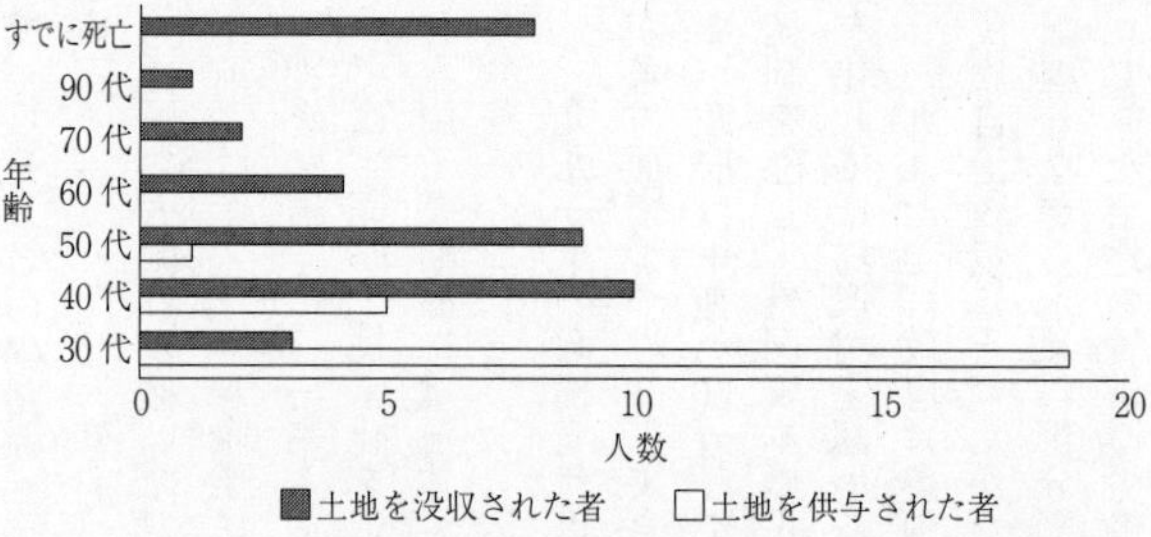

図Ⅲ-4　1993 年の再分配において土地を没収された者と供与された者

行政村に残されていた資料から作成。この資料ではコーヒーの土地を没収された者が 37 人，供与された者が 25 人であったが，供与された人数はさらに多かったといわれる。

交換による移転はいまだに禁止されている。コンバ村では、このあらたな政府の方針が決定する以前から、土地の再分配がたびたび行なわれてきた。一九九一年から九二年のあいだには解体された協同農場の土地が農民世帯に分配され、九三年にはコーヒーの土地を中心に大規模な再分配が実施されている。行政村に残されていた資料をもとに、この九三年の土地再分配がどのような性質のものであったのか調べてみると、年長世代（すでに死亡していた者を含む）から土地をもたない若年世代への再分配という意味合いが強かったことがうかがえる（図Ⅲ-4）。デルグ政権末期には、結婚してあらたに世帯をもった若年層を中心に、土地の再分配をもとめる声が高まっていた。それが政権交代後の混乱に乗じて実施に移されたのである。

村の行政組織自体は、デルグ時代と変わらなかったものの、オロミア州の民族自治が開始されたことで、行政村の議長にはオロモが選ばれるようになった。デルグ時代には、歴代議長一二人のうちオロモはわずか二人で、残りはほぼアムハラに独占されていたことからも、コミュニティ内の民族関係に大きな変化が起きたことがわかる。

しかし、一九九一年からの五年間で九人の議長が次つぎと交代をくり返すなど、不安定な状態がつづいた。なかには、行政村が保有していた土地や共同コーヒー林の土地を農民に売却して代金を着服したり、自分の土地にしてしまう者もいた。議長が賄賂を受けとって土地を供与するなどの行為もつづいている。新政権樹立から一五年あまり、政府による強制的な介入が緩んだことで、中央の政策とはかけ離れた論理で村の土地所有が動く状況が生じている。

＊　＊　＊

二〇世紀初頭にオロモ農民からアムハラ貴族の手に渡った「森の土地」では、ハイレ＝セラシエの帝政時代、北部のアムハラ入植者などが中心となって、トウモロコシやコーヒーの個人プランテーション開発が進められた。デルグ政権期には、土地の国有化が行なわれ、ほとんどの土地が国家的な事業であるコーヒー農園や協同農場に転換された。その過程で、多数の農民が労働者として雇用されて社会主義的な組織に組み込まれていった。それは、土地を国家のものとすると同時に、農民たちを「国民」として国の支配下に取り込む企てだった。そして、国営農園は外国資本による買収の話が取りざたされている（実際に二〇一三年、ゴンマ・フラトはサウジアラビア系のコングロマリット傘下のアグリビジネス企業に買収された）。

この「森の土地」の歴史は、農民たちが伐り拓いて所有・利用してきた広大な森が、アムハラや国家といった権力者たちによって資源として開発・収奪されてきた歴史だったといえる。土地所有のあり方が、しだいに上位の権威によって認証／規定されるものになり、農民たちはその国家の「主張」と争えるだけの力を失ってきた。こうした大きな変動のなかで、農民たちの土地という資源との関わり方には、どのような変遷がみられるのだろうか。第11章では、コンバ村の農民の視点にたって、国家や中央の介入の歴史を振りかえってみたい。

第11章　国家の記憶と空間の再構築

1　土地に刻まれた歴史

一九七五年に農地国有化布告がでてから、じっさいに村ではどのように農民組合による土地の没収や供与が行なわれてきたのか。そして、現在、それらの土地はどのようになっているのか。ここで、コンバ村のイル集落の土地（畑やコーヒー林も含む約四・八ヘクタール）を事例に、土地所有の変遷過程をたどってみたい。事例とした土地のすべての区画（四六区画）について、それがいつ誰によってどのような経緯で入手されたのか、複数の者への聞き取りによって調べた〔A・B・C・D・E〕。

表Ⅲ-1は、一九七四年の革命以降に起きた土地移転の経緯について示したものである。デルグ政権時代の一七年間を、急進的な土地改革と農民の組織化が進められたⅠ期（一九七〇年代後半）と集村化政策や農業の社会主義化が行なわれたⅡ期（一九八〇年代）のふたつに分け、さらにEPRDFが新政権を樹立した一九九一年以降をⅢ期（一九九〇年代）

表Ⅲ-1　革命以降の土地移転の経緯

移転経緯	Ⅰ期（1970年代後半）	Ⅱ期（1980年代）	Ⅲ期（1990年代）
占拠	2	1	4
没収	7	3	0
集村化	0	9	0
再分配	3	4	6
売買	0	3	23
移譲	0	2	8
計	12	22	41

とした。

「占拠」は当事者間の合意や行政村の認証がないままに土地が占有された場合、「没収」は農民組合によって土地が接収されること、「集村化」は集村化プログラムにそって農民組合の指示で居住地が与えられること、「再分配」は土地再分配政策のなかで農民組合によって土地が供与されること、「売買」は金銭のやりとりをともなって土地が売買されること、「移譲」は金銭のやりとりなく土地が譲渡されること（親族間の生前贈与や相続も含む）をそれぞれ指している。

これをみると、土地移転がⅠ期では一二件、Ⅱ期には二二件、Ⅲ期には四一件としだいに増加してきている。これは、土地の流動化が進んできた状況を示している。さらに詳しくみていくと、Ⅰ期では農民組合による「没収」と「再分配」がほとんどを占め、Ⅱ期でもおもに「集村化」プログラムにそって農民組合が土地の分配を行なっていたことがわかる。しかもそうした農民組合による土地の分配は、革命直後だけでなく、国営農園の拡大にともなって多くの農民が退去させられた八四／八五年、さらに集村化政策の実施された八七／八八年のふたつの短い期間に集中して行なわれている。つまり、農地国有化布告がだされてからすべての土地が小作農民に再分配されたというよりも、国営農園の拡張や集村化計画を円滑に進めるために土地の接収と分配が行なわれてきたのである。こうした意味では、土地の「再分配」は「農業の社会主義化」という政策遂行のための名目にすぎなかったといえるだろう。

一九九一年にEPRDF政権が樹立されて以降のⅢ期は、農民組合による「没収」や「集村化」がなくなり、代わりに「売買」による土地の取引が急激に増加している。この背景には、新政権による農産物価格の自由化と、それにともなう九〇年代半ばのコーヒー価格の高騰によって、人びとの現金収入が増大したことがある。とくに国営農園の職員や労働者を中心に、道路沿いの宅地を買いとって家を建てる動きが目立つ（第11章第4節参照）。この土地の「売買」のほとんどは道路沿いの宅地に限られている。ただし、現在の法律でも、土地の売買は禁止されており、村では中央の政策に反する動きが加速している。なお、Ⅲ期に「再分配」が多くみられるのは、政権交代以降もいくつかの新規世帯に居住地が供与されたためである。

また三つの時期を通して、当事者の同意や行政村の認証がないままに土地が奪われる「占拠」がたびたび起きている。とくにⅠ期やⅡ期には、未利用の土地に第三者がかってに住居をつくる場合が多く、Ⅲ期には土地の再分配によって農民組合に「没収」された土

表Ⅲ-2　コンバ村・南部6集落における世帯主の民族別移住時期 (n=122)

民族名	この地に生まれる		帝政期 (1930-74)		デルグ政権期 (1974-91)		EPRDF 政権期 (1991-)	
ゴンマ・オロモ	58	(87%)	3	(15%)	3	(9%)	0	(0%)
他地域オロモ	2	(3%)	7	(35%)	10	(29%)	0	(0%)
アムハラ	5	(7%)	7	(35%)	3	(9%)	0	(0%)
クッロ	0	(0%)	2	(10%)	10	(29%)	0	(0%)
その他	2	(3%)	1	(5%)	8	(24%)	1	(100%)
計	67	(100%)	20	(100%)	34	(100%)	1	(100%)

地が、もとの所有者によって奪い返されるケースが目立つ。Ⅲ期にもっとも多くの「占拠」が起きていることからも、デルグ時代の土地再分配政策への不満が政権交代後に土地の奪還というかたちで噴出したと考えられる。

次にこのイル集落を含む南部六集落（一二二世帯）の世帯主の移住時期について調べてみた（表Ⅲ-2）。すると、全体の三割近い人がデルグ期に移住してきたことがわかる。さらに民族ごとの移住時期をみると、ハイレ＝セラシエ皇帝の帝政期（一九三〇～七四）には他地域のオロモやアムハラの移住が多い一方で、デルグ政権期（一九七四～九一）には南部からのクッロの流入が目立つ。

クッロたちは、早くは一九六〇年代ごろから、季節的な出稼ぎ民としてコーヒーの収穫時期にこの地域を訪れ、農民たちのもとでコーヒー摘みをして働いていた。当時、そうした出稼ぎ民が村にとどまることはほとんどなかった。しかし、デルグ時代には、南部からの移民がしだいに村で土地を手に入れて定住するようになった。土地を獲得したクッロの多くが国営農園で働いた経験をもっている。国営農園は雇った労働者に住居を提供しているため、他地域から来る者もゼロから生活の基盤を築くことができる。そしてその後、彼らの一部は農園労働で稼いだ金でコンバに土地を購入し、村の「農民」になることを選んだ。国営農園は、南部からの移民が定住するためのひとつの足がかりとなってきた。

「デルグのとき、〔土地の再分配政策によって〕小作が土地をもてるようになって、よそから来ていた土地のない他民族が土地を手に入れて村に住むようになった。それにオロモが、お金欲しさにクッロなどのよそ者に土地を売ったり、アムハラが農民組合の議長になったとき、オロモ以外の者にも土地を与えたりした。コンバは、もうオロモの土地ではなくなってしまった」〔C〕。

二〇世紀初頭からはじまっていたコーヒー栽培農村へのさまざまな民族の流入という現象は、一九七四年の革命以降の二五年間で加速度的に進行してきた。なかでもデルグ時代には、それまで北部の地主層を中心にしたものから、南部の労働力の流入と定着というかたちへと移民の傾向が変化し、民族の多様化と土地の細分化に拍車がかかってきたのである。

2 ある農民の生きた土地

激動の歴史を経験するなかで、じっさいに農民たちはどのように土地と関わりながら生き抜いてきたのだろうか。そして、「国家」という経験は、農民にとってどのようなものとして記憶されているのか。ここではアッバ・オリとその家族の土地をめぐるライフヒストリーをとりあげる。これまでみてきたような村の土地がたどってきた歴史のなかで、農民がいかに土地を所有したり、利用したりしてきたのか、その過程を具体的に示していきたい。

アッバ・オリたち家族は、ゴンマ地方の西隣にあるイルバボール地方から一九世紀中ごろに移り住んできたイル・クランに属している。アッバ・オリは、始祖ヘラ・イル（Hera Ilu）から数えて一五代目にあたるという。武将であった一一代目のガルビ・グベ（Garbi Gube）がイルバボールの王に反乱を起こすがうまくいかず、ゴンマ王国の土地に逃れてきた。当時のゴンマ王国は、アッバ・ジファール王（Abba Jifar Abba Qereppe）の治世下（一八六四～七七年）であった［Guluma 1984: 55］。ガルビ・グベはアッバ・ジファール王に受け入れられ、ジンマ王国との境界近くのコタ（Qota）に八チャバ（約一一・五ヘクタール）の土地を与えられる。その後、アッバ・オリの祖父にあたるアッバ・ギベが、このコタの徴税人と争いを起こし、アガロ近郊の土地に逃れたあと、息子のアシム（後のアッバ・ディルビ）とともにはじめてコンバに移り住んできた。彼らは現在のゴンマ・フラト事務所付近に家を建て、畑をつくった。それは、ちょうど一九〇〇年前後のことだったと推定される。

アシムが青年になった一九一〇年ごろ、県知事のダジャ・ウォサネが赴任してきて、二チャバ（約二・八八ヘクタール）のトウモロコシ畑の土地が彼の領地となってしまう。ダジャ・ウォサネは、農民たちにトウモロコシの収穫の一〇分の三の金額を払うことを要求した。しかし、アシムはダジャ・ウォサネの配下のアムハラとトウモロコシの配分をめぐって争いを起こす。アシムは「もう何も払わない」と言い放ち、幼いころから懇意にしていたアッバ・コロのアッバ・ブルグに家を建てる土地をもらって、転居することにした。アシムが移り住んだ道から東側の土地の一画が、その後、彼らのクラン名から「イル」と呼ばれるようになった。アシムは結婚してアッバ・ディルビと名乗り、アッバ・ブルグの一九チャバのトウモロコシ畑で、小作たちをまとめて小作料の支払いを管理する責任者となった。そして、この地でジャマル（後のアッバ・オリ）が生まれる。

その後、アッバ・ディルビは、イタリア占領が終わる一九四一年ごろ、家を建てたあたりの二チャバの土地を購入し、はじめて自らの土地を手にした。図Ⅲ-5と表Ⅲ-3は、一九四〇年代からデルグ政権期までに、アッバ・オリとその家族が関わってきた土地のリス

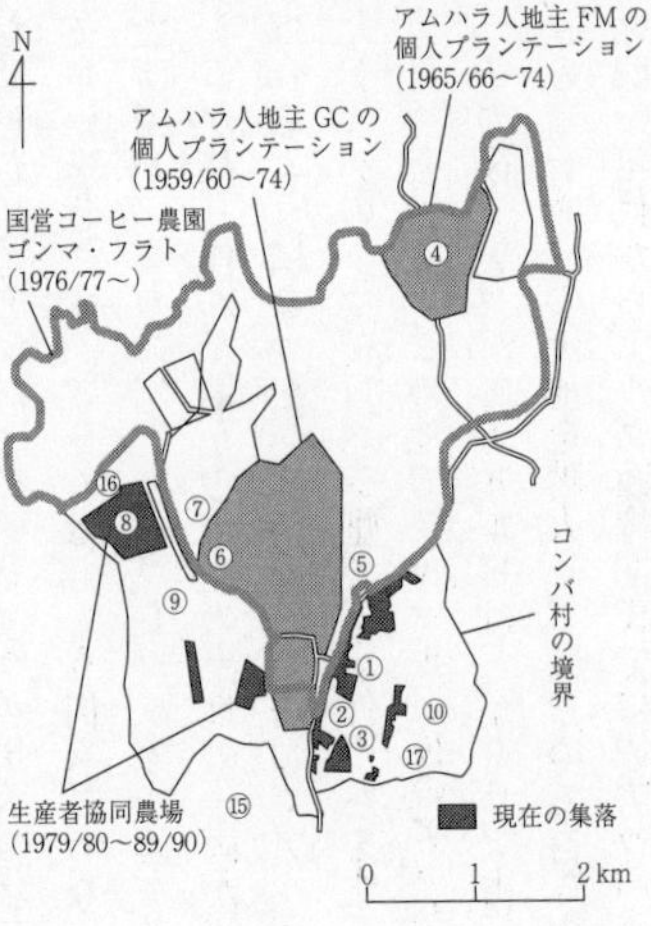

図Ⅲ-5　アッバ・オリが関わってきた土地の歴史

⑪〜⑭は①と同じ集落内

トである。ここには相続によって手にした土地や自分たちで開拓した土地だけでなく、小作として関わった土地も含まれている。

こうした土地の履歴をみていくと、アッバ・オリがいかに多くの土地で、しかもさまざまなかたちで土地と関わってきたのかがわかる。一方で自分の土地でコーヒーを栽培しながら（①・②・③）、他方で分益小作としてコーヒーの植林を進め（④・⑤・⑥）、さらに森を伐り拓いてトウモロコシ畑をつくっている（⑥・⑦・⑧）。

ところが、そうして小作として働いていた土地も、森を開墾してつくった畑も、支配民族であったアムハラの大地主や社会主義時代の国家によって、ことごとく奪われてしまっている。とくにデルグ政権時代、アッバ・オリは、国営農園や協同農場の創設にともなって多くの土地から追い出され（⑤・⑥・⑦・⑧）、さらに一九八四／八五年の国営農園の大規模な拡大と雇用キャンペーンによって自作地（②・⑨）を農園側に譲り渡して農園労働

表Ⅲ-3　アッバ・オリが関わってきた土地の履歴 1

関わった年代	No.	土地所有者／入手経緯	面積（ファチャーサ）	利用形態（分配条件「地主・小作」）	その後の経緯
1940 年代〜現在	①	父親が購入。父親の生前と死後に兄弟で分割相続	8	屋敷地・畑・コーヒー（自作）	道路沿いの宅地は弟が売却。現在，息子 3 世帯と住む。半分ほどは，息子たちに生前贈与
1940 年代〜84/85 年	②	同上	2	トウモロコシ，後にコーヒー植林（自作）	国営農園に就職後，②′を残して，農園側に譲渡。農園内から退去した農民 AB に供与される
1940 年代〜93/94 年	②′	同上	0.05	②の一部，コーヒー植林（自作）	93/94 年，長男モクタルの妻に供与
1955〜82/83 年（2000 年〜現在）	③	母の父親の土地を譲り受ける	1	コーヒーを植林（自作）	82/83 年，長男に譲渡。その後，長男と土地をめぐって争いになり，2000 年に分割することに
1965/66 年	④	アムハラ地主 FM	4	コーヒーを植林（分益耕作を約束）	植林後 3 年で，地主から追い出される
1957/58〜84/85 年	⑤	アムハラ地主 AB	5	コーヒーを植林（「1/2・1/2」）	国営農園に没収される
1960/61〜70/71 年	⑥	アムハラ地主 GC の土地アッバ・オリが開墾	3	トウモロコシ畑（最初 3 年間はなし，その後，「3/10・7/10」を要求される）	10 年間耕作したあと，地主 GC に没収され，彼の商業農園に併合される
1960/61〜76/77 年	⑥′	アムハラ地主 GC の土地アッバ・オリが開墾	3	コーヒーを植林（コーヒーが実った後，「1/2・1/2」を要求される）	国営農園に没収される
1971/72〜76/77 年	⑦	アッバ・オリが開墾	8	トウモロコシ畑（自作）	国営農園に没収される
1976/77〜79/80 年	⑧	アッバ・オリが開墾	4	トウモロコシ畑（自作）	生産者協同組合に没収される
1981/82〜84/85 年	⑨	アッバ・オリが未利用の土地を耕す	4	トウモロコシ畑（自作）	国営農園の拡張によって没収される
1991/92〜98/99 年	⑩	カバレから供与される（親族が議長だった）	1.75	コーヒー林（自作）	長男が利用。土地の帰属をめぐって争いになり，1998/99 年に，カバレが長男の土地と認定する

No. ①〜⑩は，図Ⅲ-5 と対応している。

者となった。

かつての「先占」の原則では、未利用の森を開拓して畑をつくることは、そのまま土地を所有することを意味していた。このとき、「所有すること」と「利用すること」とは、分かちがたく連動した行為であった。しかし、外部のアムハラのプランテーション経営者や国家によって、その土地の「所有」はあっさりと否定され、「不法占拠」の名のもとに強引に追い出されてしまう。アッバ・オリの土地をめぐる歴史は、「土地所有」が、じっさいの「利用」や「占有」の状態、あるいは農民どうしの関係から引き剝がされ、外部の国家などの上位の権威によって規定される事象になったことを示している。

アッバ・オリが国営農園を退職したあとに関わってきた土地についても振りかえってみたい。農園を辞めた一九九五年以降に耕してきた畑のリストが表Ⅲ-4である。一九九五年から九七年までは、みずからの屋敷地や集落内の小規模な土地を弟から借りるなどして細々とトウモロコシやモロコシを栽培してきた。九八年以降は、息子たちとともに、やや大きめの土地を借りてトウモロコシを栽培するようになった。しかし、それから三年のあいだ、彼らは毎年別の土地で耕作している。第9章でもみてきたように、地主との折り合いが悪くなったり、地主が収量に不満だったりすると、小作はすぐに追い出されてしまう。

農民が地主から土地を追われることはデルグ政権以前にもたびたびあった。だがそうした場合でも、農民はまた別の未利用地を伐り拓いて耕作をつづけることができていた。と

表Ⅲ-4　アッパ・オリが関わってきた土地の履歴2：国営農園を辞めたあと（1995年～）の畑地

年	No.	土地所有者	面積（ファチャーサ）	利用形態（分配条件「地主・小作」）	その後の経緯
1995	⑪	アッパ・マチャ（弟）	0.35	トウモロコシ畑（「1/3・2/3」）	3年間耕作
	⑫	アッパ・マチャ（弟）	0.4	トウモロコシ畑（「1/3・2/3」）	3年間耕作
	⑬	アッパ・オリ（本人）	0.58	トウモロコシ畑（自作）	5年間耕すが獣害がひどいので，やめる
	⑭	ヤスィン（三男）に生前贈与した土地	0.47	トウモロコシ畑（自作）	2年間耕すが獣害がひどいので，やめる
1996	⑪	アッパ・マチャ（弟）	0.35	トウモロコシ畑（「1/3・2/3」）	—
	⑫	アッパ・マチャ（弟）	0.4	トウモロコシ畑（「1/3・2/3」）	—
	⑬	アッパ・オリ（本人）	0.58	トウモロコシ畑（自作）	—
	⑭	ヤスィン（三男）	0.47	トウモロコシ畑（自作）	—
1997	⑪	アッパ・マチャ（弟）	0.35	トウモロコシ畑（「1/3・2/3」）	—
	⑫	アッパ・マチャ（弟）	0.4	モロコシ畑（「1/3・2/3」）	—
	⑬	アッパ・オリ（本人）	0.58	モロコシ畑（自作）	—
1998	⑮	隣村の者	3	トウモロコシ畑（「1/2・1/2」）	1年間で地主から退去をもとめられる
	⑬	アッパ・オリ（本人）	0.58	トウモロコシ畑（自作）	—
1999	⑯	コンバ村の者	1.5	トウモロコシ畑（「1/2・1/2」）	1年間で地主から退去をもとめられる
	⑬	アッパ・オリ（本人）	0.58	モロコシ畑（自作）	—
2000	⑰	同集落の者	2	トウモロコシ畑（「1/2・1/2」）	2年耕したあと，地主から退去を迫られるが，拒否（9章・事例12）
2001	⑰	同集落の者	2	トウモロコシ畑（「1/2・1/2」）	—

No.⑪～⑰は，図Ⅲ-5と対応している。

ころが、社会主義体制下の農地国有化は、広大な領域を国営農園に変えて農民を強制的に退去させただけでなく、多くの農民を「労働者」に変えた。そして、さまざまな地域から大量の移民が流入したことで、人口密度は急速に高まり、未利用地が大幅に減少しはじめた。農民があらたな土地を見出して柔軟に耕作をつづける余地がなくなってしまったのである。

一九七五年の農地国有化布告は、すべての農民世帯に土地を与え、その後の土地移転を禁止することで、小作制そのものの恒久的な解体をめざしていた。それは、まさに「土地を耕作者へ」というスローガンを実現する改革だった。

ところがアッバ・オリの事例からもわかるように、農村部ではかならずしもこうした当初の目的どおりに土地改革が進展してこなかった。デルグ政権下の土地の国有化と再分配という急進的な改革によって、たしかに特権的な大地主層の解体や追放が行なわれ、地主と小作との社会・経済的な格差は緩和されたものの、立場的にも弱く不安定な小作制そのものが消滅したわけではない。むしろ、土地の「再分配」が国営農園の拡大や農業の社会主義化といった政策遂行の方便として行なわれてきたために、家族の人数が多い世帯や新規世帯は、つねに小作という不利な立場を強いられることになった。デルグ時代以降、農民たちは国家の社会主義政策に翻弄されただけでなく、大量に流入してきた移民との土地をめぐる競合にもさらされたのである。

国家の介入は、土地そのものの資源としての価値を劇的に変えるとともに、農民にとっての生存のあり方も一変させた。しかし、こうした激動に翻弄されながらも、農民たちは「国家」とうまく立ち回っていく方途を身につけてきた。次の節では、農民たちが国家の「法」による支配にどう対応しているのか、ふたつの事例を紹介しておこう。

3　国家の法を争う

村の土地の歴史をたどると、「国家」がにわかに強大な存在感を示しはじめたことがわかる。しかし、人びとは、つねに国家の介入をそのまま受け入れてきたわけではない。国家という存在を相対化する実践が、土地をめぐる人びとの葛藤や争いにあらわれている。ここでは、土地をめぐる争いのなかでも、国家の法との関係をめぐる事例についてとりあげる。まずはアッバ・オリの息子ディノが行政府に訴えられた事例である。

事例9　かつての父親の土地に家を建てようとしたディノ〔C〕

一九八四／八五年、多くの農民が土地を接収されて、国営農園の労働者となった。このときアッバ・オリも土地を接収され、その土地は国営農園内から退去させられたアムハラ農民ABに供与された（表Ⅲ-3の②）。

一九九七／九八年ごろ、この土地に小さな空き地があった。当時、ディノは、アディスアベバのホテルの仕事をやめ、コンバに戻って両親とともに暮らしはじめていた。あるとき彼がそこを通りかかると、ABに雇われた農民が草刈りをしていた。ディノはABの家に行き、「コーヒーを植えるつもりだろう。それはさせない。あそこはもともと父親の土地だ。おれが家を建てる」と告げた。

その日の午後、ABの土地では雇われた農民がまだ土地を耕していた。ディノは声を荒げて「やめろ。出ていけ！」と言って農民を追い払った。彼はその場に数本の柱をたて、トタンの屋根をとりつけた。ABはカバレ（行政村）に「人の土地に家を建てている」と訴え出た。その後、ディノの家に銃をもったカバレの自警団が訪れ、彼を連行する。ディノは半日間、カバレの牢に拘束され、そのあいだにABによってコーヒーが植えられてしまう。

ちょうどそのころカバレの集会が開かれていた。釈放されたディノは異議を唱えにその集会に出向いた。そして、そこに来ていたABに向かって「なぜコーヒーを植えたんだ」と詰めよった。カバレの議長は、自警団の者たちに「人の土地に家を建てたやつだ。つかまえろ」と指示し、彼はふたたびカバレの牢屋に入れられてしまう。しかし、ディノは五分もたたないうちに監視の目を盗んで牢のかんぬきをあけ、逃げ出した。結局、彼はかつての父親の土地に自分の家を建てることをあきらめた。

ディノは、かつて国営農園によって「奪われた」父親の土地をなんとかとりもどそうとした。この事例からは、何も利用されていない「空き地」に対し、どちらが先に家を建てるか、コーヒーを植えるかがひとつの争点になっていたことがわかる。農民どうしの関係では、依然として土地の「所有」が、じっさいの「利用」や「占有」と密接に関わっている。ディノは、先に家を建てることで、その土地を実効的に支配／占拠しようとした。その所有の主張は、かつての国営農園の土地接収を否定し、息子である自分の所有を正当化しようとする試みでもあった。

しかし、結局、このディノの企ては行政村内部の警察力によって阻止されてしまう。もちろんここでは取り調べも裁判も行なわれていない。また、牢屋を抜け出したディノがふたたび拘束されることはなかった。土地の占拠という「法」から逸脱した行為をおさめるとき、村内部の強制力の執行は、かならずしも法的な規則や手続きに則ったものではなく、その実効性もカバレの幹部たちの個人的な判断にもとづいたあいまいなものでありつづける。次に、じっさいに裁判沙汰にまでなった土地争いの事例を紹介しよう。

事例10　「購入された土地」をめぐる係争〔B〕

問題の土地は、道路沿いにのびている宅地の一区画にあった。近年、こうした道路沿いの土地が高値で売買されており、一種の「高級住宅地」となっている。おもに国営農園の職員や定年退職した元職員によって購入されることが多い。

一九九五年ごろ、こうした宅地のひとつを、ある夫婦（ASとAB）がIJから三〇〇ブルで購入した。当時、妻ABの母方のオバにあたる女性HBが未亡人となり、この夫婦のところに身を寄せていた（図Ⅲ-6）。HBは、亡き夫ATの家を取り壊し、そのトタンを使って夫婦に家を建てるよう言った。このとき、土地や建材を購入する資金も、ATがもっていた母牛を売却したお金だった。ところが、その後HBが亡くなると、ATの前妻の娘たち（BUとZA）は、そのトタンや母牛は父親のもので、自分たちが相続すべき財産だと主張し、父親のトタンで建てた家も父親の母牛を売ったお金で買った土地もすべて返還するよう、カバレに訴えた。

こうした争いが起きると、カバレはふつう複数の人望の厚い年長者たちに両者の調停を依頼する。しかし問題が複雑な場合は、アガロの裁判所に訴訟としてもちこまれることになる。このケースはすぐに裁判所での係争となった。裁判では、この土地がそもそも誰の土地であったかが問題となった。集落の者が数名、証人として出廷し、この土地

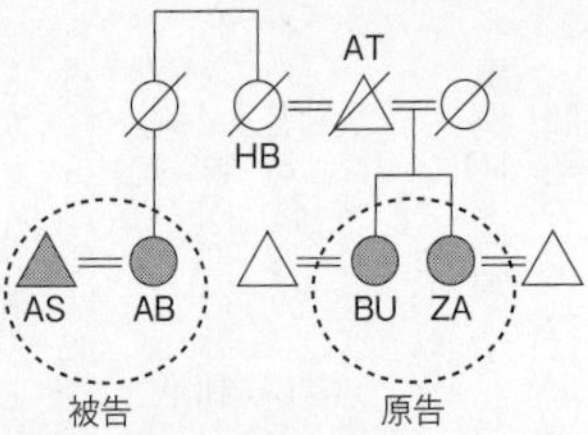

図Ⅲ-6　購入された土地をめぐる争い：関係者の親族図

がもともとＩＪの土地であったと証言する。法律では土地の売買は禁止されている。そのため、出廷した者は土地が購入された事実を持ち出すことはなかった。夫婦側は、「土地の保有者であるＩＪが、この土地に家を建ててもよいと言ったので、家を建てた」と主張した。それに対し、ＢＵとＺＡの姉妹は、「トタンはもともと父親のもので、建材も父親の母牛を売ったお金で買ったので、その家に住む権利は自分たちにある」と主張した。裁判所の判決は、最初の土地移転そのものを否定し、この土地が夫婦のものでもＢＵとＺＡたちのものでもなく、もともとの保有者のＩＪに属するとした。

その後しばらく、問題となった宅地はそのまま放置されていた。夫婦はすこし離れた土地にふたたび四〇〇ブルで宅地を購入して住みはじめた。夫ＡＳと地主だったＩＪが懇意の仲だったこともあり、最初に問題となった宅地について、ＡＳがもう一度ＩＪに半額ほどのお金を支払って買いもどすか、あるいはＩＪがまったく別の者にこの宅地を売って、そのお金をＩＪとＡＳが折半することになるだろうと言われていた。しかし、話はこれで終わらなかった。

判決に不服だったＢＵ・ＺＡたちは、今度はさらに上のジンマ県の裁判所に訴え出た。裁判所では、「農民間の土地問題は、行政村レベルで解決するように」との命令書が出された。裁判所の命令は土地争いについて何ら判断を下すものではなかったが、この文書によって、まだ土地争いは解決済みではないことが確認された。カバレでは、再度、双方から複数の証人が呼ばれて、裁定が行なわれることになった。村のなかでは土地の売買は周知のことだったので、カバレにおける裁定の場では「土地が購入された」という事実が認定され、土地を購入したお金がATの母牛であることも認められた。そして、IJは土地からの立ち退きを言い渡された。しかし、IJは立ち退くことを拒否しつづけている。

法律で禁じられているはずの土地の「売買」は、村では公然と行なわれている。しかし、もちろん裁判になると、実情とはかけ離れた国家の「法律」が優先する。そして最初にだされた判決は、「土地はもとの保有者IJのもの」という土地移転そのものを否定するものだった。ところが、この「判決」も、さらに村にもどって、まったく別の論理、「仲のよいIJとASがその土地に対して半々の権利をもつ」にしたがって適用されようとしていた。

ところが原告たちは、さらに上位の裁判所に訴え出ることで、再度、カバレでの裁定への道をつくった。そしてカバレでは国の法律とは相容れない主張が認められることになる。国家の裁判という制度を何度も介しながら、それとはまったく異なる論理でひとつの土地をめぐる綱引きが進んでいく。

人びとは、国家の法という権威を自分たちの主張の根拠として参照しながらも、それに完全に服するわけではない。さらに、カバレでの裁定が下ったあとも、IJは立ち退きを拒否することで、その実効性を否定しようとしている。IJは、村のなかでも「年長者」のひとりとして紛争の調停にあたる発言力のある存在だった。事例9でも示したように、行政村レベルの強制力は、村の幹部などの個人的な判断に左右される面が大きい。

こうした土地争いの事例をみていくと、人びとが国家の法という枠組みとは異なる複数の論理／枠組みのなかで、土地の「所有」をめぐる主張をたたかわせていることがわかる。第10章でみてきたように、国家という枠組みに取り込まれてきたはずの農民たちは、その枠組みだけに規定されているわけではない。そこには、「国家の法」の網の目をすり抜けながら、それをうまく使いこなそうとしている農民の姿がある。

しかし、国家など中央の農民たちへの介入は、「法」との関わりによってのみ及んでいるわけではない。もう少し目に見えにくいかたちで、中央や国家によって土地資源が開発されてきた歴史は、農民たちの日常的な行為のレベルにも変化をもたらしてきた。次の節では、歴史的に村の空間が再編成されてきたことで農村社会の何が変わったのか、考えてみたい。

4 「道」の記憶と「商品」の生成

コンバ村の「森の土地」は、支配的な民族であったアムハラや国家によって資源として開発され、最終的には輸出用のコーヒーを生産する国営農園となった。その過程で、村の土地の空間的な位相は大きく変化をとげてきた。

こうした空間的な意味の変化は、第Ⅰ部や第Ⅱ部でみてきたような農民の日常的な相互行為の場面に、どのような影響を及ぼしているのだろうか。ここでコンバ村につくられてきた「道」に注目しながら、村の空間構成の変化をたどってみたい。そこには、資本主義や市場経済の浸透、といった言葉だけでは片付けられない複合的な変化がある。

「兵」の道から「商品」の道へ

一九世紀後半のゴンマ王国時代、コンバ村の近くには、アッバ・レブ王がつくったとされる「兵の道」といわれる一本の道が通っていた（図Ⅲ-7）。この道は隣国ジンマとの国境へとつながり、戦争時に兵士たちが通ったといわれている。アッバ・レブ王の時代である一八四〇年代から五〇年代にかけて、ゴンマ地方を通る交易ルートをめぐり、隣国のジンマ王国とはげしい戦争が国境地帯のゲンベ（Gembe）で起きていた [Guluma 1984: 86-7]。

アッバ・レブ王は、王都サヨと国境地帯を結ぶ道を建設し、この戦争に備えていた[Gulu-ma 1984: 85]。

この時代、現在のコンバ村周辺は、グマ、リンム、ジンマという三つの王国と隣接する国境地帯のフロンティアであった。当時は、未利用の広大な森が残っており、いまコーヒー農園や集落がひろがっている土地には、あまり人が住んでいなかった。隣国との戦争が頻発していたことを考えれば、コンバ村周辺の空間は、ある種の緩衝地帯としての役割を果たしてきたとも考えられる。

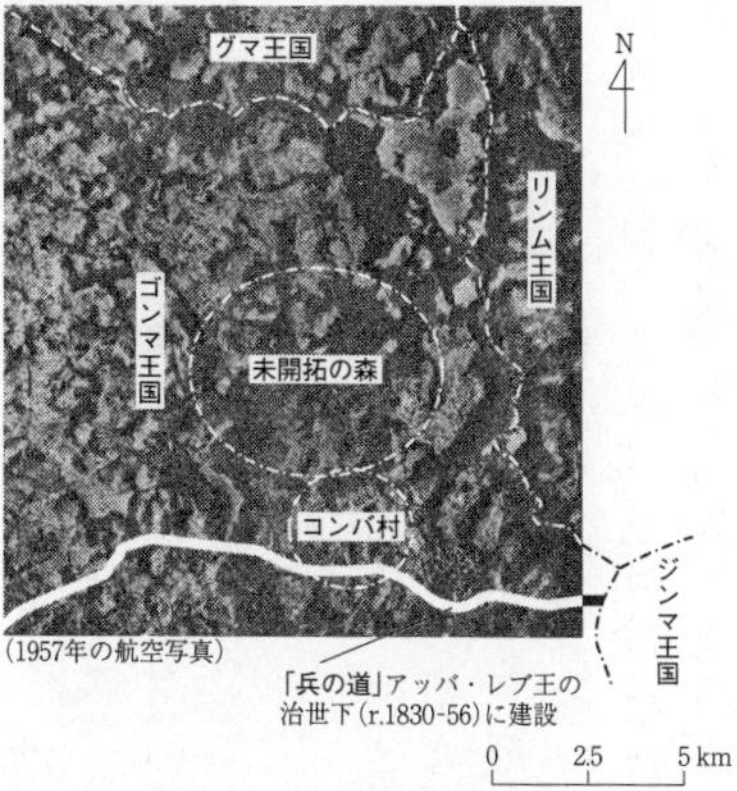

図Ⅲ-7　19世紀（ゴンマ王国時代）のコンバ村周辺

この地域にあらたな道路がつくられたのは、イタリア統治期（一九三六～四一）から一九五〇年代半ばにかけてのことである。短期間のあいだに首都からジンマを経由して、アガロまでの道が車の通れるように整備され、この地域が首都と直結するようになった。この幹線道路からコンバ村までの道を築いたのが、第10章でとりあげた農園主のガブラ＝クリストスである。彼は、一九五〇年代末、祖父の土地にプランテーションをつくるにあたって、幹線道路からプランテーションまで、労働者を動員して車が通れる道をつくらせた。首都や周辺地域から集められた労働者たちは、横一列に並んで、幹線道路からの道を伐り拓いていったという。農民たちは、いまでもガブラ＝クリストスがこのあらたにつくられた道をフォルクス・ワーゲンに乗ってやってきたことをよく覚えている。

その後、この道は、拡張され、デルグ政権時代に国営農園がつくられるころには、大型のトラックが行きかう道になっていた。コンバの森でつくられたコーヒーを首都へと運び、その後、海外に輸出していくための経路は、こうしてできあがってきたのである。

コーヒーの収穫期には、国営農園のトラックが乾燥させたコーヒー豆を満載して首都へと運んでいく。さらに、道沿いには何台もの秤が並べられ、コーヒー取引に従事する村人によって、農民たちの摘みとったコーヒーが売買されている。コーヒーの精製工場の車や商人たちの車もひっきりなしに訪れ、村の商人からコーヒー豆を買いとる。この道沿いの土地は、この赤コーヒーの時期だけの「コーヒー市場」となって活気にあふれる。コーヒーの摘みとりの出稼ぎにきた「クッロ」たちも町からこの道を歩いてきては、農民たちに声をかけられ雇用される。

この道を通って行き来するのは、コーヒーや出稼ぎ民だけではない。現在、村人にとって、この道はアガロやジンマという町にアクセスするための重要な役割を担っている。と

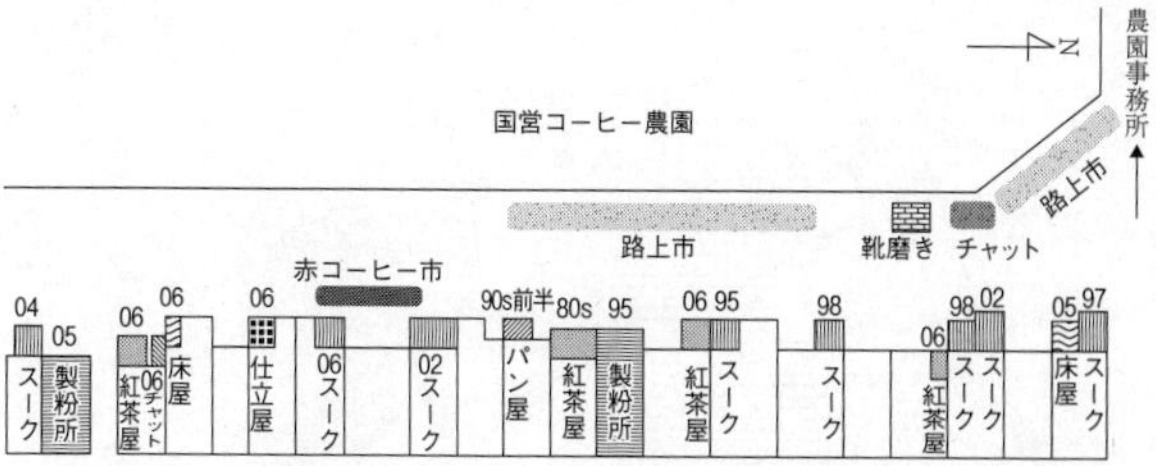

図Ⅲ-8　コンバ村の大通り（中心部）の概略図（2006年12月現在）
数字は，開店の年号を示す。

くにアガロで定期市がひらかれる日には、朝早くから何本もの乗合バスが行きかい、大勢の人を詰め込んで、コンバとアガロを往復している。夕方になると、毎日、この道で小規模な路上市（*gochi*）がひらかれ、農家の女性が庭畑で育てた野菜や果物を並べて販売したり、町の市場から仕入れたスパイスなどを売っている。コンバ村において、この道は、首都や町という外部世界へと通じる窓口になっているのだ。

　とくに、コーヒー価格が高騰して村が好景気に沸いた一九九五年以降は、道沿いに日用品をあつかうスーク（小商店）がたくさん立ち並ぶようになった（図Ⅲ-8）。まず九五年に村で最初の製粉所がつくられ、それを契機に道路沿いの民家にも電気が供給されるようになった。その後、床屋や仕立屋、紅茶屋などが次々につくられはじめた。この道が国営農園と隣接していることもあって、給与所得のある農園の職員や労働者たちも、道路沿いの店によく買い物に訪れている。図2-3（六五頁）にも示したとおり、道

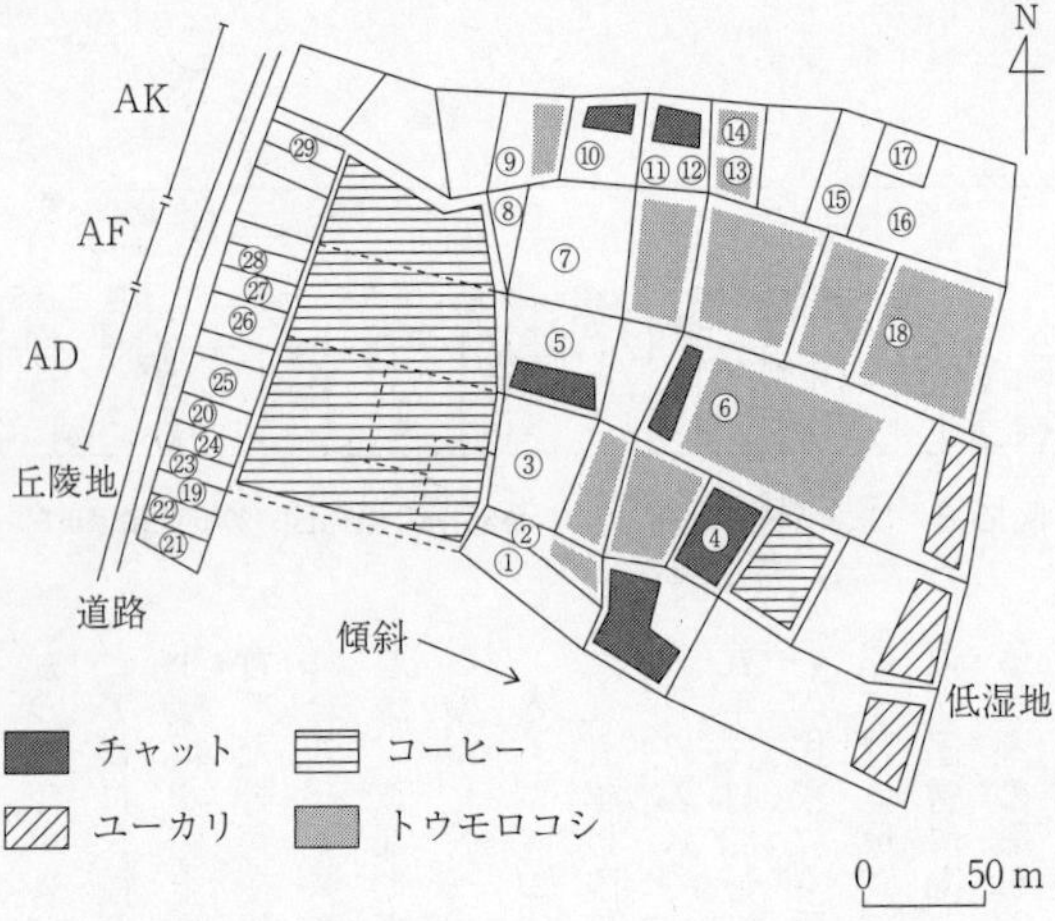

図Ⅲ-9　集落の土地の成り立ち：イル集落の事例 (2000年10月現在)

①～㉙は，それぞれおもな世帯主の家屋を示している。

路沿いの「コンバ」や「アスゴリ」といった集落では、オロモ以外の民族の居住者が多く、キリスト教徒の割合も高い。村全体の人口比でいえばオロモが六割を超えているにもかかわらず、この道路沿いにかぎっては、エチオピアでひろく話されるアムハラ語が飛びかう空間になっている。

図Ⅲ-9は、この道路に面したイル集落の屋敷地を示した図である。一九七四年以前、この土地は道の通っている丘の上から低湿地までチャバ単位で短冊状に分けられ、それぞれアッバ・カベ（AK）、アッバ・フィタ（AF）、アッバ・ディルビ（AD）という三人の者に所有されていた。当時、多くの世帯が密集する「集落」はなく、ふつうはこのチャバごとに一世帯が家を構えて暮らしていた。丘の上に住居が建てられ、低湿地にかけての斜面は、コーヒー林やトウモロコシなどの畑として使われた。その後、土地の再分配や集村化政策のなかで土地が細かく分割され、多くの者に屋敷地として供与されるようになった。

とくに近年は、道路沿いの土地が細かく分譲され、宅地として一区画が数千ブルの高値で取引されている。こうした集落の土地を購入する者は他地域から移民として流入してきた者が多く、とくに国営コーヒー農園で働いていた職員や労働者が賃金を貯めたお金で購入するケースが目立つ。二〇〇五年には、三つ目の製粉所ができ、いくつかの商店には電話も通った。

昼下がり、村の若者が道沿いの家で音楽をかけながらチャットをかんだり、学校帰りの子どもたちがおやつの氷菓子を買い食いしている姿もよく目にする。この道路沿いの空間は、村のなかにありながら、きわめて都市的な空間になっている。売買がくり返される集落の土地の細分化と商品化は、コンバ村の空間構成の変容をそのまま反映している。

行為を導くふたつの場

このような空間の再編成によって、村人の富の所有や分配をめぐる日常的な行為の場は、どう変化してきたのだろうか。アッバ・オリの四男であるディノの事例を紹介しよう。

ディノは、もともとあまり農業に熱心ではなかった。妹の夫アブドといっしょに小作としてトウモロコシなどを栽培していたが、なにかと理由をつけては畑仕事をさぼっていた。あるとき、村の大通りに面した一区画の家が借家人を探していると聞いて、私に相談をもちかけてきた。「あの場所にスーク〔キヨスク／小商店〕を開いて、商売をはじめたい」。彼にはずっとお世話になってきたこともあり、結局、私が出資し、町からタバコやサンダル〔線香〕、食用油、石鹼などをひと通り買いそろえて、彼は商店経営をはじめることになった。そして、こんなことがあった。

事例11　母親は商売相手か？（2002. 11. 4）

イスラームの断食月〔ラマダン〕が近づくと、ディノはサンブサ〔レンズ豆の具を包んだ三角形の揚げ物〕をつくって売りはじめた。最初、私もサンブサづくりを手伝いながら、そのまま揚げたてをもらって食べたりしていた。ある日、母親のファトマが店にやってきた。コーヒーを摘んで得たサンティム硬貨を手に、サンブサをひとつ買いたいという。私はディノが当然、タダで渡すだろうと思っていると、彼は「そういうわけにはいかない」と言って、お金をとろうとする。あわてて「年寄りの母親に売りつける気か！」と声をあげるが、ディノは「これは商売の鉄則だ」と、頑としてゆずらない。それで母親もお金を渡そうとするので、結局、私が家族全員の分をディノから買いとって渡すことにした。

彼らの親密な母子関係を見慣れていたため、どんなに商売上のことでも、貧しい母親にサンブサを買いとらせる行為には違和感を覚えた。しかし、商店という場においては、明確な線引きがなされる必要があったようだ。いくら同じ親密な社会関係であっても、商店で販売される「モノ」に対しては、商品交換のモードが厳格に維持されなければならなかったのだ。

そして、このあと、私とディノとの関係も微妙な変化を経験することになった。最初は、サンブサづくりを手伝いながら分けてもらっていたが、私がディノにお金を払ってサンブサを買いとることで、ふたりの関係は「売買」の関係を帯びはじめた。この事例のあと、私自身も気をつかってサンブサをつまみ食いするのを控えるようになったし、定期的にディノからサンブサを買いとるようになった。サンブサをめぐる一連の相互行為の結果、商店という場での私自身を含む社会関係が定義／再定義されていったのである。

こうした社会関係の異なるあらわれ方は、まさに「商店」という場において生じた。道路沿いの土地という空間は、日ごろ生活している屋敷地での生活や関係のあり方とは、あきらかに異質なコンテクストを生み出しているようだった。

ディノが商店をはじめて一年あまりがたち、ふたたび村を訪れると、ディノの店が閉め切ったままになっていた。どうやら家賃が払えなくなり、大家からでていくように告げられているらしい。そして次のようなことがあった。

事例12　家に持ち帰られた石鹼：モノの脱商品化（2003. 10. 26）

商店がうまくいかなくなり、店に並んでいた商品の売れ残りは、ディノの家に持ち帰られた。ラマダン月がはじまる前日、妹のアンバルが、彼の家に立ち寄って、「石鹼ちょうだい。たくさん洗濯物があるから」とせがむ。ディノは、一ブルで売られていた石鹼を三個あたえる。それをみた父親もディノの家に行き、「これから毛布を洗いにいく」と言って、石鹼を三個もらっていく。

たとえば、ディノがまだ商店をやっていたとき、父親が店にいって「毛布を洗うから石鹼をくれ」といっても、サンブサを買わされる母親と同様、とりあってもらえなかっただろう。しかし、石鹼のおかれた場が、道路沿いの「商店」から家族が暮らす「屋敷地」へと変わることで、その関係が一変する。この事例のポイントは、同じ「モノ」が場所を移しただけで、「商品らしさ」を失っている点にある。「モノ」の「商品化」は、それがおかれる「場」にも依存している。商品が立ち並ぶ道路沿いの空間は、現在、村の土地のなかで、まさにモノを商品化する場として構成されているといえるだろう。

さらに、この道路沿いの「場」は、モノを「商品」にするだけでなく、精霊たちの空間さえも変質させている。

事例13　道路沿いに転居する

二〇〇六年、三年ぶりに村を訪れると、アッバ・オリのひとり娘のアンバルが、病気がちでずいぶんとやせ細っていた。村の呪術師によると、彼女の生活しているババユ集落の屋敷地が、ジンニ（精霊）の通る道にあたっており、なかなか病気が治らないのだという。アンバルは「あの集落の家はよくない。身体のためにも道路沿いの家に引っ越すほうがいいわよね」と私にも相談をもちかけてきた。道路沿いの土地は高価で、生活が苦しいアンバル夫婦に、そのお金があるか心配だったが、親戚のつてで、小さな区画を安く譲ってもらったという。二〇〇七年一月、彼女たちは、なんとかお金の工面をつけると、兄弟たちも手伝って仮住まいを急ごしらえで建てはじめた。アンバルは言う。「道路沿いの集落に来れば、ジンニの心配もない。これで健康になって太れるわよ」。

ババユ集落は、道から遠くはずれた場所にあり、数世帯が暮らすだけになっている（六五頁・図2-3参照）。アンバルたちにとって、そこは深いコーヒーの森にとり囲まれ、ジンニが病気をもたらすような場所であった。それが、道路沿いの土地であれば、精霊の影響力も弱まるのだろうか。道路沿いの空間は、たんに「商売」のための場というだけにとどまらない村の空間的な位相の変化と関わっているのかもしれない。

アムハラの貴族や国家による土地の収奪、そしてコーヒーの森としての資源開発。こうした目に見えやすいかたちの中央からの介入の歴史と並行して、幹線道路につながるように築かれた道路は、コンバという場所を首都や世界へと結びつけ、村の土地のなかに商品や人が行きかう空間をつくりだしてきた。

そして、この空間は、農民たちの日常的な行為のレベルでも、ある特別な意味をになう「場」として位置づけられ、農村的な原理とはまったく異なる論理が許容される空間を構成している。それは、まさにモノが「商品」となり、人びとの行為自体を「商品交換」や脱農村的なものへと導く空間として、再編成されてきたのである。

「市場経済の浸透」という表現がよく使われる。しかし、コーヒーなどの商品作物の栽培がひろがり、エチオピアの村が世界のマーケットに直結するようになったからといって、彼らの生活すべてが一度に変わってしまうわけではない。むしろ、人びとの生活空間の一部に、あきらかに分配関係とは異なる形式の社会関係が取り結ばれたり、個々人がその富を独占することが許容される「商品」の空間が生成されてきたのだ。そうした独特のコンテクストをともなう「場」は、それまでの生活空間とまったく切り離されているわけではなく、すぐそばに隣り合わせで並存している。人びとは、そのコンテクストをうまく転換したり、転換していることを相互に確認・承認しあいながら、「富の分配が期待されるモノ／関係」と「富の独占が許容されるモノ／関係」というふたつの形式が結びつけられた場を使い分けている。

かつては、王国のフロンティアとして広大な森がひろがり、「兵」が派遣される道が築かれた国境地帯の土地に、コーヒー農園が拓かれ、「商品」が運ばれる道がつくられた。そのなかで、コンバの土地をめぐる空間的な位相がしだいに再編成されていき、人びとの「行為」を導く「場」が歴史的に生み出されてきたのである。

第12章　歴史の力

1　権威の多元化としての国家

コンバ村の土地が経験してきた歴史をたどると、農民と土地との関係が、しだいに農村社会を離れたより大きな枠組みのなかで決定されるようになってきたことがわかる。とくに、デルグ政権の土地の国有化は、農民が柔軟に利用してきた土地を厳格な国家体制に組み込み、農民たちを社会主義的な組織に編入してきた。近代エチオピアの政治史を研究しているクラファムは、デルグ政権による政策を組織化・構造化（encadrement）という言葉で表現し、この時代に中央集権的な国家形成への軌道がかつてないほどに強化され、周辺社会が国家的な枠組みに統合されたと指摘している［Clapham 2002: 14-5］。

コーヒー栽培地帯に位置するコンバ村の事例からも、デルグ政権時代を通じて、農民たちがそれまで以上に国家という権力にさらされ、そこに組み込まれてきた姿が浮き彫りになった。しかし、それはかならずしも中央の政策の意図どおりに農村社会が変容してきたことを意味するわけではない。これまで論じてきたように、デルグ政権が進めてきた小作制改革や農業の社会主義化といった政策は思惑どおりの成果をもたらすことはなかった。急進的な土地改革をへてもなお、土地の少ない農民が不安定な立場に立たされている状況に変わりはない。

その背景として注目されるのが、コーヒー栽培地帯へのさまざまな民族の流入と定着化が、デルグ時代の一七年間で急速に進行した事実である。コーヒーの中心的な栽培地帯では、それまで大地主として移り住んできた北部の支配的民族に代わって、南部からの労働力としての移民が土地を手に入れて定着するようになった。コーヒーという資源に対する外部社会からの参入は、支配民族や国家という権力的な立場からだけではなく、末端の季節労働者や出稼ぎ民のレベルでも進展してきたのである。このようなあらたな移民の流入によって、農民たちは土地をめぐる厳しい競合関係にさらされた。そして、このことが不安定な地主-小作関係を存続させてきただけでなく、「国家の法」という枠組みからはとらえきれない動きを農村の土地にもたらしてきた。

コンバ村の土地が、国家という権威の枠組みに強い影響を受けてきたのは間違いない。しかし、じっさいの土地所有の動態をみていくと、農村内部での土地の所有をめぐる実践はかならずしも「国家の法」によって規定されるかたちで進んだわけではなかった。とくにそれは「土地の取得」と「土地争いの解決」というふたつの場面に顕著にあらわれていた。

「土地取得」の方法としては、まず国家の権威を後ろ盾としてはじめて可能になったケースがあげられる。たとえば、一九五〇年代にみられた政府所有地の地方役人への譲渡やデルグ政権時代の土地の再分配政策がそうだろう。これらの政策は、アムハラ役人によるプランテーション建設や移住民の村への定着化をうながし、農村社会の土地所有がしだいに大きな枠組みのなかで規定される素地をつくってきた。

しかしその一方で、国家の政策とは関係のないところでも、外部者による土地の取得は進行している。二〇世紀前半には、異民族の流入が進むなかで、地元農民から土地を買いとって定住する移民が増えはじめた。そして九〇年代以降は、コーヒー価格の自由化と現金の流入を背景として、農園労働者を中心に宅地を購入する動きが活発になった。そこには、「国家の法」とはまったく別の原理が土地の所有を規定する要素として作用している。その原理は、外部者との関係にさらされた土地が金銭で取引される「商品」へと転換される「外部者による土地の商品化」として理解できるかもしれない。

「土地争い」については、アムハラ貴族と地元農民の「森の土地」をめぐる争いから、村人どうしの「購入した土地」をめぐるものまで、いくつかの事例をとりあげてきた。いずれも「裁判」という国家の機構を介しても、その決定がそのまま実効性をもつことはあまりなかった。それは農民にしてみれば、自分の主張を根拠づけるひとつの手段にすぎない。

じっさいの争いの場面では、小作料の支払い拒否というかたちで所有の正当性を主張する農民（事例3）もいれば、個人プランテーションの開設のために「実力行使」によって排除されてしまう農民もいた（事例4）。また一九七五年の「農地国有化布告」以降は、土地売買の禁止という国家の法がありながらも、裁判の判決と行政村レベルの決定には大きなずれが存在した。農民たちは、それら別々の枠組みを参照しながら土地の「所有」を交渉していた。そして、国家と農村レベルがねじれた関係にある状況では、国家の法にもとづかない行政村の裁定が、最後まで「立ち退かない」という男性を排除することは難しい。

農民の視点に立てば、国家の登場によって、土地を所有することは、ますます複雑な要素に左右されるものになってきた。そういう意味では、国家という存在がひとつの強力な権威としてあらわれたことが、農民と土地との関係を規定する権威の枠組みを多元化してきたといえるだろう。

かつて農民どうしの「先占」という原則をめぐるものだった土地所有が、外部者との関係が強まるなかでしだいに上位の権威が必要とされるようになった。いまでは農民が直接、裁判などの場に訴えることもめずらしくない。しかし、じっさいの農村内部の土地をめぐる動きをみると、国家の政策や法律という権威は、いまだに農民の所有のあり方をかたちづくる力のひとつにすぎない。激動の歴史過程を経て、外部の力による介入は、農村で暮らす人びとの何をどのように変えてきたのだろうか。最後にこの点を考えてみたい。

2　モノと行為を導く場の力

かつて、コンバの「森の土地」は、伝染病が蔓延して多くの人が命を失うような深い森だった。そこに、一九五〇年代以降、アムハラを中心とした資本家たちが、次つぎにプランテーションをつくり、「コーヒー農園」として開発することで、コンバの森は莫大な富を生み出す空間へと編成されてきた。そのなかで、農民たちは、しだいに自由に未開拓の土地を伐り拓いて「自分の土地」を所有することができなくなっていった。

農園主たちは、個人や世帯で耕したり利用できる範囲を大幅に超える領域を囲い込み、他の人間が利用できない空間として排他的に所有しはじめた。その過程で、賃金労働がはじめてもちこまれ、コーヒー栽培を中心に農民たちの労働力の調達方法までもが出稼ぎ民を雇用するかたちに変わっていった（事例5）。

さらに、デルグ政権の成立は、農民が土地に関与する自由度を大きく制約するようになる。複数のプランテーションを囲む広大な土地が国営農園とされ、大量の労働力が周辺地域からも動員された。残っていた深い森も間伐され、そこにびっしりとコーヒーの苗が植えつけられた。農民の多くも、農園労働者として雇用されると同時に、集団農場や農民組合などのメンバーとして組織化されていく。農地国有化布告がめざした「土地をもたない小作農を地主の圧制から解放して自立した自作農にする」という目標はほとんど実現せず、農民たちが自由に土地を自分たちのものとして所有したり、利用することを不可能にしてしまった。

外部の力による資源開発の進展は、人びとが土地という富と関わるあり方を大きく変えてきた。ゴンマ王国時代、広大な未利用地の存在を背景にして、土地を「所有」することは、ほぼ「利用」する（森を伐り拓いて、労働力を投入して耕す）ことと同義だった。しかし、土地をみずから開墾しても、アムハラの貴族や国営農園から、その土地の所有は「正当ではないもの」とみなされ、退去させられてしまう。その過程で、外部の圧力にあからさまに抵抗してきた農民たちも、しだいに無力化してきたかにみえる。しかし、農民たちは、国家の法を農村内部の論理によってずらしながら、自分たちの土地との関わり方を正当化する手段として利用しはじめている。

こうした介入と抵抗という文脈を超えて、農村の空間構成のなかには、意味の異なる「場」が歴史的に創出されてきた。介入の結果として進展してきたコーヒー生産の拡大は、コーヒーという「商品」を生み出す場となると同時に、その商品のルートとなる「道」をつくりだし、そこを通って多様な人やモノが行きかう空間を出現させた。あたかも中央からの介入の歴史が特定の土地に刻み込まれることで、村の空間のなかに異なる意味や価値が差し挟まれてきたかのようにも思える。

こうした空間の再編成は、農民たちの意識しないところで、彼らの扱うモノの意味を変化させ、そのモノをめぐる彼らの行為や社会関係のあり方を異なる論理で導く「場」をつくりだしている。つまり、事例11と事例12で示したように、村の空間のなかに「商品交換」の原理があたりまえのこととしてくり返される場が生み出され、人びとは知らず知らずのうちに、「商品／非商品」というふたつの行為の形式を日常的に使い分けるようになっている。

「市場経済化」や「商品経済の浸透」として言及されてきた現象は、ローカル社会の富の所有のあり方を一度におきかえてしまうわけでも、それを徐々に変質させてしまうわけでもない。それぞれの所有の形式は、農村社会のなかに同時に並存し、人びとはいずれも矛盾をきたすことなく、別々のコンテクストを構成する行為の形式として日常的な実践のなかに組み込んでいる。そのコンテクストの転換を、「道路沿いの空間」と「居住空間」といったそれぞれの意味を担う「場」が空間的に支えている。

さらに、もう少しミクロにみていくと、この空間の再編成のプロセス自体、つねに動態的な相互行為によって確認されたり、ずらされたりしている。どの場において、どのような行為がふさわしいとされるかは、その場の行為の積み重ねのなかで定まっていく。

たとえば、事例12のケースでは、妹が兄に商店から持ち帰られた石鹸を「分配」のモードでせがむことで、脱商品化の突破口が開けていた。たしかに、石鹼の占める「場」は、「商店」から「家」へと転換された。それでも、妹が「分けてくれるようせがむ」まで、その「モノ」をとりまくコンテクストが転換したことは家族のあいだで確認されたわけではなかった。

ディノが妹に石鹼を分け与えたのを見て、すかさず父親は、「分配」のモードで対応できることを察知し、分け与えてくれるよう頼みにいく。そこで、ディノがさらに分配行為をくり返したことで、「石鹼」をとりまくコンテクストが、商品交換の形式から分配の形式へと転換したことが再確認されるとともに、その「家族が暮らす屋敷地」という場が「富が分け与えられるべき空間」としての意味を強化したのである。

こうした相互行為のプロセスにみられるのは、「独占される富／分け与えられる富」というふたつの富の形式と、それをどのような「モノ」や「人」や「場」に配置するかをめぐる人びとの行為の積み重ねである。そして、こうした配置を空間的に支えてきたのが、人びとの行為を導く「場」をつくりだしてきた歴史の力なのである。

さまざまな歴史が織り込まれてきた空間は、それ自体、人びとの行為を導く力を帯びる。そして、人びとが日常的な相互行為をくり返し、その場の意味を確認したり、ずらしたりしていくなかで、場の意味が強化されたり、変質したりする。そこには、かならずしも国家の農村の土地への介入とそれへの抵抗という「大きな物語」だけでは語りきれない、人びとの日常的な営みの蓄積がある。

結　論

第13章　所有を支える力学

1　多元的権威社会の所有論

「概念／制度としての所有」の限界

本書が一貫して乗り越えようとしてきたのは、所有を理解するときのふたつの優勢な枠組みであった。それは、「概念としての所有」と「制度としての所有」というとらえ方である。そして、それとは異なる視点から土地や富の所有という現象を理解するために、作物の分配をめぐる交渉のプロセスや土地の「利用」との関係、そして村の土地がたどった歴史過程に注目してきた。ここで、これまでの議論を模式図で示しながら、まとめてみたい。

序論の最初で提示したのは、モーガンやエンゲルスにまで遡る所有体制の進化論的な視点である（図13-1）。もともと財産観念がなく「所有」が存在しなかったところに、共産主義的な観念が発生して、氏族制という社会集団によって支えられた「共同所有」が誕生

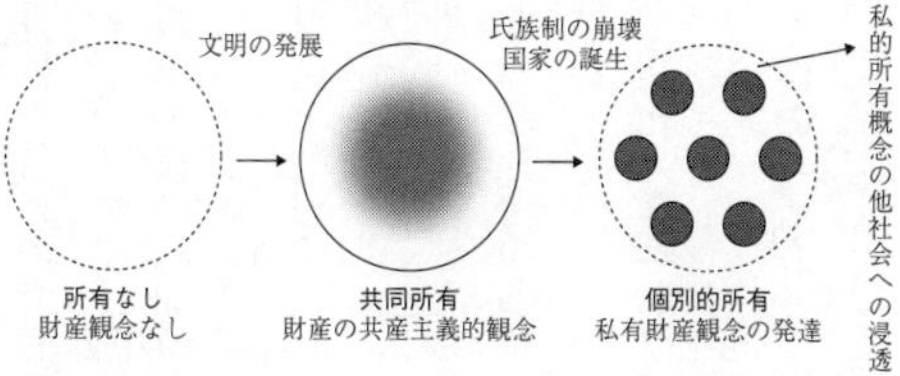

図 13-1　財産観念の進化としての所有

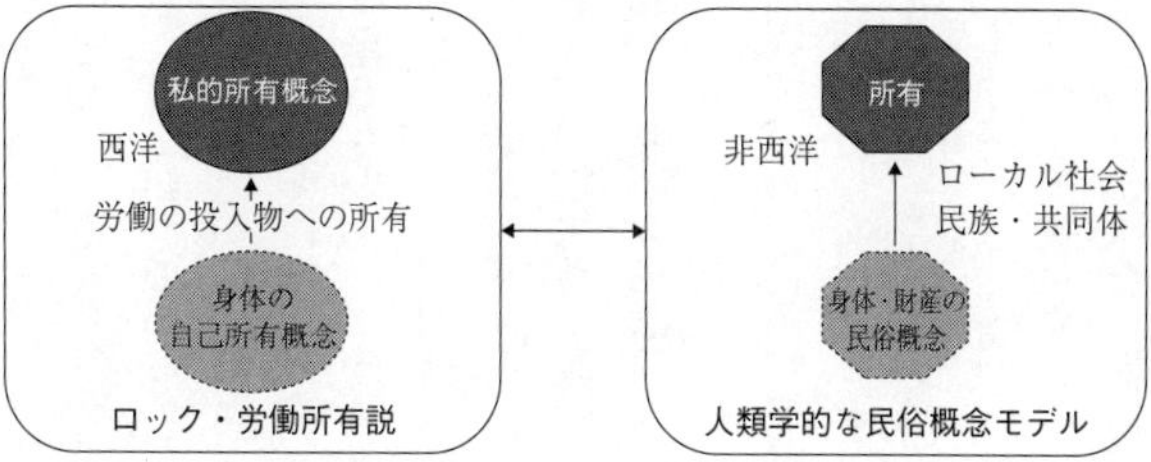

図 13-2　概念の違いとしての所有

する。やがて氏族制の崩壊や国家の誕生によって、個別的な所有である私有財産の概念が発達した。

この進化論的な議論は多くの批判にさらされたが、この議論がもとづく視点は、いまだ強固に残っている。それは何らかの所有の形態が、ひとつの概念の生成に根ざしているという視点である。現在でもよく耳にする「私的所有概念の浸透」といった言葉には、「概念としての所有」のとらえ方があらわれている。

これに関連するものとして序論でもふれたように、西洋社会で発達したとされる私的所有概念とロックの労働所有説との関係をもとに議論を展開する立場がある（図13-2）。ロックは、身体の自己所有という概念にもとづいて、自己の身体が労働を投入した対象物の所有が正当化されると主張した。われわれは身体が自分の所有物であることを知っている。だから、その身体の延長としての「労働」が投下される土地などの財産も自己の所有物となる。この考え方が、商品経済の発達した西洋近代の私的所有概念として、非西洋社会の「所有」と対置されてきた。〔1〕

この主張は、人類学の研究でもよくとりあげられている。とくに非西洋社会には身体や財産をめぐる固有の民俗概念が存在し、西洋独特の私的所有概念とは相容れない「所有」をかたちづくっている、という議論がくり返し提示されてきた。〔2〕この議論は、西洋社会で誕生・発達した私的所有概念が、植民地主義やグローバリゼーションという経験のなかで、非西洋社会の独特の所有概念を侵食するようになってきた、という歴史認識にもつながっている。

文化人類学的研究は、西洋起源の私的所有概念とは異なる「所有」の存在を指摘することで、私的所有が唯一の選択肢ではないことを示し、その相対化を試みてきた。しかし、西洋の「所有」を単一の概念から成り立つものとしたうえで、それとは異なる非西洋の「所有」を支える概念を探しもとめることは、結果として「近代社会／商品経済＝私的所有」という図式を強化し、社会が近代化すれば、やがては私的所有におきかわるというシナリオを暗に認めるものでしかなかった。「近代社会＝私的所有」とは異なる所有形態が、遠いエキゾチックな社会に存在するというだけでは、その相対化の試みに説得力はない。「私的所有」という原則についてラディカルに批判するには、この議論の枠組み自体を転換する必要がある。

本書では、序論における「土地の父 *abba lafa*」という概念の検討にはじまり、一貫して「概念としての所有」という立場への反論を重ねてきた。とくに土地という財産の所有形態のなかには、土地の利用形態によって大きな違いがあり、作物の所有や分配のあり方も、その種類によって明白な差異が存在していた。つまり、ひとつの社会が何らかの固有の概念に覆われていて、その概念にもとづく独特な「所有」がみられるという議論は、あまりに雑駁すぎることになる。労働によって獲得されたすべての財産の所有概念が、その社会の身体を含む「所有観」に根ざしているとしたら、なぜこれほど土地や富の所有形態が多様なのか、説明することはできない。「概念としての所有」というとらえ方には、大きな限界がある。

また、「制度としての所有」というとらえ方についても、乗り越えるべき視点として批判的に検討してきた。まず序論で紹介したのは、権利構成の違いとして所有形態をとらえる立場である（図13-3）。私的所有権が、使用権・収益権・可処分権から構成されているのに対して、非西洋社会における所有は、それとは異なる権利構成にある。たとえば、土地の共同体所有がみられる社会では、成員は土地の使用権はもっているが、可処分権はも

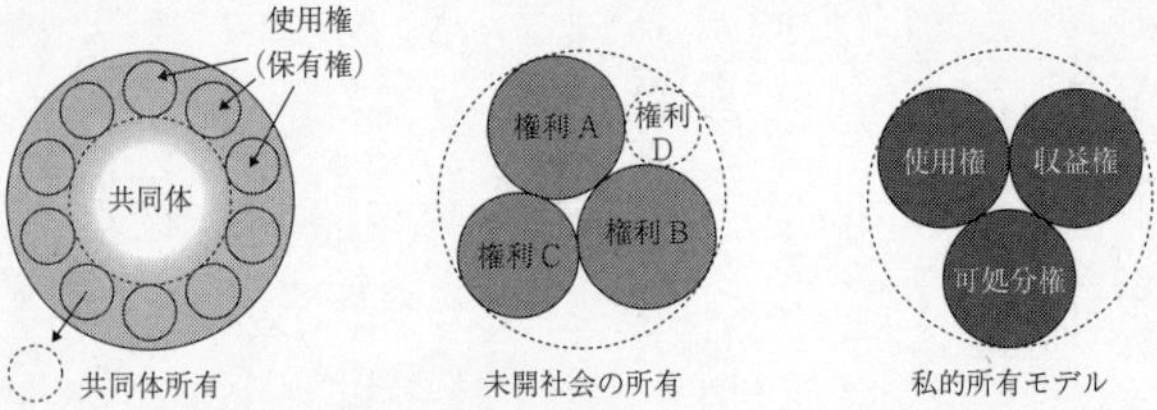

図 13-3　権利構成の違いとしての所有

たず、最終的な土地の支配権は共同体、あるいはその長に属している、といった議論がなされてきた。

本書では、「権利」が実体として存在するかのように語ることは、その権利を規定した法を定める国家や共同体の支配を本質化することにつながると指摘してきた。この単純化された法のパラダイムは、社会のすべての個人が一元的な法のもとで権利の認定と保障を受けるという理念的な枠組みにすぎない。

第Ⅲ部でも示してきたように、この立場は、国家の政体が歴史的に交代をくり返し、その法の支配が揺らぎつづけてきたエチオピアの現実を説明するには、あまりに静態的な説明枠組みである。農民の目線に立てば、国家の法にもとづく「権利」も国家権力によるひとつの「主張」にすぎない。国家が「権利」として定めた制度も、ローカルな場ではひとつの枠組みにすぎず、それとは別の枠組みとの関係のなかで土地や富の所有をめぐる争いが展開している現実がある。この所有をめぐる「権利」の相対性に着目する視点は、近年の「交渉」を重視する立場と軌を一にしている。

ただし第I部や第II部で論じたように、土地などの富の所有や分配のあり方には同じような状態がくり返される規則性と、流動的で予想不可能な結果をもたらす不規則性とが並存している。つまり、すべてが交渉の構築物である、といった極端な立場にも問題がある。人びとは、何の手がかりもなしに、すべての可能性に開かれた交渉を行なっているわけではない。「交渉」という現象を理解するためには、交渉されることのない規則的にくり返されている現象を見定めたうえで、人びとがどのような正当化の枠組みを参照しながら主張したり、行為しているかをあきらかにする必要がある。

そこで第II部では、どこまでが規則性に貫かれている部分で、どこからが交渉が発現する部分なのかを理解するために、土地利用の経済性や所有者と利用者との関係、土地争いの事例などを分析してきた。かつて、人類学的研究の多くがローカル社会の規則的な土地所有を描くとき、慣習法や民俗概念に依拠してきた。本書では、それに代わるものとして、「なわばり論」の根底にある領域保護の経済性という視点をとりあげた。何らかの強固な慣習法の枠組みがあるからではなく、土地所有のあり方や排他性の度合いが、その利用形態と領域保護の経済性に大きく依存している。ところが、じっさいに土地が耕されて、作物という富がもたらされるとき、その資源をめぐって築かれている複数の受益者間の社会関係が、つねに所有の経済性をめぐる利害の対立、いいかえれば資源の配分をめぐる交渉を生じさせていた。そこに規則性からの逸脱という流動的な局面が生じていたのである。

この土地などの富の所有と分配をめぐる争いの過程を記述するときに注目したのが、「権威の所在」という点であった。人びとは、自分の利益のためにむやみに交渉しているわけではない。彼らは自分の主張を正当化するために、何らかの拘束力をもつと信じられている枠組みを参照している。この人びとの行為をある方向に導く複数の枠組みには、かならずしも一貫性や全体的な整合性があるわけではない。

たとえば、ひとつの交渉のなかで、「イスラームの教義」や「オロモの慣習」といった体系にはおさまりきらない複数の枠組みが参照されている。第Ⅰ部で述べてきたように、あるときは、「イスラーム」の喜捨の重要性が強調されるときもあれば、「働かない者が分け前を得る資格はない」といった原則が主張されることもある。ひとつの作物をめぐって、当然のように「分け与える富」だとふるまう者がいる一方で、それを「独占する富」として扱おうと試みる者もいる。こうして別々に参照される複数の枠組みが、それぞれどのような場面でいかに力を作用させているのか。この点に注意しながら土地争いや富の分配をめぐる相互行為について記述することで、はじめて「プロセス」としての「交渉」を理解する足場を得られる。

こうした本書の所有や分配をとらえる視点は、次のように要約できるだろう。富の所有や分配のあり方は、いくつかの規則性を生み出す限定条件のもとで、人びとが相互に複数の枠組みを参照して、その拘束力をもとに働きかけや交渉といった相互行為をくり返すなかでかたちづくられている。

限定条件となる要素には、作物などの富の性質や社会関係（第Ⅰ部）、土地の利用形態にもとづく排他的所有の経済性（第Ⅱ部）、土地に対する人口圧力や歴史的な空間の再編成（第Ⅲ部）などを指摘してきた。これらの要素は基本的にはあまり交渉されることがない事柄であり、ある程度の規則性と予測可能性をもって人びとの行為を導く条件になっている。

そして、富の所有や分配を決定づける拘束力のある枠組みには、法を生み出して強制する国家だけでなく、ローカルな社会における規範や慣習、神や宗教的な規律といったさまざまな要素を考慮に入れてきた。それぞれの枠組みはつねに同じように並存しているわけではなく、対象となるモノの性質（コーヒーの土地／畑の土地／屋敷地）や当事者の社会関係（親族／よそ者／異民族）、それらが参照される場（年長者の調停／裁判所／道路沿いの土地／家族の居住空間）によって力をもったり、逆に失ったりする。むしろ、ある特定のコンテクストにおいて人びとに参照されつづけることで、その枠組みは拘束力を強めていく。

所有と分配の力学

本書のこうした理解にもとづいて、第Ⅰ部から第Ⅲ部までの議論を図式化してまとめてみよう。

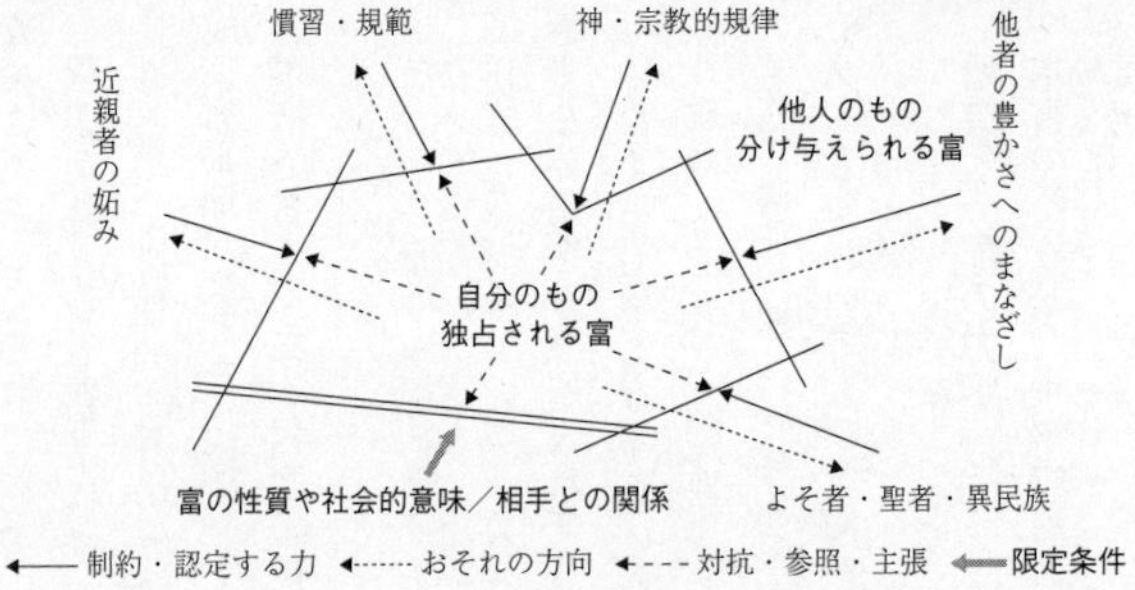

図13-4　第Ⅰ部：富をめぐる攻防

まず第Ⅰ部では、おもにひとつの農民世帯を中心に土地から生み出された富がいかに分配されるかに注目してきた（図13-4）。たしかに、人びとは、身近な親族から見知らぬ他人にまで、さまざまな相手に対して頻繁に作物などを分け与えていた。「親しい者や貧しい者に富を分け与える」という行為は、ある程度まで共有された「規範」として存在しているかのようにもみえる。しかし、それはイスラームの教義などにのっとって誰もが当然のものとして遂行しているわけではなかった。持つ者は、つねに持たない者から富を分け与えるべきだという圧力にさらされている。その一方で、与えすぎると今度は自分が困ってしまうというジレンマにもおびえている。ときに慈愛にみちた行ないにみえる分配の場合も、あるときは貧しい物乞いへの激しい嫌悪感や叱責の言葉をともなうこともある。あるいは、分配を要求される前に売り払ってしまうことで、自分たちで独占できる利益を確保しようという試みもなされていた。

そこには、「自分のもの」として独占される富と「他人のもの」として分け与えられる富というふたつの所有や分配のあり方をめぐる緊張関係があった。さらに、たとえば富の性質（赤コーヒーか、飲むコーヒーか）や相手との社会関係（親族／経済的他者）が富の所有や分配のあり方をある程度まで規則的なものにする限定条件として作用していた。そのうえで、さまざまな相手に対して富を分け与えることが、宗教上の規律や親族からの妬み、貧者や見知らぬよそ者といった複数の対象への「おそれ」によって導かれている可能性が浮き彫りになってきた。人びとが相互に富の独占と分配をめぐる「働きかけ」を行ない、それによって喚起される複合的な「おそれ」が富を吐き出させる拘束力として作用することで、富はいったん所有した者の手を離れ、他の者へと渡っている。

第Ⅱ部では、村というローカルな文脈のなかで土地という資源の所有をとらえなおした（図13-5）。そこで注目したのが、土地の「利用」である。土地を利用する人びとの具体的な行為によって、その領域を保護する経済性が規則的に推移し、それが土地所有の排他性に一定の変化をもたらす条件として作用している。それは、そのまま土地所有の規則性をかたちづくる土台でもあった。ところが、土地をめぐって築かれている受益者間の複合的な関係は、つねにそこから得られる利益配分をめぐって利害の対立と不確定な交渉を誘発し、土地所有のあり方を不規則なものにしていた。

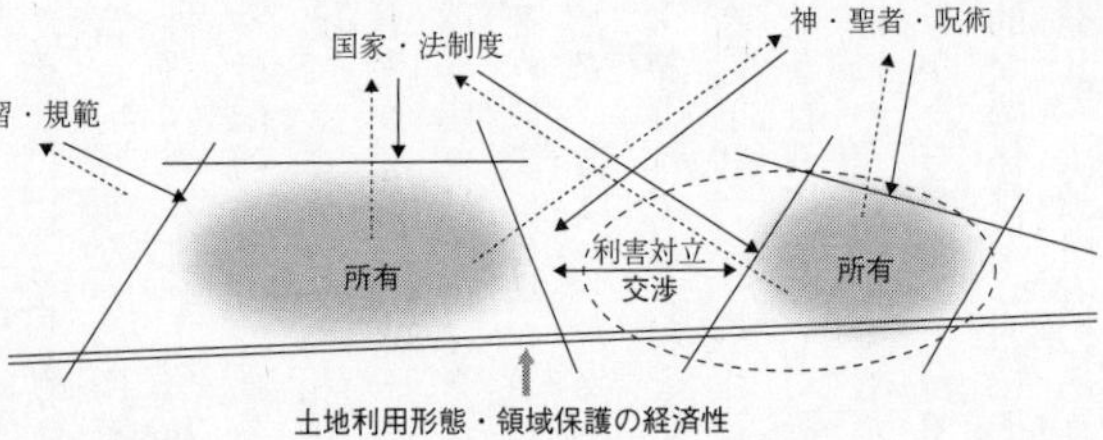

図13-5　第Ⅱ部：行為のとしての所有

そうした交渉の場面では、さまざまな権威の枠組みに支えられた複数の原則や論理が顕在化し、そのゆくえを左右している。しかも、どの原則や論理が参照されるのかは、仲介者である年長者や当事者の発言力だけでなく、関係者の不慮の死などの偶然の「出来事」にも大きく左右されていた。資源の配分をめぐる争いを有利に進めるために、人びとは相互に複数の枠組み（年長者の仲裁／カバレの裁定／裁判／宗教や呪術）を参照し、交渉をくりひろげる。それでも、その最終的な結果へといたる過程には、主体的な交渉によっては操作できない偶然性も介在する。土地の所有やその資源の分配のあり方をかたちづくっているのは、土地を排他的に利用する行為の経済性の差異とともに、土地から生み出される富をいかに確保するか、その受益者間で繰りひろげられる交渉の力学であった。

第Ⅲ部では、こうした人びとの富の所有や分配をめぐる相互行為のコンテクストがどのように歴史的につくり

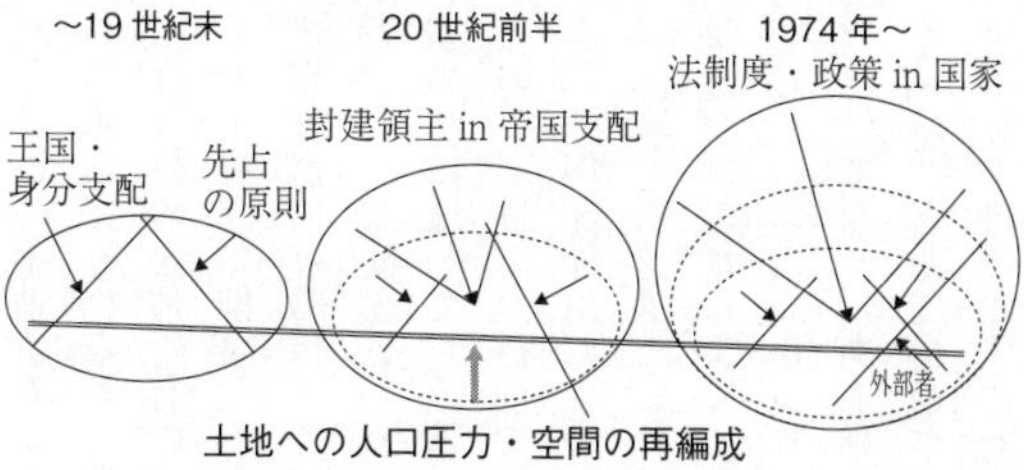

図 13-6　第Ⅲ部：歴史が生み出す場の力

だされてきたのかをたどり、国家の介入や移民の増加によって土地という資源への競合関係が高まってきたことが大きな限定条件となっていることがみえてきた（図13-6）。一九世紀末までのゴンマ王国時代には、広大な未開拓の土地の存在を背景として、基本的には「先占」の原則が土地の所有に大きな影響力をもっていた。王国の身分支配のなかでも、戦乱や旱魃、若年世帯の独立などをきっかけとして、人びとは頻繁に移動し、誰も利用していないあらたな土地を開墾しては、その土地を自分のものとして所有・利用できていた。

二〇世紀前半から帝国支配が本格化すると、中央から派遣された行政官やアムハラの封建領主が土地の所有を規定するあらたな枠組みとして介在するようになる。コンバ村では、「森の土地」を自分のものとしたアムハラ貴族や、その後に個人プランテーションを開設した資本家地主層の登場が、それまでオロモの社会関係のなかにあった土地という資源を、地方の裁判所から中央政府までを巻き込む問題にした。

一九七四年からのデルグ政権時代は、この中央の国家という存在が、それまでになく大きな権威として、農村部の土地所有に介入を重ねるようになった。村の土地所有を左右する枠組みは、より外部の、より上位の国家という権威にゆだねられるようになり、農民たちはその力に翻弄されてきた。ところが、こうした国家の介入は、村の土地所有のあり方を国家政策の思惑どおりに変えてきたわけではない。国営コーヒー農園の創設とともに増大した労働力の流入と人口密度の急速な高まりは、解放されて自作農になるはずだった農民たちを社会主義的な組織の「労働者」にしたにすぎなかった。さらに土地が圧倒的に不足する状況では、不安定な小作制が残存しただけでなく、国家の法に反して、土地の商品化が進み、とくに宅地の頻繁な売買が促されるようになった。このことは、農村部の土地所有が、国家の法制度のあり方だけでなく、他のさまざまな要素との相互作用によって形成されていることを示している。

国家との遭遇という歴史過程のなかで、村の土地所有はますます大きな枠組みのなかで決定づけられるようになった。そして、こうした歴史過程のなかで、村の土地という空間そのものの構成が大きな変化をとげている。土地はたんなる「資源」として開発されてきただけでなく、ある種の意味を帯びた空間として、モノやそれをめぐる人びとの行為を導く「場」として編成されてきた。村の土地の一部が、外部世界とつながる「道」の整備とともに、商品や人の行きかう商品交換の空間を生み出し、第Ⅰ部や第Ⅱ部でみてきた人びとの相互行為をみちびく場を歴史的に構築してきたのである。

ここまでの議論のポイントは、人びとが、一元的な構造をもつ原則（民俗概念、慣習法や宗教的規律、国家の法）にもとづいて富の所有や分配を行なっているわけではない、ということである。人びとが「ふさわしい」とする所有や分配のあり方は、それぞれの行為が遂行されるコンテクストによって異なっている。そして、ときにそのコンテクスト自体が、複数の枠組みが相互に参照され交渉されることで、転換されることもある。

国家という巨大な権威の枠組みが登場したことで、たしかに農民たちも国家という存在に大きな影響を受けてきただけでなく、みずからそれを拘束力のある参照枠として利用している。ただし、日常的な行為のレベルにおける国家という権威の力は、ムスリム聖者の宗教的権威や異民族の呪術師の呪力、さらには他者の豊かさへのまなざしや呪術へのおそれといった力の前で、相対的な位置を占めているにすぎない。

こうした多元的な枠組みが参照されている背景には、事例としてきた村がさまざまな民族の生活する複合的な社会であることも大きく関わっている。ただし、それがたとえある特定の社会のあり方であったとしても、現代の世界では、むしろ永続的に均質な社会を見出すことのほうが、不可能である。つまり、社会内部で多元的に複数の枠組みが参照され、さまざまな一元的な権威がダイナミックな力学のなかで相対化されている現象を、ある特殊な例外として限定的にとらえることはできない。多様な民族が流入し、さまざまな宗教や呪術が混淆しているコンバという村が、多元的な枠組みが参照される複合社会での所有や分配のあり様をよりわかりやすいかたちで提示してくれたといえるだろう。

多元的権威社会の所有や分配のあり方は、人びとが複数の異なる枠組みの力学のなかで相互行為をくり返してかたちづくられている。これが本書のたどりついたひとつの結論である。それでは、これらの所有をめぐる力学のプロセスは、具体的に何を手がかりに推移しているのだろうか。本書の所有や分配をめぐる動態的な視点が従来の人類学の議論とどのように切り結べるのかにふれながら、次の節で検討したい。

2　モノ・人・場の力学——行為形式の配置と再配置

「社会に埋め込まれた経済」を超えて

経済人類学の影響力のある議論に「社会に埋め込まれた経済」がある。この議論が仮想敵としているのは、経済学者や形式主義人類学者などが主張する「社会から切り離された経済」という視点である。[3]たとえ未開社会であっても、標準的な経済学の定式によってその経済行動の分析が可能と考える形式主義に対して、実体主義の人類学者は、前近代的な社会では、経済は社会関係に埋め込まれ（embedded）ており、近代の市場経済社会とは別の原理が働いていると主張してきた。[4]
とりわけ、大きなインパクトを与えたのが、「経済人類学」の先駆者でもあるポランニーである。彼は「社会に埋め込まれた経済」が本来の社会のあり方だとして、そこから切り離された自律的市場によって、人間生活全般が規定されるようになった近代の社会システムを批判している〔ポランニー 1975(1957)〕。〈5〉

この「社会に埋め込まれた」という場合、人類学ではとくに「社会関係」との関連が強調されてきた。形式主義‐実体主義論争に一石を投じたサーリンズも、社会的な関係の距離に応じて互酬性の形態が異なることを指摘しており、社会関係が経済行為を支える重要な要素であるという立場をとっている〔サーリンズ 1984(1972)〕。また、ブロックとパリーは、このサーリンズの社会関係に依存した互酬性の議論を、社会秩序の再生産に関わる長期サイクルと、個人的競争をともなう利己的な短期サイクルのふたつの秩序領域へと読みかえた〔Bloch & Parry 1989〕。ただし、とりあげている事例のなかでは、長期サイクルが首長などとの伝統的秩序の社会関係と関連づけられ、短期サイクルが未婚の交差イトコという両義的な社会関係と結びつけられるなど、経済行為を規定するものとして社会関係の重要性を強調する視点は根づよく残っている。〈6〉

これまで示してきた事例のなかでも、とくに第Ⅰ部の分配の事例においては、「社会関係」が富の所有や分配という経済行動を考える際に重要になっていた。しかし、それは他の要素との相対的な関係にあり、作物などの富の扱われ方は、むしろ「モノ」・「人」・「場」とそれらの関係（「モノ」‐「人」‐「場」）によって異なる様相を呈すると考えられる。

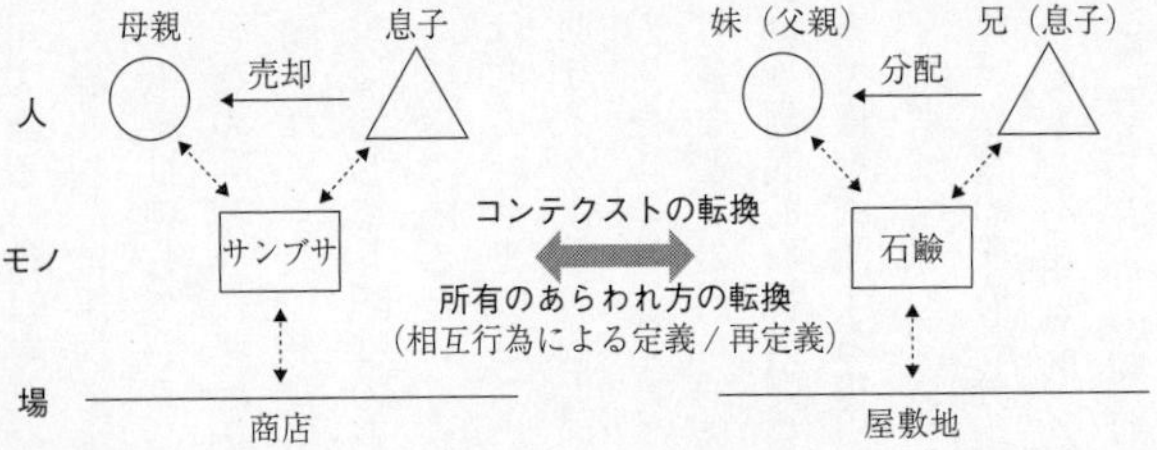

図13-7　コンテクストに導かれて定義／再定義される「所有」

たとえば、「商店」という「場」では、「母親と息子」という親密な社会関係であっても、「サンブサ」は買いとられるべき「商品」として扱われていた（第Ⅲ部・事例11）。また、逆に、商店に並んでいた「商品」であっても、家に持ち帰られた石鹸は、家族のあいだで分配の対象として分け与えられた（第Ⅲ部・事例12）。経済行為は、かならずしも社会関係だけに埋め込まれているわけではないのだ（図13-7）。「モノ」・「人」・「場」それぞれの組み合わせに応じて異なるコンテクストが生み出され、そこにはひとつひとつの「ふさわしい」行為の形式が関連づけられる。もちろん、この複雑なコンテクストの推移のなかでは、ある「モノ」の位置をめぐる解釈にずれや交渉可能性が生じており、あるコンテクストがどのような意味をもち、どのような行為がふさわしいとされるかは、つねに交渉の余地を残している。そのため、ある人にとっては、富が分配されるべきコンテクストだと思える場面であっても、別の人にとっては個人が独占して当然だという主張がなされることもある。

さきほどの「石鹼」をめぐる事例でも、石鹼をとりまくコンテクストが、「商品交換」の形式から「分配」の形式へと転換したことは、かならずしも誰もがはじめから認識を共有していたわけではなかった。商店で売ろうとしていた「商品」の在庫がそのまま家に持ち帰られるという状況は、ディノにとっても、父親や妹たちにとっても、はじめての経験だった。そこで、この「石鹼」をどのような「モノ」として扱うべきなのかは、微妙な問題だったはずだ。

たとえば、ディノが商店から自分で「購入」した「石鹼」であれば、それを家族が分けてくれとせがむ状況は考えにくい。そもそも、自分で購入するときには、そのとき（洗濯などのために）必要となる以上の数の石鹼を買うことはない。このケースが特殊だったのは、とりあえず使うあてのない複数の「石鹼」が、突然、「商店」から「家」へと場を移したところにある。ただ、それだけでは、石鹼に「分配」の形式が適用されると確定したわけではなかった。妹が兄に「分けてちょうだい」とせがみ、それに兄が応じたことで、はじめてこの石鹼というモノが「分配」の位置にあることが確認され、父親もつづいて分けてくれるよう頼むことができた。

石鹼というモノの位置づけは、こうした相互行為のなかで、行為遂行的に、事後的に、「商品交換される富」から「分配される富」へと転換されたといえる。特定のコンテクストに関連づけられた行為の形式である「ふさわしさ」という規範は、こうした相互行為の結果として、一時的にある「かたち」をもつものなのだ。そして同時に、屋敷地という場で、ディノが父親に対しても分配行為をくり返したことは、その「家族が暮らす居住空間」という場が「富が分け与えられるべき空間」としての意味づけを強化するものでもあった。

もちろん、そのあとで、親族でない者がディノに石鹼を分けてくれるよう頼んだとしたら、ディノがどのような反応を示すかによって、それが「親族」のあいだで分け与えるべきものなのか、もっとひろい範囲でも分配可能なのか、その「モノ」の「分配されるべき範囲」が浮かび上がってきただろう。そして同時に、ディノとその者との関係が、親密なのか、それほどでもないのか、その「社会関係」の性質が定められることにもなる。一度、定義されたはずの行為の形式とコンテクストとの結びつきも、あらたな状況にそった別の相互行為が重ねられることで、微妙にその定義の輪郭を調整しつづけているのである。

コンテクストに結びつく行為形式の配置と再配置

「モノ」・「人」・「場」とそれらの関係にそって、ある所有や分配の「かたち」が配置・再配置されていく。それは、本書で紹介してきた他の多くの事例にもあてはまる。たとえば、人びとが栽培しているさまざまな作物が「商品」として「独占される富」になるか、「分配」の対象として「分け与えられる富」になるかという事例（第5章）においても、こうしたコンテクストに結びつけられた行為形式の配置という視点が重要であった。

人びとが換金用でつくっていたはずの作物が、売られずに分配されたり、あるときはおもに自給用だったはずの作物が家族に分け与えられることなく売却されたりする。そのとき、サトウキビやオレンジを第三者に売却した事例のように、そこに「分配」の対象とはなりえない「経済的他者」を介することで、「分配される富」の領域にある作物を「独占される富」の領域に転換する手順がふまれていた。あえて親族ではない第三者という別の要素を介在させることで、そのモノをとりまくコンテクスト自体を変質させ、「分配される富」を「独占される富」へと転換させたのである。

つまり、「モノ」・「人」・「場」でつくられるコンテクストとそこに結びつけられた行為形式との「配置」は、かならずしも固定的ではなく、何らかの行為の積み重ねのなかで操作されたり転換されたりしている。その意味では、人びとの行為は、ある特定のコンテクストによって一方的に導かれるのではなく、行為そのものがまた別のコンテクストとして、あらたな別の行為へと連鎖していくといえる。

こうしたさまざまな所有をめぐる行為の配置と再配置のプロセスをみていくと、ある者に所有されたり、分配されたりする富のあり方には、じっさいの行為に先立つかたちで、「分配が期待される形式」と「独占して蓄積することが許容される形式」というふたつの異なる形式が並存していることがみえてくる。

重要なのは、これらの形式が、あらかじめ商品作物や自給作物、あるいは親族と非親族といった属性を帯びた実体によって構成されているわけではない、ということである。むしろ、そうしたモノや関係の属性に先立つ差異の形式として存在している。これはマルクスが論じたように、商品があって商品交換が行なわれるのではなく、交換関係によってはじめて商品が生まれるという論理と同じ関係にある。[7]人びとが、ある作物などの富を他者に分配し、それが当然のこととして受けとられることで、そのモノ・人・場が「分配されるべき富／関係／場」であることが、相互に承認されるのである。そこで何らかの異議申し立てがなされると、そのコンテクストと行為形式との配置は再定義されうる。人びとは、相互行為をくり返しながら、それぞれの「モノ」・「人」・「場」の性質やそれらの関係をいずれかの形式に結びつけあうことで、あるコンテクストに応じた行為のあり方を配置する。そして、今度はこうして配置されたコンテクストに応じて、さらなる行為のかたちが拘束される。同一のコンテクストで同じ行為の形式がくり返されることで、そこに生じた配置は固定化され、強化されていく。

こうした視点からは、所有をめぐる社会の歴史的変化についても別のとらえ方が可能になる。所有がその社会固有の概念に根ざしているとすれば、西洋起源の近代的な所有概念と非西洋の独特な所有観とが、一方によって他方がおきかえられたり、相互作用を起こして別の概念を生じさせたりする、といった図式でしか理解できない。これらは、いずれも市場経済化や資本主義化とともに近代的な所有概念が浸透していく、という理解の変種にすぎない。もともと社会のなかに複数の所有をめぐる行為の形式が矛盾なく並存していることを認めるならば、変化するのは、その行為の「ふさわしさ」を支える空間的・状況的な「配置」である。われわれは、日々の行為のなかで、この配置をずらしたり、逆に強化したりしている。そして、こうした行為の積み重ねの歴史が、さらに別の配置をひきよせる「力」を生み出していくのである。

実体主義的な経済人類学や古典的なモラル・エコノミーの議論は、未開社会や農村共同体において資本主義や市場経済とは相容れないある種の文化的特性や独特の経済様式が維持されてきたと論じている。そうした議論を批判してきた形式主義者やポリティカル・エコノミー論も、個人がつねに利益や効用、コストとベネフィットを考慮する「合理的な計算の経済」を唯一の原則として描いてきた〈8〉。これらの立場は、ふたつの相容れない原理の「どちらか」にもとづいて人びとが行動していると仮定している〈9〉。

本書がここまで論じてきたのは、これらのふたつの原理は、ひとつの社会のなかでともに観察される行為の形式であり、かならずしも人びとが「どちらかだけ」に依拠して行動しているわけではない、ということであった。たとえ市場経済の影響力が強まっても、その社会固有の経済様式が強力な原則として社会を支えつづけるわけでも、まったく別のものにおきかわってしまうわけでもない。むしろ、社会的な行為の場で、つねに「モラル」

が「計算高さ」と対置されることで、それぞれの形式が意味の領域を保持しているのである。つまり、それぞれのコンテクストに応じてどの行為の形式がふさわしいものとして参照されるのか、その結びつきが、いかに人びとの相互行為のなかで強化されたり、転換されたりしているのか、そのプロセスを描き出すことが、富の所有や分配のあり方を動態的に理解する重要な視点なのである。

これまで、「社会に埋め込まれた経済」という議論は、経済行動における「社会関係」の重要性を強調してきた。そこでは、社会関係の紐帯が過度に本質化されてきたともいえるだろう。しかし、本書が扱ってきた事例を振りかえってみると、そこには「モノ」・「人」・「場」それぞれの関係によって構成されたコンテクストが、所有や分配をめぐる経済行動を考えるときに重要であることがみえてくる。

コンテクストの微妙な推移に応じて、行為形式の配置と再配置がくり返され、ある所有や分配のあり方が「ふさわしさ」という拘束力を獲得していく。そして、その拘束力をもつ規範が、人びとが次に交渉を行なうときに参照すべき権威ある枠組みとなっていく。行為の積み重ねが、モノや人や場にある意味を織り込んでいき、そこに配置された行為の参照枠が、しだいに権威性を帯びていくのである。

3　「私的所有」を相対化する

富の所有を動態的にとらえる本書の視点からは、これまで考えられてきた「所有」が違ったものにみえてくる。それはどこからか付与された「権利」によって構成されるものではなく、ある特定の枠組みに依拠したひとつの主張にすぎない。たとえ、国家の法という権威に支えられていたとしても、それはつねに別の説得力のある枠組みに根ざした主張との相対的な位置にある。

それでは、なぜこれほどまで「所有」を語るときに「法のパラダイム」や一元的な原理・原則が持ち出されて議論されてきたのだろうか。それは、あるひとつの「法」や「原則」の枠組みを自明のものとし、それに由来する「権利」を本質的な実体として語ることが、そのまま特定の「所有者」の正当化の語り口であったからだ。

人類学の研究も、そのひとつの所有者の論理に寄り添って、ときには王国の法を、ときには慣習法という「民族」の法を記述してきた。しかし、現象としての「所有」を理解するには、この一元的な「法のパラダイム」から距離をおき、それらを相対化していく必要がある。法とは、所与の存在として、われわれの上に鎮座してきたわけではない。多くの者に、あるいは力をもった者に主張の根拠として持ち出されつづけることで、そして、それが「そうあるべき」と受容されることで、はじめて「法」となる〈10〉。

こうしたことを考えるようになったのは、おそらくエチオピアがフィールドだったからだ。一九世紀末からの一〇〇年ほどのあいだに、何度となく暴力的な政治体制の転換を経験してきたエチオピアの歴史をたどっていくと、農民たちの基本的資源である「土地」を所有することの「権利」という代物が「力」を背景にして築かれたひとつの虚構にすぎない、と考えざるをえなくなる。おそらく法の論理のなかにどっぷりとつかっている日本で生活していては、思い描くことが難しかっただろう。

しかし、所有を法のパラダイムから切り離すという試みは、エチオピアにおいてのみ有効というわけではない。エチオピアのひとつの農村の事例を通して、私たちが生きている社会の「所有」をも相対化することができるのではないか。本書のひとつのねらいは、そこにある。

私たちが暮らしている社会では、自分のものを自分だけで消費することを認める私的所有の原則が「あたりまえ」のことのように考えられている。少なくとも、私たちは、この原則を支える法がより大きな権威として自分たちを覆い尽くしていると想像し、何か新しい事態が起きたときにも、なるべくこの原則にもとづいて考えようとする。しかし、身のまわりにあるさまざまな「モノ」に目を向けてみると、それがおかれたコンテクストに応じて、さまざまな所有のあり方をみせていることがわかる。法の支配が整備されている現代の日本社会においても、私的所有という所有のあり方は、ひとつの限定的な所有の形式にすぎない。

それでも、私たちは、モノの性質や人との関係、その場のもつ意味といったことを度外視して、この私的所有が基本的な原則だと信じて疑わない。「自分のものを自分の好き勝手にして何が悪い」。こうした主張を前にしたとき、それが民法の定める私的所有の原理であり、その主張には反論しにくいものがある、と考える人は多いだろう。しかし、そのような論理を「ふつうのこと」として行為している状況は、むしろ例外に近いことに、もっと思いを馳せるべきなのだ。

序論では、「煙草」や「口紅」を例にあげた。これらのモノは、その所有のあり方がそれに関わる人の年齢やジェンダー、使われる場によって、「ふさわしさ」を変えることを示している。ほかにも、たとえば、あなたが友人と居酒屋にいるとき、瓶ビールを独り占めして飲むことがあるだろうか。自分が飲んだ分だけ計算して、勘定を支払うことがあるだろうか。私たちは、「酒場」というコンテクストにおける「ビール」に対して、限りなく「分け与えるべきもの」という行為形式を結びつけている。そして、それが「自分の(支払った)分を自分で勝手に飲む」という「独占されるべきもの」という行為形式とは、あくまでも区別しなければならないと、無意識のうちに感じている。もちろん、その席にいる「人」がどういう社会関係にあって、その飲み物が「ジョッキの生ビール」なのか、

「ウーロン茶」なのか、「瓶ビール」なのか、という「モノ」の性質によっても、このコンテクストとそこに結びつけられる規範は変わってくる。私たちは、そのつど、どういう行為の形式がふさわしいかを感じとりながら、ある所有や分配の「かたち」を選択しているのである。

立岩は、『私的所有論』のなかで、私的所有の原則を批判的に検討している。彼は、たとえ身体が自己のものであるという前提にたったとしても、かならずしも、その身体が働きかけて生まれた財を個人が排他的に所有することは正当化できないとして、私的所有権を支える「身体の自己所有」→「労働生産物の排他的所有」という論理に必然性がないと論じた〔立岩 1997〕〈11〉。また、コーエンは、「各人は自分自身の人身と能力の道徳的に正当な所有者である」という自己所有権（self-ownership）の概念を内在的に検討することにこだわった。彼は、マルクス主義自体が自己所有権概念に根ざしていることを指摘したうえで、自己所有権を肯定する側も、否定したり限定をくわえようとする側も、ともにその内容について十分な理解にいたっていないことを示して、この自己所有権という命題に説得力がないと論証しようとした〔コーエン 2005（1995）〕。

こうした私的所有権を批判的に検討する議論の多くは、個人の権利や経済活動の最大限の自由を確保しようとする「リバタリアニズム libertarianism」への反論の試みでもある。この自由至上主義（ないし自由尊重主義）と訳される立場は、「私的所有権」が個人の自由の尊重にとって根本的な原則であり、国家などによる富の再分配や私的所有権への介入を最小限にとどめることをもとめている［森村 2001］。

たとえば、リバタリアニズムの代表的な論者であるノージックは、自己所有権のテーゼにもとづいて、ある者を他の者のために犠牲にしたり、誰かが利益を得るために、別の誰かが何らかの損失や不利益をこうむるよう強制することは不正であり、「人格の別個性」を無視することだと主張し、自由至上主義的な最小国家論を展開した［ノージック 1992（1974）］。彼の問題意識は、「勤労収入への課税は強制労働と変わりがない」という言葉に端的にあらわれている。こうしたリバタリアニズムの主張への反論を組み立てるためにも、ロック以来の身体の自己所有＝私的所有権というテーゼをいかに批判できるのかが問われてきたのである。

本書では、それとはまったく違うアプローチで、私的所有という原則に挑戦してきた。そもそも、何らかの単一の「原則」にもとづいて所有という現象を理解したり、構想したりすること自体に大きな限界がある。エチオピアの農村社会の事例からみえてきた所有のかたちには「モノ」・「人」・「場」というコンテクストに応じたふさわしいあり方があり、そのふさわしさは行為者や国家などを含めた複数の枠組みの力学によって成り立っていた。そこでは、その「ふさわしさ」を、ときに自分たちの行為によって、交渉したり、ずらしていくことができる。じっさいには、私たちは所有のあり方について、さまざまなオルタナティブに開かれており、事実、そうした多様な所有のあり方を実践している。この視点は、富の所有や分配をひとつの原則から構想することが、私たちの日常的な実践からかけ離れていることを示すことで、「私的所有」という概念の特権性を相対化する試みでもある。

ひとつの原則を支える枠組みだけが「正当」だと、誰もが思い描いて行為するとき、その原則は、いっそう強力に拘束力を発揮しはじめる。私的所有が、近代社会の基本的な原則だと私たちが想像するとき、その所有のかたちは当然のもので、交渉されるべきものでも、侵害されるべきものでもない、という思いにとらわれるようになる。そして、あらたな所有をめぐる状況が生じたときにも、当然のこととしてその原則を援用することが擁護される。そういう想像自体が、私的所有という所有者の論理の拘束力と権威性を高めていることに、気づかないでいる。〈12〉

エチオピアの人びとからしてみれば、気の遠くなるような富を手にしてきた日本に生きる私たちは、自分のものとして所有している富の正当性を信じて疑わない。みずから汗を流し、働いて手にした富を、自分たちのものとして独占することに、何のうしろめたさも感じることはない。

でも、ほんとうにそれは正当なのだろうか。その「正当性」は、もしかしたら、ひとつの所有者の論理だけを唯一の正しい原則として「想像」してしまっているからではないのか。その「原則」のリアリティは、何らかの「力」によって支えられているだけではないのか。多元的な主張が拮抗する社会の「所有」を目の当たりにしてきたことで、その「正当性」の空疎さが透けてみえはじめた気がする。

注

はじめに――「わたしのもの」のゆらぎ

〈1〉このときの調査は、ハーディンの「コモンズの悲劇」をひとつの問題意識として、黒島における共同放牧場の成立過程をたどったもので、資源利用と土地所有との関係というその後のエチオピアでの調査につながった［松村 2000］。

〈2〉アフリカを調査する日本の人類学者の多くが、同じように「わたしのもの」をめぐる違和感やずれを経験してきた。そうした経験や観察にもとづいた論稿としては、太田［1986, 1996］、杉村［1994］、杉山［1987］、竹内［2001］などがある。

〈3〉二〇〇六年一二月五日に公表された、国連大学世界開発経済研究所（UNU-WIDER）のプレス・リリースより抜粋。http://www.wider.unu.edu/events/past-events/2006-events/en_GB/05-12-2006/（二〇〇七年六月一日閲覧）。この調査結果によると、人口ひとりあたりの純資産は、皮肉なことに、日本が世界第一位の一八万一〇〇〇ドル、そして、エチオピアが下から二番目の一九三ドルだという（最下位はコンゴ民主共和国の一八〇ドル）［Davies et al. 2006］。

序論

第1章　所有と分配の人類学

〈1〉モーガンの進化論的な議論は、たとえば次のような文章に顕著にあらわれている。「土地が所有されたもっとも初期の保有態様は諸部族の共有によるものであったこと、土地の耕作が始められた後は、部族地の一部は氏族員間に分割され、それぞれが自己の分け前を共有したこと、そしてまたこれは、時の経過に従って、個人への割当てによって承継されたが、その割当てはついには単独の個人的所有権に成熟したのであったということを示すのである」［モルガン 1961／下(1877)：378］。

〈2〉 エンゲルスは、個別的な土地所有の発生について、次のように述べている。「分割地は元来、氏族または部族から個々人にゆだねられたものであったが、いまやそれにたいする個々人の占有権が強化されて、これらの分割地は相続財産として彼らのものとなった。彼らがその末期になによりも努力したことは、その分割地にたいする氏族共同体の要求権からの解放であり、この要求権は彼らにとって桎梏となっていた。〔中略〕完全な自由な土地所有とは、土地を十全に無制限に占有する可能性を意味しただけではなく、土地を譲渡する可能性をも意味したのである。土地が氏族所有であるかぎり、この可能性は存在しなかった」［エンゲルス 1965(1891)：220–1］。

〈3〉 リーヴは、マルクスの「所有」に対する立場について、次のように述べている。「マルクスにとって、未来の共産主義社会の優れている点は、一面では、少なくとも生産手段における個人的所有権の欠如という意味での、その無所有性（propertylessness）であろう。〔中略〕一つのテーマは、原始共産主義以後の私有の出現であり、将来その私有がすべての形態の階級社会を終結させるプロレタリア革命によって廃止されるだろうという希望である」［リーヴ 1989(1986)：83］。

〈4〉 ロックは、財産所有と民主主義を不可分なものとしてとらえ、自己の労働に根ざすものとしての私的所有権の権原をあきらかにした［ロック 1968(1690)］。またケネーのような重農主義者は、一八世紀末に次のように私的所有権の正当性を主張した。「土地財産と動産の所有権は法的な所有者に認められるべきである。なぜなら所有権の確保は社会の経済的秩序の本質的な基礎だからである」[Quesnay 1962(1767): 232]。ハンは、このケネーの言葉を引用して、次のように述べている。「産業革命の前夜までに、私的所有関係はかつてないほど洗練された知的正当化の焦点であった。〔上記の引用〕地主階級によって稼がれる地代が生産システムへの投資とその改善につながることを実証する難しさにもかかわらず、私的所有の確保は経済的と同時に道徳的に正当だとされた」[Hann 1998: 13-4]。

〈5〉マリノフスキーは、『未開社会における犯罪と慣習』のなかで、メラネシアにおけるカヌーの所有が「財産についての共産主義的感情」に支えられているとするリヴァーズの議論を批判し、「カヌーの所有と使用は、一団の人々を労働仲間に結合する明確な責任と義務との系列から成立している」と論じている[マリノフスキー 2002(1926): 27-30]。『西太平洋の遠洋航海者』では、そうした「トリ＝ワガ」というカヌー所有者のさまざまな権利と義務、社会的機能について記述するなかで、その西洋の所有概念との違いを強調している[マリノフスキー 2010(1922): 165-70]。西洋の所有権概念では、ある主体がモノを所有している場合、そのモノに対する権利をもっていることが想定されるが、トロブリアンド諸島では「カヌーをもつ」ことが、カヌーの建造や航海の日どりを決定したり、呪術を遂行したりすることにくわえ、経済的にも社会的にも特権的な力をもつことを意味した。

〈6〉ひとつの土地への複数の権利の重なりという人類学者の視点の基礎を与えたのは、ビクトリア朝時代の法律家ヘンリー・メーンであるとされる[Hann 1998: 8]。彼は所有を「権利の束」であるとし、それが「厳密な制限」を否定していると理解した。たとえば、特定のモノを利用する権利は、それを他者に譲り渡す権利と両立しないかもしれないし、よそ者に売る権利とも両立しないかもしれない［Maine 1917（1861）］。

〈7〉ボハナンの文化相対主義的な主張は、次のような文章によくあらわれている。「所有権（ownership）や財産権（property）という概念は、きわめて特殊化されており、特定のけっして普遍的ではない技術や社会、法的な制度に依存している。それでも、土地所有について扱っている多くの著作がイギリスやアメリカの特殊性を前提とし、その観点から一般社会とエキゾチックな社会について理解しようと試みている。いうまでもなく、それはうまくいかない」［Bohannan & Bohannan 1968: 77］。

〈8〉こうした研究の背景として、一九四〇年代から五〇年代にかけてアフリカで調査を行なった多くの人類学者が、「植民地行政府が特定の民族集団の慣習法を保護、あるいは、しばしばヨーロッパ化するための手助けとして調査した」と指摘されている［Shipton 1994: 349］。

〈9〉当時のアフリカの土地研究について、シプトンは次のように述べている。「人類学者がアフリカの土地所有において認識してきたのは、所有権（ownership）自体ではなくて、利用や移転、管理の権利と義務、そしてアクセス、占有、復帰権のあるコントロールの権利と義務である。これらがヨーロッパや北米で慣習的に理解されている財産権（property）や所有権（ownership）とは異なる方法で結合しているということであった」［Shipton 1994: 349］。

〈10〉ムーアは、社会のなかに二種類の「規則」があると指摘して、次のように述べている。「これらの事例すべてには、ふたつの種類の規則がある。立法府や裁判所など公式の機関によってある意図された効果を生み出すために意識的につくられた規則。そして、社会生活のなかから〈自発的に〉進化してきたといえる規則。団体組織における規則は、それらが国家組織の法律であれ、そこに含まれる組織の規則であれ、しばしば意図的にある関係を固定するための試みを含んでいる。しかし、社会生活のなかで起こる、引きつづく競合や協力、交換といったものもまた、それ独自の正規の関係や規則、効果的な制裁を、かならずしも前もった設計などがなくても生み出す。国家が強制する法律がこれらのプロセスに影響を与えることは、しばしば誇張され、逆にその法律がそれらによって影響されることは、しばしば過小評価される。こうした半自律的な社会フィールドには、きわめて永続的なものもあれば、とても短いあいだだけ存在するものもある」[Moore 2000(1978): 80]。

〈11〉ベリーは、別のところで以下のように書いて、法が画一的に適用される見方を批判している。「人びとは相互に作用しあう。さまざまな社会的境界のなかで、あるいは、それを超えて、複合的な方法で。そしてそれらの関係は、書かれたものであれ、そうでないものであれ、ルールの画一的な適用といったものにはあまり影響されない。むしろ、交渉と競合がともに起こる複合的なプロセスを通じて行なわれる。それは、画一化するわけでも、互いに首尾一貫しているわけでもない」[Berry 1997: 1228]。

〈12〉狩猟採集民研究において、じっさいの分配の過程を詳細に分析することから「所有」という問題を考察しているのが、アカを調査対象としている北西の研究である[北西 1997, 2004]。北西は、アカでは食物の所有者が明確に定められたうえで分配が行なわれていると指摘したうえで、肉の第一次分配が規則にしたがった義務的なものであるのに対し、その後の第二次分配は、「その場その場で分配相手を選択して」行なわれ、「社会関係を常に表現していく」ものであるとしている。食物の分配がこうした社会関係を表現する役割を果たすためにも、最初にその所有者を明確にすることがもとめられている。しかし、所有者が分配を社会関係構築のための手段として利用していくと、そこには非対称的な社会関係がつくられてしまう可能性がある［市川 1991］。しかし、そうはなっていない。それは、なぜなのか。北西は、「多重な与え手と受け手の関係」の「何重にもなった分配の網の目」がそれを妨げていると論じている［北西 2004: 84-6］。

〈13〉北村は、狩猟採集民の食物分配をサルからヒトへのコミュニケーションの進化という文脈に位置づけ、食物を目の前にしたときの他者の欲望をみずからのものとして受け入れる「他者との一致」をめざすコミュニケーション能力の獲得が分配の行なわれる根底にあると指摘している［北村 1996］。

〈14〉さらに同書の序論では、グラックマンの「権利の束」概念（「同じ財産のなかに、しばしば分析的に区別される個人的な権利と集団の権利がともに存在している」）が引用されたうえで、次のように述べられている。「これらの〔狩猟採集民〕社会の多くにおいて、獲物の肉は、個人的に所有されるものとして認知されている。しかし同時に、キャンプのさまざまなメンバーがその肉の分け前をもらう社会的に認められた権利をもっていて、それを所有者が否定することはできない。所有権の政治的な妥当性をみるとき、われわれにとって重要な問いは、これらの権利が個人によってもたれているのか、集団によってもたれているのか、ではない。根本的な問いは、狩猟採集社会で望まれたり価値づけられたりしているさまざまな物財に対して、男性や女性、子どもがアクセスするときの平等と不平等の度合いである」［Barnard & Woodburn 1988: 11］。本書の問題意識は、この「社会的に認められた権利」がいかに実効性のあるものとして拘束力をもちえているのかを問うことにある。

〈15〉のちにハイデンが展開した議論のポイントは、アフリカの小農的な行動様式が、現代のアフリカの政治や行政など近代セクターのなかでも持続性をもっていると指摘することにあった

[Hyden 1983]。杉村は、ザイール農村に関する研究において、ハイデンの「情の経済」への理解を示しながら、農民の「共食」原理に支えられた生活様式を、農民経済というトータルな生活の仕組みを内部で支える「ハビトゥス」として描いている［杉村 2004］。ここでも富を分け与えるという行為が、ある社会に根ざした文化的な現象としてとらえられている。

〈16〉「固有の」という〈property〉（仏語 propre、独語 eigen）の原意とその意味のひろがり（「固有なる自己」）をモチーフにした議論は、所有論に関する文献のなかでくり返しとりあげられてきたテーマであり、本書であらためて検討することはしない。たとえば、アタリ［1994(1988)：7-9］、大庭［2004：103-6］、後藤［2001］、鷲田［2000］などを参照。

〈17〉*Cobuild English Dictionary*（第三版）より。

〈18〉たとえば、吉田［1999］によるタンザニアの研究などがある。

〈19〉日本のアフリカ研究において、アフリカの土地所有の形態を「共同体的所有」としてとらえる視点は、とくに経済学の分野でいまだに影響力をもつ赤羽の議論などに代表される［赤羽 1971］。赤羽は、ブラック・アフリカの土地占取の基本的性格として、土地占取の主体がいずれも血縁団体であることを指摘し、そこには社会関係を規定する原理として血縁関係にもとづく共同団体が形成されていると論じている。

〈20〉一九九四年に制定されたエチオピアの新憲法では、土地の所有について、次のような規定がある（四〇条三項）。「地方や都市部の土地の所有権は、すべての自然資源と同様に、まったく国家と国民に属するものである。土地は国家と国権、そしてエチオピア国民に共有の財産であり、売買やその他の交換に付されるべきものではない」［Fasil 1997：230］。

〈21〉エチオピアでひろく話されているアムハラ語では、土地の所有者のことを「*balä märet*＝土地の主人」という言い方をする。この〈*balā*〉という言葉は、「家 *bet*」や「財産 *habt*」といった言葉の前につけることで、「家の主人」あるいは「財産の持ち主」といった意味になる。

〈22〉たとえばリーチは、カチン社会の財産と所有の概念について、カチン語の語彙や具体的な事例をもとに詳細に分析している［リーチ 1995(1970)：156-75］。そのなかで、世帯主、村の長、小首長、首長、「太ももを食う首長」などの土地に対する権利構成が、さまざまに異なっていると論じている。

〈23〉このほかにも「所有」の意味内容には、いくつかの「ルール」が付随することが想定される。たとえばスネアは、日常言語において、「財産 property」と「所有権 ownership」とが意味的に互換可能であるとしたうえで、「AがPを所有（own）する」というとき、以下のようなルールの存在を指摘している［Snare 1972：202-4］。①「AがPを使用する権利をもつ」、②「他者は、Aが同意するのであれば、そして同意する場合にのみ、Pを使用してもよい」、③「Aは、同意によって特定の他者にルール①とルール②のもとで諸権利を永久に譲渡してもよい」、④「処罰のルール：Aの使用を妨害したり、Pをみずから不法に使用したりする者がどうなるのかを規定する」、⑤「損害のルール：BがAの同意なしにPに損害を与えるとき、賠償の支払いをもとめられることを規定する」、⑥「責任のルール：Pがある種の損害を引き起こしたとき、Aは責任を負わされることを規定する」。

〈24〉この観点は、第Ⅱ部第7章の土地利用行動への注目や第Ⅲ部第10章の土地所有の歴史についての分析につながっている。すなわち、土地が豊富に存在していた（資源をめぐる競合が少ない）状況では、土地への「権利」という言葉は、ほとんど意味をなさず、土地を所有することは、じっさいにその場所を「利用／占有している」という行為と同義となる。しかし、土地の希少性が高まるにつれて、さまざまなレベルで土地への「権利」が主張されるようになる。

〈25〉「法」という概念をどのようなものとしてとらえるのか、いかなる社会的秩序も「法」に類するものによって維持されると考えてよいのか、といった問いには、長い論争の歴史がある[Gluckman 1965; Bohannan 1957]。たとえば、ラドクリフ＝ブラウンは、法を「政治的に組織された社会の力を、体系的に適用することを通じて行われる社会的統制」として限定的にとらえたのに対し[ラドクリフ＝ブラウン 2002(1952): 292]、マリノフスキーは、法を「一般的行為の規範の一部」としてすべての社会コントロールの形態を含むととらえた[マリノフスキー 2002(1926): 124-6]。コマロフとロバーツは、こうした論争を「規則中心パラダイム」と「プロセッシュアル・パラダイム」のあいだの対立としてとらえ、他の規範から区別される「法的規則」の存在を重視する前者の立場が、制度や構造よりも社会過程における相互行為のプロセスに注目する研究によって批判されてきた結果、政治と法との現象的な境界線を引くことがほとんど不可能になったと論じている[Comaroff & Roberts 1981: 3-21]。

〈26〉こうした意味では、本書は「法的多元主義 legal pluralism」を掲げた研究と同じような問題意識をもっていながらも、その注目する現象の範囲がかなりひろいといえるだろう。この立場は、所有権などの主張が、さまざまなレベルの違う法（国家の法、共同体の慣習法、宗教の法）によって多元的に支えられていることに焦点をあてるもので、近年もあらたな研究が積み重ねられている[Guillet 1998; Meinzen-Dick et al. 2002; 宮本 2003]。エチオピアのアルシ・オロモの土地争いについて研究したマモ・ヘボの視点も、国家とローカルの法のずれを指摘しており、この立場に近い[Mamo 2006]。ただし、法やそれにもとづく権利は、ある限られた権威の枠組みのなかでのみ有効に作用する。「法」が多元的に存在する状況を描くときには、この法のパラダイムの限界をきちんと認識したうえで記述していく必要がある。もし不用意に「権利」や「規則」といった語を用いれば、それらが一般的な効力をもっているかのような印象を与えかねない。本書では、土地や作物をめぐって複数の相容れない「権利」の主張が行なわれている現実を理解するために、その「主張」に拘束力を付与している「枠組み」に注目することが重要であると論じていく。

第2章　多民族化する農村社会

〈1〉対象地の設定にあたっては、コンバに居住する農民のこれまでの社会生活や生業の領域、歴史的経緯などを考慮した。コンバは一九七四年の社会主義政権の成立とともにひとつの「カバレ *qäbäle*（行政村）」となったが、その後九六／九七年に隣村コチョレと合併してガバネ・アボ・カバレとなった。本書では、おもにかつてのコンバ・カバレの領域を「コンバ村」と記し、周辺の他村についても住民の認識している村名にもとづいている。

〈2〉コンバ村とその周辺地域での調査期間は、以下のとおり。一九九八年八月～九九年一月、二〇〇〇年九～一二月、二〇〇一年七～八月、二〇〇二年一〇月～〇三年一月、二〇〇三年九～一一月、二〇〇六年一二月～〇七年一月。

〈3〉世帯主の民族構成については、複数のオロモのインフォーマントに対する聞き取りによって集計しており、各世帯の民族集団への帰属意識を調査したものではない。

〈4〉この地域の人びとの生活において重要な役割を担う社会組織として葬式講 *addl*（Am.）がある。たとえばアガロでは、地縁にもとづいた四つの葬式講のほかにも、民族集団や宗教の違いによって四つの独立した葬式講が組織されている。ところがコンバ村では、集落ごとの葬式講しかなく、集落に居住する者は基本的にムスリムもキリスト教徒も、同じ葬式講に所属している。集落の大多数がムスリムである場合、キリスト教徒が不都合な立場に立たされるのは容易に想像できる。

〈5〉 エチオピア西部から西南部を中心としたマチャ・オロモのクランについては、石原が詳細な検討をくわえている。石原は、ゴンマ地方のオロモのクランにカファなど他地域起源とされるものが複数含まれていることから、各クランの系譜にもとづいて多様な民族の「オロモ化」の過程をたどれる可能性を指摘している［石原 1996］。

〈6〉 既婚男女ひとりあたりの平均結婚回数は、男女ともに約一・七回であった。これはイル集落の男女七〇人（男性三二人・女性三八人）への聞き取り調査による。男性の場合、複数の妻がいる場合も回数に入れているが、子どもがいても正式な「結婚」と認められていないものは回数に含めていない。

〈7〉 オロモ人の歴史家モハメド・ハサンによると、オロモ・ナショナリズムの運動が一部の都市エリートによってはじめられたのは、一九六〇年代だとされる［Mohammed 1996］。しかし、一九八〇年代であっても、オロモ・ナショナリズムが大衆的な運動にはならず、農村部のオロモがエチオピア最大の民族集団である「オロモ」としてのアイデンティティを意識しはじめたのは、一九九〇年代の民族自治政策のなかでのことだと考えられる。オロモ・アイデンティティの構築過程や再編成については、バクスターらの編集した論集などがある［Baxter et al. 1996］。

〈8〉 一九七〇年代ごろまで、現在のオロモは、一般的に「ガッラ」という名称で呼ばれていた。その由来はよくわかっていないが、北部のアムハラなどキリスト教徒にとって「ガッラ」といえば、「野蛮で、汚れた、未開、怠慢な民族」というイメージをもつ蔑称であった［石原 1996］。ただし、ジンマ地域で一九五〇年代末から調査を行なっていたルイスによれば、「オロモという語は、ジンマではムスリム以外のガッラを示すときに使われている」とし、むしろ彼らにとって「オロモ」という名称のほうが侮蔑的であったと書いている［Lewis 2001(1965): 136］。

第Ⅰ部　富をめぐる攻防

〈1〉　岸上が狩猟採集社会の先行研究を整理して指摘しているように、食物分配には、モノが一方向的に流れる「移譲」や双方向的な「交換」、狩猟者以外の人物によって所有され他の人びとに与えられる「再・分配」が含まれている［岸上 2003: 149-51］。第3章では、農民が他者に富を分け与える行為にその相手との社会関係に応じて複数の種類があることを示したうえで、その多くにおいてほとんど返礼がなされない（期待されていない）ことを指摘する。本書が「分配」として定義しているのは、このような一方向的に富が与えられる行為（岸上の分類でいう「移譲」）のことであり、オロモ語では〈*kennaa*〉（「（お返しをもらわずに一方的に）与える」という動詞の名詞形）として言及される。

〈2〉　二〇〇〇年の収穫期における日当労働への対価は、一日三ブル、あるいはトウモロコシ七本（乾燥実に換算して二・五キログラム）である。

〈3〉　村人は、〈*mortu*〉を悪意にみちた個人による道義に反する行為ととらえ、病気を治癒したり災厄の原因を告げたりする職業的な〈*t'änq*^{w}*ay*〉とは区別している。本書では、エヴァンズ＝プリチャードの定義を参考にして、〈*mortu*〉を「邪術（者）」、〈*t'änq*^{w}*ay*〉を「呪術師」とする［エヴァンズ＝プリチャード 2001(1937)］。なお、意図せずに他人に災厄をもたらし、その力が親から子へと受け継がれるという「妖術」に近いものとしては、「邪視 *budah*」がある。

〈4〉　精霊「ジンニ *jinni* (*jin*)」への信仰は、アラビア半島から北東アフリカにかけてイスラーム圏を中心にひろがっている。エチオピアのこの地方では、ムスリムだけでなく、キリスト教徒にもその存在が信じられている。特定の大木などに宿り、目に見えない道を通る。祈禱をし、供犠をすると喜んで財をもたらし、怒ると奪ってしまう。動物（とくにヤギ）の血を好んで飲む。骨を焼くと、それを肉のように食べる。偶然、ジンニに出くわしてしまうと病気になる。

〈5〉これは、日本のキツネツキなどの憑きものの現象とよく類似している。吉田が指摘するように、貨幣経済の流入と新興の富裕層の出現といった憑きものの発生する社会的条件が、このコーヒー栽培農村にもよくあてはまる。「江戸中期以降の二期的な入植者が勢力をえてきた場合、しばしば貨幣経済の浸透の流れに乗り、商家を兼ね、あるいは金貸し業を行ない、土着農民の反感をかい、こういう富裕農家に対する村びとの嫉妬が憑きもの信仰と結びついて持筋〔憑きものの家系〕を形成したと思われる」［吉田 1972: 81］。

〈6〉「褒め称える」という行為が、妬みの表現として忌避されるということは、フォスターによってさまざまな地域の事例から論じられている［Foster 1972］。

〈7〉村人は、呪術師には、民族的な背景の違いから四種類いると説明する。①ゴッジャメ（アムハラ）、②オロモ、③ムスリム（アラブ）、④クッロ。それぞれ、呪術がしたためられた分厚い本をもっている。一般的には、腐った卵であるとか、人の爪、髪の毛、草、呪文を書いた紙などが呪物として用いられるが、①と③は、おもに紙に呪文を書いて渡すことが多いのに対し（③はアラビア語で）、②と④は薬草の調合が主であるという。

〈8〉これは、テソ社会における災因と社会的範疇との関係についての長島の指摘とも重なっている。長島は、父系親族や母方親族、姻族など、特定の範疇によって災いの原因追及のあり方に違いがあると指摘したうえで、親族や姻族ではない者については、次のように述べている。「重要なことは、危険は「よく知っている人間」から来るということである。「よそ者」はつねに「邪術者」の疑いをかけられるとはいえ、接触の度合いも、嫉妬や恨みを与える機会も少ないわけだから、それほど危険視はされていない」[長島 1987：417]。

〈9〉〈*waliyu*〉という言葉は、アラビア語の「聖者」をあらわす〈*wali*〉という言葉に由来すると考えられる。

〈10〉この「おそれ *sodaachuu*」という言葉には、複数の意味がある。神への「おそれ」には、たんに神からの制裁への恐怖心だけではなく、神をおそれ敬うという気持ちも含まれている。「よそ者」に対する「おそれ」には、異質な者に対する潜在的な恐怖心とともに、何かよくないことを起こされるのではないかという不安な気持ちも含まれている。さらにあたらしくやってきた呪術師に対しては、これらが混じりあった気持ちが喚起されているのかもしれない。この恐れると同時に敬うという態度は、異人論のなかでこれまで指摘されてきた異人への両義的な思い（「恐怖されつつ畏敬される」、「敵視されつつ歓待される」）や、その根底にある浄と不浄、善と悪、正と負とを同時に内包する「聖なるもの」の観念とも重なっている［赤坂 1992］。

〈11〉調査村において現金がまったく分配されていないわけではない。村では、しばしば病気などで貧窮した者が村人に金銭の援助を乞う催し（*ardata/gargaarsa*）が行なわれることがある。このとき呼びかけ人は、村の各世帯に貧窮の理由と期日を書いた紙を配り、その日に紅茶やコロ（大麦などを炒ったもの）などを用意して待つ。訪れた村人は家の入口で記帳して、現金を渡す（二〜五ブル程度が多い）。この催しはコーヒーの収量が多く、村人が現金を手にしている時期に行なわれる傾向にある。コーヒーの実りのよかった二〇〇五年には、村で一〇世帯ほどがこの催しを開き、なかには一五〇〇ブル（約二万円）あまりを集めた者もいたという。現金を「分配される富」として扱うためには、こうした特別の場が設けられる必要があるといえる。

〈12〉モース自身は、『贈与論』のなかで、近代の生活のなかでもモノは市場価値だけでなく、なお感情的価値をもっていることを述べ、すべてが完全に売買による商品交換だけに包摂されているわけではないと指摘している［Mauss 1990 (1925): 65］。

〈13〉人類学の「贈物 gifts」と「商品 commodities」に関する議論には、次のようなものがある。量的で譲渡可能な「商品交換」と質的で譲渡不可能な「贈与交換」との概念的区別を強調したもの［Gregory 1982］、「贈与交換」と「商品循環」という対立的にカテゴリー化されてきた現象を支える原理に共通性（広義のポリティクス）があることを強調するもの［Appadurai 1986］、モノはその文化的な意味づけによって、差異化されて交換が不可能な「単独化 singularization」という状況から、単一の交換領域において等価交換がくり返される「商品化 commoditization」の状況まで幅があり、現実の社会や個々のモノはその両極のどこかに位置づけられるとする議論［Kopytoff 1986］などがある。

〈14〉シュナイダーは、キリスト教の普及がそれまでの共同体的な地縁・血縁の紐帯を解き放ち、普遍的な宗教共同体の枠組みへと転換させたことを指摘している［Schneider 1990］。このシュナイダーの議論にもとづけば、サーリンズの互酬性の図式は、普遍宗教の影響を考慮していないため、神の介在によって社会的紐帯のあり方が地縁・血縁のつながりから拡張された社会には適用できないことになる。

〈15〉岸上は、狩猟採集民の食物分配について、じっさいは食物を相互に与えあうケースが少ないことから「互酬性」や「交換」という概念の限界を指摘している［岸上 2003］。本書が注目する互酬性原理のポイントは、じっさいにモノが行き来することよりも、モノがある者に渡されることで、潜在的にその当事者間に負債関係などの不均衡が生じる点にある。

〈16〉こうした視点は、構造が人びとの行為を規定するというよりも、むしろ個々の行為の累積的な結果として、さらには個々人の交渉の資源として動員されると考えたバルトなどのトランザクショナリズムと視座を共有している部分でもある［Barth 1959］。ただし本書では、バルトの注目する個人の利害にもとづいた自由な選択ではなく、相互行為のなかで喚起される感情的誘因やそれをめぐる交渉の重要性を強調している。

〈17〉ゴッフマンの主張は、次のような言葉に端的にあらわれている。「エゴが他者の前に登場して状況の定義を投企することを認めると、われわれはまた、他者はその役割がどれほど受動的なものであろうと、彼らがエゴに反応をするということによって、そしてまた彼らがエゴに向けて開始する行為――それがどのように展開するものであれ――によって、彼らの側でも同じ状況に実効をもつ定義を投企する、ということを見逃がしてはならない」［ゴッフマン 1974(1959): 11］。

〈18〉太田は、トゥルカナの執拗なベッギング（物乞い）の相互行為を分析し、それらを関与する二者間が一時的であれ「親しい関係」にあることを現実のものとして承認するコンセンサスをつくりだす場面だと述べている。ここでの「ベッギング」という行為や、それへの応答も、二者間の関係を相互に定義・再定義していく「働きかけ」ととらえることができる。ただし、こうしたトゥルカナの演技的ないし交渉的表現ともとれる行為について、それが功利的な計算に根ざしているのではなく、自己の感情に身をゆだねるというやり方で真剣勝負の「交渉」に立ち向かっているとしか考えられない、という北村の指摘は、本書の問題意識に通じる重要な論点である［北村 1991: 152-3］。

〈19〉フォスターは、「妬み」という現象にはふたつの区別される軸、「競合性 competitive の軸」と

「恐れ fear の軸」があることを指摘する。産業化された社会では妬みが社会関係における競争の原動力として転化される一方で、農村社会など前産業化社会では、恐れにもとづいた文化制度や規範をかたちづくっている。フォスターはこの前産業化社会の文化制度や規範の根底に作用している「思い」について、次のように述べている。「かなり一般化してしまえば、人は持っているもののために妬まれるのではないかと恐れ、他者の妬みのもたらす結果から自分自身を守りたいと願う。人は、また他者を妬んでいるのではないかと責められることを恐れ、その疑いを晴らそうと願う。そして最後に、人は自分が妬みやすいと認めることを恐れ、彼自身の妬みを否定する論理的な装置をさがしだし、個人的な責任以外の点から説明しようとする。それが個人的な責任になってしまうと、相手に対して劣った立場に立たされてしまうからだ」[Foster 1972: 166]。

第Ⅱ部　行為としての所有

〈1〉「なわばり」(territoriality) の議論は動物生態学などを中心に発展してきた理論で、基本的には、資源への競合がある場合、その資源が比較的豊富で予測可能な状況において、排他的な「なわばり」をつくることがもっとも適応的な方法であるとされる。なかでも人間社会のなわばり形成に注目したダイソン＝ハドソンらは、「なわばり territoriality」を「あきらかな防御を通した排斥やある種のコミュニケーションといった手段によって、多かれ少なかれ排他的にある個人や集団によって占有された場所である」と定義する [Dyson-Hudson & Smith 1978: 22]。

〈2〉コーヒーの土地は、「コーヒー」という意味の〈*buna*〉といわれたり、「林／森」を示す〈*baddaa* (*cakkaa*, Am.)〉といわれたりする。トウモロコシなどを栽培する土地は、「農地／畑」という意味の〈*maasii*〉あるいは「耕される土地」という意味から〈*lafa qonna*〉と呼ばれる。

〈3〉コーヒー栽培地帯では、コーヒーの森がひろがっているために野生動物も豊富で、周辺の畑における獣害もそれだけ大きい。この獣害が、コーヒー栽培地帯の食糧事情を逼迫させる一因だという指摘もある［Guluma 1986］。

〈4〉アムハラの「リスト・システム *rist system*」という土地所有や相続については、双系相続という原則のもとで形成されるはずの同族集団が、その成員の定義や系譜的な関係がきわめてあいまいなために、同じ祖先をもつという出自の主張も、たびたび政治的な力や抗争の結果に左右されるものであったことが指摘されている［Hoben 1973］。「リスト・システムは、より離れた集団に対抗するために、経済的・政治的・儀礼的な忠誠心を互いにもたせるような連帯的な協力集団のシステムではない。むしろ、互いに距離をとらせるような構造化されたあいまいさのシステムであり、例外的に一時的な同盟が築かれるのは、率直な自己利益にもとづいているだけである」［Hoben 1973: 237］。

〈5〉アムハラ語では、「平らな広い場所」、「木も畑もない場所」という意味の〈*meda*（Am.）〉が用いられる。

〈6〉農牧民カリモジョの例では、家畜の放牧地は牧草の密度に差があり、拡散していて予測可能性も低い。そのため、極度に草が不足しているときに相対的に潤沢な放牧地が占有されることを除けば、ほとんど「なわばり」として守られることはないとされている［Dyson-Hudson & Smith 1978］。

〈7〉キャッシュダンは、ブッシュマンの異なる四集団を「なわばり論」にもとづいて検証し、社会組織へのアクセスと排除が、資源のなわばりを防御する有効な要素になっていると指摘した［Cashdan 1983］。また秋道は、資源管理という観点から、日本における自然資源が歴史的にさまざまな文化的に意味づけされた領域として保護されてきたことを指摘している［秋道 1995］。

〈8〉 本文中で用いる「地主」と「小作」という言葉は、「地主」に対して従属的な立場にある「小作」という社会階層が存在することを意味しているわけではない。というのも、一九七五年以降に土地の再分配などの農地改革が行なわれてきたエチオピアでは、土地を所有する「地主 *abba lafa*」のなかに、労働力をもたない女性世帯主など社会的地位の低い者も含まれており、土地を人から借りて耕す「小作 *gabaree*（*harashi*, Am.）」にも、複数の土地を借り受けて耕作する富裕な者もいる。そこで、ここでは「地主」・「小作」という語を、土地の「所有者（貸し手）」と「耕作者（借り手）」といった意味で用い、ふつう「分益小作制」と訳される〈share cropping〉も農地改革以降の文脈では「分益耕作」としている。

〈9〉 この事例の経緯については、二〇〇一年と二〇〇二年の調査を通して、たびたび聞き取りを行なっていた。おもに、一方の当事者であるヤスィンとアバイネシから情報を得ている。

〈10〉 「責務の一次ルール」とは、社会の成員によって受容され、現に遂行されている社会的ルールであり、そこには三つの制約がある。①不確実性（＝拘束力のあるルールとその内容とを確実に同定できない）、②停滞性（＝ルールを人為的に廃止したりあらたに導入したりできない）、③非効率性（＝ルール違反の有無を権威をもって認定することができず、ルールが効率よく機能しない）。そうした制約を補うものとして、三種類の「二次ルール」が想定されている。①承認のルール（＝ルールを同定するための方法がどのようなものであるのかを示す）、②変更のルール（＝旧ルールの排除や新ルールの導入を有効に行なうための条件、とくにその機能が誰に付与されているのかを示す）、③裁定のルール（＝ルール違反の有無について有効な裁定が下されるための条件、とくにその機能が誰に付与されているのかを示す）［ハート 1976(1961): 101-8; 和田

1994: 50-1]。ハートは、この責務の一次ルールが文書化されたり、裁判の制度が確立されること、すなわち二次ルールが確定的になることによって、「法」が規則的なものとして機能しはじめると論じた。エチオピアの農村社会の事例では、ローカル・レベルにおいて二次ルール自体が不確定なままにある。

〈11〉ジンメルは、この議論をさらに進めて、所有という名の「主観的な運動の変化する様式」が客体の特性に依存することを指摘し、「貨幣」が、その依存が最小である所有客体であることを指摘している［ジンメル 1999(1922): 328］。

第Ⅲ部　歴史が生み出す場の力

〈1〉ゴンマ王国の成立時期については諸説ある。モハメド・ハサンによると、ゴンマ地方に王国としての政治体制が成立したのは、一九世紀初頭、アッバ・マノ（Abba Manno）王（c. 1810-1840）の時代だとされる［Mohammed 1990: 109-10］。グルマは、最初の王アッバ・マノの治世が一七二〇年代から一七五〇年代である可能性も示唆している［Guluma 1983: 143, 1984: 49-55］。トリミンガムは、オロモがギベ地域に侵攻したのが一七〇〇年ごろで、一八世紀後半から一九世紀初頭にかけてギベ五王国が成立したとしている［Trimingham 1952: 199］。ルイスは一九世紀初頭という説をとっている［Lewis 2001(1965): 35-9］。

〈2〉ゴンマ王国では、「王 *moti*」の下にいる「評議員 *qoppo*」の数は固定されていなかったものの、六〇人を超えることはなかった。しかし、一八三〇年代にイスラームの影響力が高まるにつれて、有名なムスリム教師 *sheikh* がその役割を担うようになった［Guluma 1984: 118］。またグルマは、最初に王が選ばれた経緯について、聞き取りを行なったインフォーマントの話を引用している。

「この地域を〔オロモが〕征服して住みついてだいぶたってから、彼らは自分たちが互いに相談したり、問題を解決したりする共通の場所をつくりたいと願うようになった。それで彼らはお互いに話した。「われわれが問題を解決できる共通の場所をつくろうではないか。われわれの結束と尊厳をまもるような人をひとり選ぼう」と。こうしてジンマではアッバ・ファロが、ゴンマではアッバ・マノ〔幼名 Odda Alayo〕が、ゲラではアッバ・ボッソが選ばれた。こうして「王制 *motumma*」がつくられたのだ」[Guluma 1983: 138]。

〈3〉ルイスは、こうしたオロモ社会の特徴を次のように述べている。「一八～一九世紀にエチオピア西部のオロモ社会で強力な政治的リーダーシップが生まれたのは、交易ルートを支配する機会にめぐまれたことや、より組織化された人びとと戦いつづけなければならなかったことにくわえ、オロモ社会のある特徴に支えられてきたようだ。その特徴のひとつは、政治集団のメンバーやリーダーを外から取り入れることに対する出自集団の制限から自由であったことがある。個々の家族はその居住場所や政治的な盟友関係を自由に決定することができた。世襲のリーダーの地位がなかったために、有能で野心のある男たちは身分による規制や禁止に制限されることなく、親族だけでなく、近隣の者たちや友人、扶養者などから仲間を自由に集めることができた。〔中略〕そして、土地は個別に所有することができ、出自集団の男性メンバーと共有する必要もなかったために、リーダーは土地を配下の者たちを支えるために使うことができた」[Lewis 2001(1965): 34-5]。

〈4〉グルマは、アッバ・コロの土地について、次のように指摘している。「アッバ・コロは、耕作地や馬、牛とともに、〔罪人や戦争捕虜などとして捕らえられた者のなかから〕奴隷を与えられた。与えられる土地は、その者の行政区とは限らなかった。むしろ、それらは王国中に分散していた。アッバ・コロは、それらの土地に自分の奴隷を住まわせたり、小作人にその土地を耕させたりしたが、いずれもさまざまな義務を課した。なかにはそれらの土地を子どもに相続させる者もいたが、役職はかならずしも世襲はされなかった」[Guluma 1984: 121]。

〈5〉 第Ⅲ部の歴史的な事柄については、エチオピアの歴史研究の手法を尊重して、情報提供者を記す。別表(次頁)のインフォーマント・リストを参照のこと。情報のソースは、〔A〕と表記して示す。〔以下、A〕は、その段落の最後あるいは次に情報ソースが明示されるまでを示す。

〈6〉「ラス *ras* (Am.)」は「将軍」の意味で王につぐ高位の称号。有能な武将や貴族に与えられた。

〈7〉 グルマによると、この降伏の過程はやや複雑である [Guluma 1984: 151-60]。一八七〇年代以降、ギベ地域はゴッジャムとショワというふたつの勢力に脅かされるようになった。まず一八八一年一月にゴッジャムが、有能な将軍ラス・ダラソ(*ras* Daraso)をギベ地域まで遠征させ、最初にジンマ王国が降伏する。グマは抵抗するが一日で敗戦してしまう。ゲラ、ゴンマ、リンムは抵抗することなく貢納を支払うことに合意する。この地域への拡大をねらっていたショワのメネリクは、それを聞いてすぐにオロモの将軍ラス・ゴバナ(*ras* Gobana)をギベ地域に派遣する。一八八一年の一二月にはラス・ゴバナはギベ地域にたどりつき、すべてのギベ五王国をまわって貢納を要求。ラス・ダラソに対して払うことになっていた貢納は、すべてラス・ゴバナにとってかわられる。そして一八八二年四月には、メネリクとラス・ゴバナはラス・ダラソの軍と戦って勝利し、ギベ地域への支配をさらに強めることになった。

〈8〉「ダジャズマチ *däjazmach* (Am.)」とは、「門の司令官」という意味の高位の称号。貴族や政府高官などに与えられた。

〈9〉 この時代には、まだ「召使 *ashkarii*」や「奴隷 *garb*」といった搾取される階層の者たちが多数

歴史事象に関する主要なインフォーマント

記号	年齢	性別	職業	民族（オロモの場合はクランないし地域名）
A	65	M	農民（アッバ・オリ）	オロモ（Ilu）
B	28	M	農民（ヤスィン）	オロモ（Ilu）
C	25	M	農民（ディノ）	オロモ（Ilu）
D	50代	F	農民・妻（ファトマ）	オロモ（Eno）
E	60	M	農民（アッバ・マチャ）	オロモ（Ilu）
F	60前後	M	農民・イスラーム導師	オロモ（Adami）
G	25前後	F	家事手伝い	オロモ（Garo）
H	50代後半	M	国営農園・守衛	オロモ（?）
I	25前後	M	国営農園・農業専門家	アムハラ（ジンマ出身）
J	50代後半	M	国営農園・職員	カファ
K	50前後	M	国営農園・技術者	オロモ（Garo）
L	30代	F	国営農園・幹部	アムハラ
M	50代	F	農民	アムハラ
N	40代	M	国営農園・医者	オロモ（Alga）
O	105	M	農民（アッバ・ガロ）	オロモ（Babayu）
P	60代	M	農民	オロモ（Wacho）
Q	80代	M	農民	ムスリム・アムハラ

年齢は聞き取りを行なった調査時点。

いたことも記しておかなければならない。この地域において、奴隷の使用はかなり一般的なもので、イタリアの占領統治下で禁じられる一九三〇年代ごろまで存続していた。こうした奴隷は、アムハラの大地主だけでなく、オロモの大地主のもとでも働いていたことが聞き取りからもわかっている。召使の多くが西隣のイルバボール地方から来ていたのに対し、奴隷の多くはジンマの奴隷市場を通して、オモ川北岸地帯から供給されていた［Tekalign 1984］。

〈10〉一九五〇年ごろに、それまで三五ヘクタールから八三ヘクタールまで肥沃度によって大きさに違いがあった「ガシャ *gasha*」という面積単位が、一ガシャ＝四〇ヘクタールに統一される［Mesfin 1970: 2-3］。しかし、一九世紀末から一九三六年までに測量された面積は標準化されていないガシャが単位とされ、不正確であったと指摘されており［Lawrance 1963: 1–3］、本書ではヘクタールに換算せず、ガシャの単位のまま表記する。

〈11〉はやくは一七世紀にゴンダールでイヤス（Iyassu）一世（r. 1682–1706）の治世に、土地測量が行なわれたといわれている。メネリク二世（r. 1889–1913）の治世には、ガシャという面積単位を用いて、征服した南部のオロモ地域でも広範に土地の測量が行なわれた。この時期に使われた測量の道具は、去勢牛の皮（ないしときに植物の繊維）を使った細長い「皮ひも *täfer*（Am.）」であった。その端と端を結んで土地を測量するときは、「ケラダ *kälad*（Am.）」と呼ばれた。のちに、この紐ではかられた土地にもその名前が使われ、〈*kälad märet*〉ないし〈*gasha märet*〉（*märet* はアムハラ語で「土地」という意味）と呼ばれた［Mesfin 1970: 2–3］。

〈12〉帝政エチオピア政府によって一九五六年に策定された第一次五ヶ年開発計画では、大規模な近代農園の開発奨励の方針が次のように明記されており、この時期に政府が未開拓地を積極的に商業農園に転換することをめざしていたことがわかる。「新開地は、慎重な準備の下で、市場に生産供給する大規模な近代的農園の組織によって開発されるべきである。第一段階では、そうした農園は財政的にも技術的にも政府による支援が必要で、長期の融資が認められるべきである。六一年までに、こうしたあらたな農園は四万ヘクタールの耕作可能地を覆うものと期待される。こうしたものは国民経済への多大な利益をもたらすだろう。〔中略〕近代的な農園の開設を促進するために、政府は借地者への特別税や税の免除、長期融資などの支援を行なうべき」［Imperial Ethiopian Government 1956: 70–1］。

〈13〉グルマは、一九二〇年代の世界恐慌や一九三〇年代後半のイタリア占領期の混乱、第二次世界大戦後のコーヒー需要の低迷などによって、エチオピアのコーヒー生産が減退していたものの、はやくは一九四〇年代末からコーヒー市場の回復や輸送条件の改善による労働力不足の解消などによって生産が急速に増大しはじめたことを指摘している[Guluma 1994]。

〈14〉「フェトラリ *fitawrari* (Am.)」とは、地方の行政官などに与えられていた。「前衛の司令官」という意味の称号。ダジャズマチに次ぐ位で、ハイレ＝セラシエ時代は、地方の行政官などに与えられていた。

〈15〉グルマは、一九五〇年代から六〇年代にこの地域にあらわれた新興のコーヒー生産者として、ガブラ＝クリストスについて記している。ガブラ＝クリストスは、一九六〇年代半ばまでにコーヒー・プランテーションを利益のでる農園に発展させ、国家やコーヒー商人から生産者の利益を守るために「ゴンマ・コーヒー生産者組合」を設立した[Guluma 1994: 727]。

〈16〉「アト *ato* (Am.)」は成人男性への尊称。英語のMr.にあたる。

〈17〉「デルグ *därg*」という言葉は、一九七四年に政権を掌握した軍・警察・領域警備軍（Territorial Army）の代表からなる暫定軍事行政評議会（Provisional Military Administration Council）の「評議会 Council」という言葉をあらわすアムハラ語で、後にその議長となるメンギスツ・ハイレ＝マリアムによる軍事独裁政権のことを指している[*Negarit Gazeta*, 15th September 1974]。メンギスツは八七年に新憲法を制定し、エチオピア人民民主共和国の大統領に就任する[*Negarit Gazeta*, 12th September 1987]。当初、デルグは国家改革の明確なプログラムを用意していたわけではなく、〈Ethiopia Tikdem（エチオピア第一）〉というあいまいなスローガンしかなかった。デルグは一二〇人ほどで構成されていたが、ほとんどは行政能力に乏しい下級士官で、かつての地下組織が出版物で提唱していた社会プログラムのいくつかを受け継いだとされる[Kidane 1990: 87]。

〈18〉三月初旬からはじまったこのラジオ放送では、「すべての農地はエチオピア人民の共有財産となる。今後、いかなる者も、企業も、その他すべての組織も、土地を私的に所有することはできない」と告知される。そのほかにも、個人の土地保有に一〇ヘクタールの上限が設定されたこと、賃金労働の禁止によって小作制が廃止されたこと、国営農園と農村組織がつくられること、小作の地主に対する借財や義務が解消されること、地主は現在耕作されている土地に対して平等の権利をもつこと、が伝えられた［Cohen et al. 1975: 35］。

〈19〉「農地国有化布告」の正式な英語名は、Proclamation No. 31/1975, Public Ownership of Rural Lands Proclamation ［*Negarit Gazeta*, 29th April 1975］。

〈20〉一九七四年九月に政権を掌握したPMAC／暫定軍事行政評議会は、大学と高校（一一、一二年生）の新学期からの再開を見送り、国家労働キャンペーン（National Work Campaign）の一環として農村部に学生たちを下放するという決定を下す。七五年一月末に第一陣が派遣されて以降、三月までに六〇〇〇人の学生たちが参加した。政府は、首都アディスアベバがまだ情勢不安定なときに、里帰りしていた学生たちが新学期にあわせて首都にもどり、デモや抗議行動を組織することを恐れていたのにくわえ、土地改革と農民の組織化を進めるなかで、事実上崩壊していた地方の行政・警察機構を学生たちが代替することを期待していたとされる［Ottaway 1975: 43-4］。一部の地域では七五年五月以降、ザマチャのキャンプが閉鎖されはじめ、ザマチャ・キャンペーンは、七六年六月に公式に終了となった［Ottaway 1978: 86］。

〈21〉一九七五年一二月の布告は、Proclamation No. 71, A Proclamation to Provide for the Organization and Consolidation of Peasant Associations ［*Negarit Gazeta*, 14th December 1975］。このあと、一九八二年に農民組合は国家行政機関の末端として強化・統合される（Proclamation No. 223, A Proclamation to Provide for the Consolidation of Peasant Associations）［*Negarit Gazeta*, 24th

May 1982]。

〈22〉エチオピアの国営農園は、その大部分が六万七二五〇ヘクタールの大規模商業農園の国有化によって実現された[Gizachew 1994]。全面積は一九八〇年代で二〇万ヘクタールを超える（全耕作地の二%）。一九八〇年代初頭、国営農場が生産していたのは、小麦（全面積の四〇%）、トウモロコシ（二〇%）、モロコシ（一〇%）、綿花（一五%）。これらの農場の大部分がつくられたとき、一七万六七〇八ヘクタールを占めていた九万六八三人の農民が立ち退きさせられた。また、コーヒーと茶の国営農園については、九三年までに二万三九三七ヘクタールにひろがっており、全生産の一〇%を占めている（コーヒー農園が二万四二九ヘクタール。茶農園が三五〇八ヘクタール）。これらの農園も、農民の立ち退きや自然林の伐採によってひらかれ、六〇〇〇ヘクタールを占める二三三五世帯が立ち退きさせられた。

〈23〉一九七九年一二月、デルグは「労働党創設のための政治委員会Political Commission to Establish a Workers' Party」として知られる委員会をつくり、メンギスツがみずから議長となった。そのメンバーの三分の二は軍部の出身者だったとされる。そして八四年には、「エチオピア労働党Ethiopian Workers' Party」が設立され、一党独裁体制がしかれた[Kidane 1990: 135]。

〈24〉デルグ時代の農業政策を分析したダサレンは、一九八〇年代の集団化や穀物の徴用、（強制）移住、集村化といった一連の政策が、すべて農業の社会主義化をめざしたものであり、結局それらがことごとく失敗に終わって八〇年代の食糧危機を招いたと指摘している[Dessalegn 1992: 45-50]。

〈25〉この農民を組織化する動きは、「アフリカ社会主義」を標榜していた国々の政策とも重なっている。共同労働や集村化を強力に推し進めたタンザニアの「ウジャマー村政策」が、そのよい例であろう［川端 1991］。

〈26〉ＥＰＲＤＦは、一九九一年五月にデルグ政権のメンギスツ大統領を亡命に追いやり、首都アディスアベバを制圧する。七月に開かれた「エチオピア平和民主暫定会議」で「暫定期間憲章」が承認され、議長であるメレス・ゼナウィを首班とする暫定政府が樹立された［*Negarit Gazeta*, 22nd July 1991］。

〈27〉この布告は、デルグ政権時代の採算性の悪い公営企業を改革・再編成するためにだされた（Proclamation No. 25/1992, Public Enterprise Proclamation）［*Negarit Gazeta*, 27th August 1992］。その後、Council of Ministers Regulation No. 151/1993によって、ＣＰＤＥが設立された。ＣＰＤＥは一九九四年現在、ゴンマ・フラトを含め七つのコーヒー農園と二つのトウモロコシ農園を管轄しており、そのうちコーヒー農園の総面積は二万二〇一ヘクタールにのぼる［CPDE 1994: 13］。

〈28〉公営企業の売却・民営化についての議論は、一九九〇年のデルグ政権による混合経済導入にはじまり、その後ＥＰＲＤＦ政権下でも積極的に進められてきた。九三年二月に「構造調整計画のための国家特別調査会National Task Force for the Structural Adjustment Program」によって承認された方針では、すべての農業関連の公営企業のうち、短・中期的に売却するものが一〇〇で、売却・民営化のプロセスが完了するまで長期にわたって国有の立場にとどめるものは、わずか五つにすぎない。この五つのなかには、ＣＰＤＥは含まれていない［Itana 1994: 61］。

〈29〉この布告（Proclamation No. 89/1997, Rural Land Administration Proclamation）では、農民がもつことのできる土地の「保有権holding right」について、「農業目的のために農地を利用できる権利で、賃借や家族の成員への相続ができ、さらにそこでの生産物ないし財産を取得し、売却・相続することができる権利を含む」とされた。さらにデルグ時代に一〇ヘクタールとされていた土地保有面積の上限については規定がない［Yigremew 1999: 216-7］。

結論

第13章　所有を支える力学

〈1〉おそらくロックの次の文章は、所有論のなかでもっとも引用されてきた箇所だろう。「たとえ地とすべての下級の被造物が万人の共有のものであっても、しかも人は誰でも自分自身の一身については所有権をもっている。これには彼以外の何人も、なんらの権利を有しないものである。彼の身体の労働、彼の手の働きは、まさしく彼のものであるといってよい。そこで彼が自然が備えそこにそれを残しておいたその状態から取り出すものはなんでも、彼が自分の労働を混えたのであり、そうして彼自身のものである何物かをそれに附加えたのであって、このようにしてそれは彼の所有となる」［ロック 1968(1690): 32-3］。

〈2〉こうした立場の議論は、次のような文章によくあらわれている。「このようなロックの所有論が近代西洋における所有論の典型をなすものであることはカント、ヘーゲル、マルクスをはじめとする多くの思想家がおなじような発想にもとづく所有論を展開していることからあきらかである。だが、自己所有の観念は自らの身体を把握する多様な様式のひとつにすぎない。たとえば、メラネシアやインドネシアでは母方オジが自己の身体に本源的な権利をもっており、その健康や運命を左右するという考えが知られている。また、事故や儀礼において身体が毀損された場合には、母方オジに一定額の財貨を贈る慣行もひろくおこなわれている」［杉島 1999: 16］。

〈3〉形式主義者の議論のポイントについて、グラノベッターは以下のようにまとめている。「彼ら

〈形式主義者〉は、部族社会であっても経済行為は社会関係からは十分に独立しており、標準的な新古典派の分析が有効であるとした。この立場は、最近になって、あらたな流れを受けいれてきた。〔中略〕それらの多くは、〈新制度派経済学〉といわれるものに含まれる。彼らは、かつての初期社会においても、われわれ自身の社会であっても、埋め込まれていたと解釈されてきた行為と制度について、合理的で、多かれ少なかれ細分化された個人の利益追求の結果として理解したほうがよいと論じている」[Granovetter 1985: 482]。グラノベッター自身は、経済行為の埋め込まれるレベルは実体主義者ほど高くなく、「近代化」によって変化するものでもない一方で、そのレベルは形式主義者の考えるよりもつねに実体的だとして、現代の企業間・企業内の個人的ネットワークのあり方を分析している[Granovetter 1985]。

〈4〉 この「経済が社会に埋め込まれている」という立場には長い歴史がある。たとえば、人類学者に大きな影響を与えたメインの『古代法』では、社会の近代化とともに「身分から契約へ」の進化が起きたことが述べられている。これは、近代化とともに、社会〔関係〕内で固定された「身分」から、合理的な判断にもとづく「契約」によって〔一時的/個別的に〕結ばれる個人へと分化したという議論である[Maine 1917(1861)]。ただし、このメインの場合、人びとが社会関係から埋め込まれていた状態から解放されたことを肯定的にとらえている。

〈5〉 ポランニーは、その著書のなかで、以下のように述べて人間の経済が社会関係から切り離されて存在しているという形式主義的な議論を批判している。「最近の歴史学および人類学的研究におけるきわだった発見によると、人間の経済は、一般に、人間の社会的諸関係の中に沈み込んでいるということである。人間は物質的財貨を所有するという個人的利益を守るために行動するのではない。人間はみずからの社会的地位、社会的権利、社会的資産を守るために行動する。人間は、この目的に役立つ限りでのみ物質的財貨に価値をみとめるのである」［ポランニー 1975（1957）：61］。

〈6〉たとえば、アメリカの人類学者ピオットも、トーゴのカブレ Kabre についての論文のなかで、彼らの交換領域が社会関係に根ざしていることを強調して、次のように述べている。「われわれはモノよりも人に価値をおくとしてくり返し特徴づけられ、モノがつねに〔社会〕関係に転換されてきた社会に関心がある。〔中略〕私は、いかにカブレの交換領域が、〔中略〕ある種の交換関係を特定し、階層を秩序づけているかを記述する。これらの〔社会〕関係はじっさい、それぞれの領域に関連している特定の産物と人との交換を通して生成しているが、カブレにとってもっとも重要なのは、その交換の関係的な含意である」［Piot 1991：409］。

〈7〉マルクスは、商品交換についての議論のなかで、次のような図式を提示している。「交換価値は、まず第一に量的な関係として、すなわち、ある種類の使用価値が他の種類の使用価値と交換される比率として、すなわち、時と所とにしたがって、たえず変化する関係として、現われる。したがって、交換価値は、何か偶然的なるもの、純粋に相対的なるものであって、商品に内在的な、固有の交換価値というようなものは、一つの背理のように思われる」［マルクス 1969（1867）：70］

〈8〉スコットとポプキンの「モラル・エコノミー論争」は、そうした論争の代表的なものだろう。スコットが、農民は市場経済になじまず、安全第一の原則でリスクを避け、コミュニティ内の生存維持の倫理をかたくなに保持している、と主張したのに対して［スコット 1999（1976）］、ポプキンは、ポリティカル・エコノミーの視点から、モラル・エコノミー論の多くが、その規範や文化的特質を所与のものとして想定しており、その規範が何に由来するのか、どのように現実の場面で作用しているのか、いかに分配が実践され、それが可能になっているのか、その動態的なプロセスをあきらかにしてこなかった、と批判して、農民たちが経済的利益を増大させるために合理的に行動していると論じた［Popkin 1979: 16-7］。形式‐実体主義論争とモラル・エコノミー論争については、松田［1995］に詳しくまとめられている。

〈9〉ハーシュマンは、人間のすべての「情念 passion」のなかで「利害関心」のみを強調する立場が、ヨーロッパにおける資本主義精神の高まりとともに歴史的に構築されてきたことを指摘している［ハーシュマン 1985(1977)］。

〈10〉デリダは、法／権利が、起源においても目的においても、それを基礎づける作用においても、維持する作用においても、暴力と手を切ることができないことを指摘し、その権威が当の暴力によって行為遂行的に、事後的に、生起したものであると論じている。この言明は、ある所有のかたちを成り立たせている「権威の枠組み」が人びとに参照されつづけることで行為遂行的に拘束力を強めている、という本書の議論と通じるところがある。「権威の起源、掟を基礎づける作用または掟の基礎になるもの、掟を定立する作用、の最後の拠り所になるのは、定義によって自分自身しかないのであるから、これら自体は基礎をもたない暴力である。〔中略〕それらは、それらが基礎づけをなす瞬間には、合法的でも非合法的でもない」［デリダ 1999(1994): 33］。

〈11〉『私的所有論』における立岩の議論のポイントは、私的所有権概念を再検討することを通して、代理母などの生殖医療や臓器売買などにおける自己決定の問題を考察することであった［立岩 1997］。『自由の平等』では、さらに明確にリバタリアニズムなど社会的な分配に否定的な議論を批判し、自由の原則は私的所有を支持しない、と主張している［立岩 2004］。彼は、誰もが自由を享受する権利の普遍性を認めるのであれば、その自由を行使できない状況にいる人（たとえば身体が不自由な人や十分に収入のない人）に対しては、積極的な分配を行なう義務が生じる、と論じている。

〈12〉グレーバーは、「想像の全体性（imaginary totality）」という言葉を用いて、われわれが「国家」を全体的な存在である唯一の秩序のあり方として想像することから抜け出せなくなっていることを指摘し、人類学者が描いてきた国家なき社会のあり方から、アナーキーな世界を「想像」していく可能性を論じている［グレーバー 2006（2004）］。彼は『価値論』では、この「想像の全体性」のなかの「価値」が、人びとの行為によって創出されていることを強調している［Graeber 2001］。

おわりに

「所有」という問いを考えはじめて、一〇年あまりになる。袋小路に迷い込んだのかもしれないし、この先、出口があるのかもしれない。ここで「はじめに」で述べた問いに立ちもどっておこう。私の感じた「所有」をめぐる違和感は、どこから生じたのだろうか。そして、私はなぜ逸脱してしまったのか。

エチオピアの村でラジオが大家に黙ってもっていかれたとき、私は、エチオピアには「誰のものでも、みんなのものとして扱う」といった、日本とはまるで違う「所有観」があるのではないか、と感じた。当初、私は、その独特な「所有観」を人類学的に理解しようと苦慮していた。しかし、それは想像力の欠如でしかなかった。

つまり、そうしたことが日本でもふつうに起こりうることに思いがいたらなかった。たとえば、もし、そのラジオがいっしょに暮らしている家族のものだったらどうだろうか。とくに断わりもせずに別の場所にもっていったとしても、それほど不思議ではない。ここでは「家族」という社会関係における「ラジオ」の所有が、ほかの社会関係における場合とは異なっている点がポイントになる。エチオピアにおいて私が違和感を抱いたのは、じつは「わたしのもの」がそうではないように扱われたこと自体ではない。むしろ私と大家との間柄において、私が「ふさわしい」とは思えないかたちでラジオが扱われたことだったのだ。

もちろん、こうしたコンテクストのなかの「モノ」の位置づけには、意味があいまいな領域がかならず存在する。人によって、その社会関係やモノの性質などの解釈にずれが生じ、その解釈の正当性をめぐって争いや駆け引きが起きる。大家が私のラジオをもっていったとき、私が強い口調で怒っていれば、彼は私との関係がそれほど親密ではなくラジオなどを互いに自由に使いあえるわけではないと認識しただろう。私が何も言わずラジオをもたせたことで、彼は私との関係について、モノを共有できるくらい親密なものであると考えたに違いない。あるいは、彼としてもあまり確信はもてないままラジオを部屋までもっていったあと、私が返せと主張しなかったことで、それならこのまま職場にもっていってもよかろう、と思ったのかもしれない。少なくとも、私と大家との一連の相互行為によって、結果として、ふたりがそうした親密な行動をとってもよい間柄なのだと互いに認めあうことになったのである。

いま思えば、このあと大家との関係がぎくしゃくしはじめたこともよく理解できる。彼は、ことあるごとに私がお金やモノなどをふるまわないと不平をもらしはじめ、「貧乏外人!」と罵るようになった（私も「貧乏エチオピア人!」と応じていた）。私にとっては、部屋を貸す／借りるという関係は、たんに「経済的他者」としての関係でしかなかった。しかし、彼にしてみれば、同じ屋根の下に暮らす間柄なのに、なぜそんなによそよそしいのだ、分け与えあう関係にならないのだ、と不満を募らせていったのだろう。

大家の部屋を間借りして二ヶ月がたち、部屋をでる日が近づいていた。彼は、「今日は、マーケットの日で買い物にいきたいけど、持ち合わせがないなぁ」と言いながら、私の部屋にやってきた。今月の部屋代を払ってほしいのだな、とすぐに感じたものの、いつもの仕返しをしてやろうと、わざと気づかないふりをした。それでも、彼はいつまでたっても、「家賃を払ってくれ」とは言わなかった。モジモジしながら、「もうすぐ町からの車が来そうだな……」などと部屋の外を眺めている彼に、ついに「今月分だよ」と言ってお金を渡すと、待ってましたとばかりにお金を胸のポケットにつめこんで、駆け出していった。しだいに険悪な関係になっていた（と少なくとも私は感じていた）にもかかわらず、彼は、私との間柄を、最後まで商売上の関係とはみていなかったのかもしれない。

さて、黒島で自分の弁当をひとりで平らげてしまったときは、何が起きたのだろうか。そのとき、私の頭には、ひとつの行為の「かたち」しか思い浮かばなかった。つまり、「自分のモノは自分だけで消費してよい」という所有の形式だけが念頭にあった。「敬老会」という場、あるいは中年の男性がテーブルを囲んでいるという状況が、どういう行為の場であるか、そこでの「食べ物」の位置がどういうものか、というコンテクストへの配慮が欠けていたのだ。

村の男性たちにとって、敬老会のときの食事は、「昼食」ではなく、「宴会」であった。つまり、その場は「それぞれがもちよって、ともに消費すべき」という「分配される富」の形式と結びつけられていた。私にとってはいつも食べている幕の内弁当でしかなかったものが、彼らにしてみれば、酒の「つまみ」だったのだ。

何も、黒島の人びとが、われわれとまったく異なる「所有観」をもっているわけではない。牧場で働いていたとき、昼食として各自に渡される弁当は、ふつうにみんな自分ひとりで食べていたし、敬老会の場に招かれた老人たちも配られた折詰を各自で食べていた。ただ、毎晩、牧場の仕事のあとの「カンパイ」と呼ばれる飲み会では、たしかにそれぞれ「おかず」や酒をもちより、つつきあいながら飲み食いしていた。

黒島の人びとが、すべてのモノや場、関係において「独り占めしない」という「所有観」をもっているわけではない。そこでは、私的所有の原則が、つねに別の原則の作用する枠組みとの相対的な関係におかれている。所有を支える複数の枠組みが並存していることに、それが人の関係や場によってさまざまに異なるあらわれ方をすることに、私は思いいたらなかった。それが、「失敗」の原因だった。いまでは、そう考えることができる。

黒島の調査がひと段落して、石垣島の安宿に泊まっていたときのことだ。私は、その宿で働いている男性とロビーのソファーで話をしていた。彼は、おもむろに冷蔵庫から缶ビールを持ち出すと、ひとりで缶をあけて飲みはじめた。「え？　ひとりで飲んじゃうの？」。目の前で冷えたビールをおいしそうに飲み干していく男性の姿に、戸惑いを覚えたものだ。黒島の人びとと生活をともにするなかで、いつのまにか、私のなかの所有をめぐる「ふさわしさ」の配置がずらされていたのかもしれない。

＊　　＊　　＊

これまで研究生活をつづけることができたのは、多くの出会いに支えられてきたからだ。本書に何らかの「成果」があるとしたら、それはまさに私だけのものではない。

とくに京都大学・総合人間学部に在籍していたころよりご指導いただいてきた福井勝義先生の導きとご配慮がなければ、黒島にも、エチオピアにも行く機会に恵まれることはなかったし、所有という漠然としたテーマを追究していくこともできなかっただろう。自分の研究に邁進していくことが先生の学恩に報いることだと信じて、本書の執筆に取り組んできた。菅原和孝先生、田中雅一先生、山田孝子先生には、学部生のころより、ゼミなどの場でご指導を賜り、多くの助言と励ましを受けてきた。杉島敬志先生には、学位論文の審査委員として鋭いご指摘をいただいたことで、本書の議論の輪郭を明確にすることができた。

そして、エチオピア研究の先輩方である石原美奈子氏、佐藤廉也氏、田川玄氏、藤本武氏、増田研氏、松田凡氏、宮脇幸生氏には、さまざまな場でご助言を賜っただけでなく、エチオピアでのフィールドワークの方法から、研究に対する真摯な姿勢まで、多くを学ばせていただいた。先輩方の輪のなかに未熟ながらくわえてもらい、つねに自分のめざすべき方向を自覚できたことは、とても恵まれた環境にあったと思う。ほかにも、秋道智彌先生、栗本英世先生、重田眞義先生、吉村充則先生をはじめ、多くの先生方のご指導を受けてきた。また、研究会や学会などの場で貴重なコメントをいただいたことが研究の礎になってきた。とくに杉村和彦先生主宰の「アフリカ・モラルエコノミー研究会」や竹内潔先生主宰の「所有と分配に関する学際的共同研究会」で研究発表や議論の機会を得られたことで、よりひろい視野から所有や分配の問題を考えることが可能になった。「経済人類学研究会」のメンバーとは、現在にいたるまで、毎週のように顔を合わせて議論を交わしながら、多くのことを学んできた。エチオピア滞在中は、当時、国際協力事業団の専門家だった黄川田梓氏をはじめ、日本大使館や青年海外協力隊など多くの方々のご好意に支えられた。これまでご助力・ご支援いただいた皆様に対して、この場をかりて深く御礼申し上げたい。

そして、本書の原稿を書きながら、つねに心の支えとなってきたのは、黒島やエチオピアでめぐり会えた人びとの姿であった。とくにエチオピアでは、アッバ・オリ一家と出会わなければ、おそらく調査をつづけることすらできなかっただろう。アッバ・オリは、最初の大家との折り合いが悪くなって途方に暮れていた私に、「明日からでも家に来たらい い」とやさしく声をかけてくれた。その言葉にいままで図々しくも甘えながら、「調査」という名の「生活」をつづけることができた。アッバ・オリに約束したとおり、本書をアッバ・オリたち家族に捧げて、心からの感謝の気持ちを示したい。

最後に、フィールドワーク研究会の仲間として、はじめてともにエチオピアの地におりたった世界思想社の望月幸治氏に本書の編集を担当していただいたことは、これ以上ない幸せだった。

付記

本書の刊行には、平成一九年度・日本学術振興会・科学研究費補助金（研究成果公開促進費）の補助を得た。また、平成一二年度と一三年度の現地調査は、科学研究費補助金（基盤研究A）「民族と国家／地方と中央における動態的関係：北東アフリカ諸社会の再編成の比較研究」、同「国家・開発政策をめぐる環境変化と少数民族の生存戦略：北東アフリカ諸社会の比較研究」（ともに研究代表者：福井勝義）の研究協力者として行なった。

平成一四年度から一六年度までの現地調査と資料整理は、日本学術振興会の特別研究員として行なってきた。平成一八年度の調査は、科学研究費補助金（若手研究B）「ポスト社会主義・エチオピアの土地政策と土地利用実践に関する実証研究」の研究代表者として行なった。

文庫版あとがき

本書は、博士論文を大幅に改変して二〇〇八年に世界思想社から出版した最初の単著の文庫版である。二〇一九年に電子書籍が出たものの、紙の本は長いあいだ在庫がなく、入手困難になっていた。第三七回澁澤賞や第三〇回発展途上国研究奨励賞を受賞し、研究者の道に進む背中を押してもらった、思い入れの深い著作でもある。

この本では、一九九八年から行ってきたエチオピア農村でのフィールドワークをもとに、「わたしのもの」は誰のものか、という問いを考えた。この問いは、いまもずっと私の問題意識の根底にある中心的テーマだ。その後の本でも、「所有」や「分配」という言葉は使っていないものの、くり返し同じ問いを違う角度から考えてきたように思う。『うしろめたさの人類学』(ミシマ社)では、他者とのモノや行為のやりとりから社会や世界の見取り図を描こうとした。「うしろめたさ」は、ひとりでは存在しえない複数的な「わたし」のあらわれでもある。『はみだしの人類学』(NHK出版)では、他者との交わりで起きる共鳴が「わたし」の輪郭を揺さぶり、あらたな「わたし」が生成することを「はみだし」と表現した。『くらしのアナキズム』(ミシマ社)でも、ばらばらな個人が制度やシステムに依存するのではなく、他者との対話的なコミュニケーションのレベルからいかに民主的で非支配的な場をつくりだせるのか、模索した。いずれも「私的所有」の前提となる個別の存在としての「わたし」とは違う視点で、この世界をとらえなおす試みだった。

この「わたしのもの」への問いかけは、ただの研究テーマにとどまらない。大学で人類学を研究し、ものを書いたり、話したりする、私自身の日々の営みに深く関わっている。

冒頭で「単著」と書いた。だが当然、私だけの力で本を書き、読者に届けられるわけではない。エチオピアの村人の支えがなければ、「調査」と称してやってきたことは成り立たないし、世界中の先人の思想や知見の蓄積がなければ、それを考え言葉にすることもできなかった。本にして届けるには、出版社の編集者や校閲者、ブックデザイナー、配送員や本屋さんたちの助力が欠かせない。だからこそ、私の名前だけが本の「著者」として掲げられることには、つねに「うしろめたさ」がある。

学問や表現行為は、つねに無数の「わたしならざるもの」を引き受け、「わたし」の名のもとに語る矛盾をはらんでいる。それは本来的に、「著作権」や「特許」のような創作者の特権を前提とする枠組みにはおさまらない営みだ。そしてこの問いかけは、社会のなかで構築されてきた「わたし」という存在を根本的に考えなおすこととつながっている。

私にとって、その出発点がエチオピアとの邂逅だった。

はじめてエチオピアを訪れたとき、自分が生まれ育った環境との大きな差異を突きつけられた。現代日本の恵まれた家庭に生まれる。ただそれだけで、寝食に困ることなく、学生の身分で海外に出て世界を知ることもできる。それは、私自身の努力や能力とはまったく無関係だ。もちろんエチオピアの暮らしが、日本に比べてあらゆる意味で「欠如」しているわけではない。日本のある種の「欠如」にも、気づかされた。だが、このエチオピアでの経験が、それまで何の疑いももってこなかった、個人としての人格や能力をもつ「わたし」への信頼が砕け散る契機となった。

私たちは生まれたときから、ひとつの名前を与えられ、登録され、身の回りのあらゆる持ち物に記名するよう指示される。自分自身に名札をつけ、テストの答案用紙に自分の名前を書く。それに疑問を抱くことはない。近代の国民国家は、このひとつの固定的な「わたし」を前提に社会を編成してきた。「わたし」の行為の結果には「わたし」が責任を負う。「わたし」の努力の成果は「わたし」だけが享受する。それは、政治や経済、教育や司法など、あらゆる制度の強固な前提となっている。

「私的所有」は、私たちを個人として自立させ、ある種の自由をもたらす画期的な概念でもあった。それまでの身分や出自による存在規定から人びとを解放し、法の下の平等を実現するのに不可欠な前提である。だからこそ、財産所有の主体としての個人主義は、望ましい理念として、近代のあらゆる仕組みの基盤になった。しかし、人類学が対象としてきた多くの社会では、その前提は共有されていない。私たち自身も、現実には、つねに「個人」の枠組みにおさまって生きているわけではない。「私的所有」という原則、その根底にある「個人」は、近代が生み出した擬制にすぎない。だが、それが理念だったことは忘却され、現実がそうなのだと誤解されてしまう。

私的所有にもとづく個人主義はだめで、他者と交わる複数的な「わたし」のあり方こそが正しいと言いたいわけではない。個人としての「わたし」と現実の「わたし」には、つねにずれがある。それがさまざまな問題や葛藤を生む。だから、それらを調停する視点が必要になる。個人としての「わたし」はひとつの理念であり、別の社会の組み立て方もありうると想起するための言葉や手がかりがいるはずなのだ。

考えを文章にまとめる作業は、つねに思考実験である。ひとつの「答え」を提示し、自分の意見や信念を主張したいわけではない。仮にひとつの理路で考えてみたら、どんなことが言えるのか。いろんなルートを探索したうえで、ある切り口で思考してみる。本書で試みたことも、私的所有という問いへのひとつの実験的な探究だった。ここで提示したことは、あくまで暫定的な到達点でしかなく、考えるべきことが膨大に積み残されたままであることも自覚している。

ひさしぶりに全体を読み返すと、恥ずかしい勉強不足や議論の詰めの甘さが目につく。だが大学に入って人類学を学び、フィールドワークの結果を苦心してまとめようとした最初の拙い試みとして、文庫化にあたっては、論旨には手をくわえず、文章表現を整え、誤りを訂正することに専念した。改訂に際して、校閲担当者の丁寧な確認作業にたいへん助けられた。

なにより、人類学者としての原点となった本書が手にとりやすいかたちであらためて出版できることは、とてもありがたい。ずっと期待に応えられずいるにもかかわらず、文庫化をご提案いただいた、筑摩書房の橋本陽介さんには、深くお礼を申し上げたい。

そして文庫化にあたり、いつも研究活動をあたたかく見守ってくださっている、敬愛する鷲田清一先生に「解説」をご執筆いただけたことは、このうえない幸せである。鷲田先生の所有論とどう対話していくのか、向き合うべき大きな課題として、これからじっくり取り組んでいきたい。

本書の主人公であり、私がエチオピアの父と慕ってきたアッバ・オリは、二〇二一年に八六歳でこの世を去った。彼やその家族と出会わなければ、人類学の道には進まなかったかもしれない。まさにいまの「わたし」の欠かせない一部である、アッバ・オリとその家族への返しえない恩義に心からの感謝を最後にあらためて記しておきたい。

解説　「耕し」の思想へ　松村圭一郎の所有論

鷲田清一

事のはじまりは、この未知の著者の『うしろめたさの人類学』を書店で手にしたとき、二〇一七年の秋のことであった。

それよりうんと以前のことになるが、ニーチェが『道徳の系譜』という著作で道徳の商業的起源というような話を展開していて、そこで「咎」や「負い目」、「疚しさ」や「うしろめたさ」を意味するドイツ語のSchuldが、もともとは「借金」や「負債」を意味すると知って、哲学の本を読みはじめたばかりのわたしはたいそう刺激を受けた。そんな記憶があるので、この本のタイトルにまず眼が吸い寄せられた。それに、「うしろめたさ」という観念と人類学というフィールド研究との組み合わせの意外さにも惹かれた。

読みはじめるとそれは、涼しい文体で綴られているにもかかわらず、なかなかに熱い本であった。著者のフィールドはエチオピアだが、エチオピアは国家による社会統制が日本と較べてもひじょうに強いにもかかわらず、たとえば整った戸籍や住民票は存在せず、出生や死亡の届も精密には存在しないらしい。それに個人の名前も複数を併用しているという。最初はとまどったが、その空気を吸っているうち、松村は日本人こそ国家の存在を欠くことのできない前提としているのではないかと、あらためて訝しむようになる。出生から通学、結婚まで、戸籍をはじめ生活の隅々まで国家への「登録」を義務づけられ、国家に「密着」するのがあたりまえという社会のなかにいるうち、「自由に息を吸うことがどんな感覚だったのか」さえ忘れてしまっていたようだと。そういう強固な制度に組み込まれているうち、「自分たちでモノを与えあい、自由に息を吸うためのスキマをつくる力」さえ失くしていた、麻痺させていたというのである。

　エチオピアの国情についてわたしは知識をほとんどもっていない。でも、『うしろめたさの人類学』を読み進めるうち、以前に中井久夫が『分裂病と人類』のなかで、エチオピアの社会にはそもそも戸籍や結婚届がなく、人びともたとえばテーブルに食器類を精密に並べることに価値を見いださない、そのような「非強迫的な社会」の典型だと書いていたことが、これまたわたしの記憶の淵から甦ってきたのだった。そしてエチオピアの人たちが日々の暮らしにおいても「なるべく収支の帳尻をゆるくして、お金が漏れていくようにしている」その訳が深く納得せざるをえないような仕方で説かれていて、とうとう終わりまで一気に読んだのだった。

そして、強く誘われるように次に手にしたのが、本書の原本『所有と分配の人類学――エチオピア農村社会の土地と富をめぐる力学』(二〇〇八年)である。そしてここにも、どうしてもふれておかねばならない個人的な事情がある。

一九九〇年代のことだ。英語の property、フランス語の propriété という概念にあるひっかかりを感じていたわたしは、そこから《所有〔権〕》の概念について調べることになった。property にせよ propriété にせよ、いずれも「所有〔権〕」とともに「特性」「固有性」という意味を有している。だがこの二義は対立するものである。所有物や所有権は他者に譲渡できるが、固有性(わたしのもの、じぶんに固有のもの)は反対に、だれにも譲渡できず、他の何ものとも交換できないものである。なぜこの本質的に対立するものがおなじ一つの語のうちに含まれるのか。西欧近代がその構築を試みた《所有〔権〕》の概念こそ、個人の存在の固有性は何ものかをじぶんのものとして所有する権利によって支えられるという事実を秘匿しているのではないか。そういう問題関心から、わたしは西欧近代の《所有〔権〕》の概念の検討作業にとりかかったのであった。現代の消費社会におけるモノのありようも、それを消費する主体のありようも、人びとの自由を基礎づけるかに見えて、その実、人びとを縛りつけ、その自由を封じ込めているのではないか、そしてその根底に、ひとは所有主体であることによってはじめて自由でありうるという概念の詐術がはたらいているのではないかという問題に、である。そうして《所有〔権〕》の概念の生成過程を批判的にトレースする作業に五年ほど集中的に取り組んだのだが、そのあと図らずも二十年近く断続的に大学行政にかかわることになり、その作業も長く中断せざるをえなくなった。そして数年前、長い空白のあとあらためて作業を再開したときに、松村をはじめとする若い世代の文化人類学者たちの近年の仕事にふれることになった。

それはまったく予想外のものであったが、しかしまた思いがけなく援軍を得たような歓びでもあった。わたしはあいかわらず古くさい仕方で概念の批判的検証にかかずらわっていたのだが、人類学者たちははじめから概念の検証ではなく、むしろそれを遠ざけて《所有》がそれぞれの経済・文化社会のなかで、「法」や「制度」としてではなく、人びとの日々の相互行為としてどのように編まれ、調整され、また組み換えられているかのその具体的なプロセスに関心を向けていた。わたしが一九九〇年代までに「身体コミュニケーション」や「暴力」をめぐる人類学の研究にいうなれば外野から参加させていただいていたその共同研究会の主要メンバーだった人たちのお弟子さんの世代である。わたしは、西欧近代の《所有〔権〕》概念の批判というおなじ課題に取り組むべく山の反対側から登ってくる人たちに出会ったような気持ちになった。とりわけ共感をおぼえたのが、松村圭一郎の仕事であり、つづいて小川さやかによるタンザニアの商人の調査や中空萌による現代インドの生物資源の知的所有権をめぐる調査などのフィールドワークであった。

わたしは月刊誌「群像」で《所有〔権〕》の概念の批判的検証という作業を四年近く、

連載というかたちでさせてもらい、この夏ようやくそれを終えたのだが、アプローチの仕方がかれらとはまったく逆といってもいいのに、わたしはその問題関心をまるで同志のように共有していたようにおもう。というか、最後まで概念の帰趨にこだわったわたしの議論は、ある意味では旧来の「所有論」論の検証に終始しており、いわばその幕引きをひとりで引き受ける気持ちでいたわけで、だからこのあとは従来の所有論への「逆襲」をかれらに託したいとおもっている。

山の反対側から登ってきたこれらの研究者たちは総じて、西欧近代の《所有〔権〕》の発想に批判的な問題意識をもっていた。たとえばこの本で松村が試みているのは、西欧近代の所有論が提示し、やがてグローバルな市場社会のなかに浸透していった《所有〔権〕》に対し、いってみればオルタナティヴな像を浮き彫りにすること、それも《所有》の概念的な精査によってではなく、ある地域社会における人びとの行動のフィールド調査とその分析をとおしておこなうことである。

現代、グローバル化した社会における《人権》思想の礎の一つである《所有〔権〕〔プロパティ〕》の概念は、個人に帰属するものをいわば排他的に保護するものとして個人の《自由》の礎ともなっている。松村はしかし、私的所有としてある近代的な所有〔権〕は《所有》がとりうる唯一の選択肢ではないという。私的＝排他的ではない所有もあれば、法＝権利や制度には還元できない所有もある。「ひとつの社会が何らかの固有の概念に蔽われていて、その概念にもとづく独特な「所有」がみられるという議論は、あまりに雑駁すぎる」という（本書、三六三頁）。「法」によって一元的に統治される社会秩序というのは一つの幻像であって、《所有》についてもまた「権利」の地平、つまりは「法」のパラダイムのなかで論じるのは、どう考えても狭すぎるというのだ。重要なのは「法」という根拠ではなく、多次元での交渉や調整という、人びとの相互行為の「力学」だと。

たとえば土地所有一つとっても、その排他的な度合いはけっして一律のものではなく、「その利用形態と領域保護の経済性」に大きく依存するものであって、そこではその土地がだれのものであるかという帰属よりも、（穀物の収穫のあとこんどは別の種の早蒔きに用いられたり、共同放牧地として利用されたりというふうに）それをだれがどのように利用しているかということで決まってくる。そのだれにしても、場所を借りる人であったり、耕作を委託される人、摘み取る人であったりと、そこでは所有は、（出稼ぎのような外部からやってくる人もふくめた）人びとの、土地資源への複合的アクセスという行為の積み重ねとしてあるわけだ。だから当然、資源配分をめぐる争いも絶えないわけで、その仲裁もまた、行政村の裁定や年長者による調停、裁判所による調整と、異なる水準でなされる。土地はつねに「細かな配慮と抜け目ない思惑が絡みあう場」としてある。土地と作物の所有と分配をめぐり、さまざまなレヴェルで知恵と感情を総動員した交渉の「力学」がはたらいているのだ。

こうした「力学」のなかでそれぞれの局面で何らかのとりなしへと導くのは、「ふさわしい」という感覚だと松村はいう。たとえば、これはじぶんのものだけれども、でも独り占めせずに分け与えるべきだという感覚であり、さらにその場合、分け与えすぎれば自滅するからその落とし所を探るという感覚である。「ふさわしい」とはなんとも地味な言葉だが、わたしは想像以上に鋭利な表現だとおもっている。いくつか理由がある。一つには、これが近代の「所有権」の観念にみられる「正義」の観念との連動を解除するからであり、第二に(これはあくまでわたしの読みであるが)、property(所有権)を propriety(適切さ)へと転位させることで「所有権」の概念を是正することをふくむからであり、最後に、《所有》を(たとえばジョン・ロック的な労働所有論にみられるように)「なぜこれはわたしのものであるか」をいわば過去に遡って論拠を示して正当化するのではなく、「これはどういうかたちで所有・分配するべきか」という未来に向けての課題解決として提示するからである。その三重の意味で「ふさわしさ」はきわめてクリティカルな論点だとおもう。

エチオピアの農村社会を舞台としたこの民族誌は、それを「小さな針の穴」として《所有》の人類史をのぞこうとするものだと松村はいうのだが、それが、もつれた糸や針金の玉を解くような、途方もない注意と根気の要る煩瑣な作業であることは、本書を繙けばすぐに実感できることである。一つ一つの事象や出来事を精査し、その考証過程を図表やグラフにしたり、緻密な地図を添えたりしながら分析を進めるさまは、ただただすさまじいとしか言いようがない。松村の師匠にあたる人のフィールドノートをかつて見せてもらったことがあるが、とにかく記載が細かくて卒倒しそうになった。スケッチや地図作成もうまい。松村もきっとそうにちがいないとおもう。

松村の場合、《所有》を研究の対象とするにあたっても、所有や分配の秩序はミクロな相互行為によって編まれているという観点からのみならず、さらに国家による包摂、市場の論理の介入、さらには〝北〟の国々からの侵蝕といった流動的な要因に規定されるそのプロセスまでふくめて、それを力動的に考察しようとするものだけに、問題の複雑な網状組織を解きほぐすのは気の遠くなるような作業であっただろう。

だがまさにこのような作業が下敷きとしてあるから、のちの『うしろめたさの人類学』（二〇一七年）や『くらしのアナキズム』（二〇二一年）での、いってみれば「耕し」の視点が膨らむことになった。そうわたしはおもう。『くらしのアナキズム』のなかで松村はこう書いている――

ムダを排除した効率性にもとづくシステムはいざというときに脆い。〔……〕危機に対処する鍵は、むしろ絶え間ない地道な日々の営みのなかにあり、その積み重ねこそが「政治」なのだ。〔……〕「政策」がうまく機能するためには、その意思決定の手前で、時間をかけて、政治の現場である暮らしのなかの関係性や場を耕しておくことが欠かせ

ない。（一七五頁以下）

それぞれの地域社会で人びとが長い時間をかけて培ってきた関係や場のその「耕し」こそが、「危機のときに問題をともに察知し、柔軟に対応する素地」となる。それをもってほんとうの「アナキズム」だというのである。そのような次の世代に向けての思いが、本書でも、のちのアナキズムとしての人類学的批評でも、しかと脈打っている。

（わしだ・きよかず　大阪大学名誉教授　哲学）

初出一覧

本書は，京都大学大学院人間・環境学研究科に提出した博士学位論文「土地所有と富の分配をめぐる人類学的研究――エチオピア西南部・コーヒー栽培農村の事例から」（平成17年度）をもとに，大幅な改稿を行なっている。章構成を含め，多くの加筆・修正をしたため，かならずしも既発表の論文と重ならない部分も多い。各部の内容は，おおまかに以下の論文として発表している。

序論　第2章第2節

「第9章　エチオピア高地の流動する民族間関係：コーヒー栽培の拡大をめぐって」，池谷和信・佐藤廉也・武内進一（編）『朝倉世界地理講座　第11巻　アフリカI』朝倉書店，pp. 381-394, 2007.

第I部

「所有と分配の力学――エチオピア農村社会の事例から」『文化人類学』72 (2): 141-164, 2007.（→一部，第1章第2節）

「市場経済とモラル・エコノミー――「売却」と「分配」をめぐる相互行為の動態論」『アフリカ研究』70: 63-76, 2007.（→一部，第13章第2節）

第II部　第7章

「土地の「利用」が「所有」をつくる――エチオピア西南部・農村社会における資源利用と土地所有」『アフリカ研究』68: 1-23, 2006.（→一部，第1章第1節・第3節）

第III部　第10章・第11章

「社会主義政策と農民－土地関係をめぐる歴史過程――エチオピア西南部・コーヒー栽培農村の事例から」『アフリカ研究』61: 1-20, 2002.

Tilahun Gamta

1989 *Oromo-English Dictionary*. Addis Ababa: Addis Ababa University Printing Press.

Trimingham, John Spencer

1952 *Islam in Ethiopia*. Oxford: Oxford University Press.

Woodburn, James C.

1980 Hunter and Gatherers Today and Reconstruction of Their Past. In E. Gellner (ed.), *Soviet and Western Anthropology*. London: Duckworth, pp. 95–117.

1998 Sharing is Not a Form of Exchange: An Analysis of Property-Sharing in Immediate-Return Hunter-Gatherer Societies. In C. M. Hann (ed.), *Property Relations: Renewing the Anthropological Tradition*. Cambridge: Cambridge University Press, pp. 48–63.

Yigremew Adal

1999 The Rural Land Tenure Systems in Ethiopia Since 1975: Some Observations About Their Impact on Agricultural Production and Sustainable Land Use. In Tegegene Gebre Egziabher et al. (eds.), *Aspects of Development Issues in Ethiopia*. Institute of Development Research, Addis Ababa University, pp. 205–225.

官報（*Negarit Gazeta*）

Negarit Gazeta, 15th September 1974.

Negarit Gazeta, 29th April 1975.

Negarit Gazeta, 14th December, 1975.

Negarit Gazeta, 24th May 1982.

Negarit Gazeta, 12th September 1987.

Negarit Gazeta, 22nd July 1991.

Negarit Gazeta, 27th August 1992.

1962(1767) The General Maxims for the Economic Government of an Agricultural Kingdom. In R. L. Meek (ed.), *The Economic of Physiocracy: Essays and Translations*. London: George Allen and Unwin, pp. 231-264.

Robertson, A. F.

1987 *The Dynamics of Productive Relationships: African Share Contracts in Comparative Perspective*. Cambridge: Cambridge University Press.

Roseberry, William

1989 Peasants and the World. In S. Plattner (ed.), *Economic Anthropology*. Stanford: Stanford University Press, pp. 108-126.

Schneider, Jane

1990 Spirits and the Spirit of Capitalism. In Ellen Badone (ed.), *Religious Orthodoxy and Popular Faith in European Society*. Princeton: Princeton University Press, pp. 24-54.

Shipton, Parker

1994 Land and Culture in Tropical Africa: Soils, Symbols, and the Metaphysics of the Mundane. *Annual Review of Anthropology* 23: 347-377.

Shipton, Parker and Mitzi Goheen

1992 Introduction: Understanding African Land-Holding: Power, Wealth, and Meaning. *Africa* 62(3): 307-325.

Snare, Frank

1972 The Concept of Property. *American Philosophical Quarterly* 9(2): 200-206.

Tekalign Wolde Mariam

1984 Slavery and the Slave Trade in the Kingdom of Jimma (Ca. 1800-1935). M. A. Thesis, Addis Ababa University.

1986 Land, Trade and Political Power Among the Oromo of the Gibe Region, A Hypothesis. In *Proceedings of the Third Annual Seminar of the Department of History*. Addis Ababa University, pp. 145-159.

Sea Press, pp. 67-80.
Moore, Sally Falk
1998 Changing African Land Tenure: Reflections on the Incapacities of the State. *The European Journal of Development Research* 10(2): 33-49.
2000(1978) *Law as Process: An Anthropological Approach.* Oxford: James Currey Publishers.
Nary, Alexander
2002 Memory and the Humiliation of Men: The Revolution in Aari. In W. James, D. L. Donham, E. Kurimoto, and A. Triulzi (eds.), *Remapping Ethiopia: Socialism and After.* Oxford: James Curry Publishers, Athens: Ohio University Press, pp. 59-73.
Ottaway, Marina
1975 Land Reform and Peasant Associations: A Preliminary Analysis. In John W. Harbeson and Paul H. Brietzke (eds.), *Rural Africana* 28: 39-54.
1978 Land Reform in Ethiopia 1974-1977. In A. K. Smith & C. E. Welch (eds.), *Peasants in Africa.* New York: Crossroads Press, pp. 79-90.
Pankhurst, Richard
1966 *State and Land in Ethiopian History.* Addis Ababa: The Institute of Ethiopian Studies and The Faculty of Law, Haile Sellassie I University.
Piot, Charles D.
1991 Of Persons and Things: Some Reflections on African Spheres of Exchange. *Man* 26(3): 405-424.
Popkin, Samuel L.
1979 *The Rational Peasant: The Political Economy of Rural Society in Vietnam.* Berkeley: University of California Press.
Pospisil, Leopold
1971 *Anthropology of Law.* New York: Harper & Row.
Quesnay, François

modities in Cultural Perspective. Cambridge: Cambridge University Press, pp. 64–90.

Lawrance, J. C. D.

1963 *Cadastral Survey in Ethiopia*. Addis Ababa: F. A. O.

Lee, Richard B. and Irven DeVore (eds.)

1968 *Man the Hunter*. Chicago: Alding Publishing Company.

Lewis, Herbert S.

2001(1965) *Jimma Abba Jifar, An Oromo Monarchy: Ethiopia, 1830–1932*. Lawrenceville: Red Sea Press.

Maine, Henry Sumner, Sir

1917(1861) *Ancient Law*. London: J. M. Dent & Sons Ltd.

Mamo Hebo Wabe

2006 *Land, Local Custom and State Polices: Land Tenure, Land Disputes, and Disputes Settlement among the Arsii Oromo of Southern Ethiopia*. Kyoto: Shoukadou Book Sellers.

Mauss, Marcel

1990(1925) *The Gift: The Form and Reason for Exchange in Archaic Societies*. London: Routledge. (マルセル・モース 2014『贈与論他二篇』森山工訳，岩波文庫.)

Meinzen-Dick, Ruth and Rajendra Pradhan

2002 *Legal Pluralism and Dynamic Property Rights*. Washington, DC: International Food Policy Research Institute (IFPRI) (Series: CAPRi Working Paper, no. 22).

Mesfin Kinfu

1970 *Land Measurement and Land Classification in Ethiopia*. Addis Ababa: MLRA, Land Classification and Taxation Section.

Mohammed Hassen

1990 *The Oromo of Ethiopia: A History, 1570–1860*. Cambridge: Cambridge University Press.

1996 The Development of Oromo Nationalism. In P. T. W. Baxter, J. Hultin, and A. Triulzi (eds.), *Being and Becoming Oromo: Historical and Anthropological Enquiries*. Lawrenceville: Red

Hultin, Jan

1982 Kinship and Property in Oromo Culture. In S. Rubenson (ed.), *Proceedings of the Seventh International Conference of Ethiopian Studies*. Institute of Ethiopian Studies, Addis Ababa University, pp. 451–457.

Hyden, Goran

1980 *Beyond Ujamaa in Tanzania: Underdevelopment and an Uncaptured Peasantry*. Berkeley: University of California Press.

1983 *No Shortcuts to Progress: African Development Management in Perspective*. London: Heinemann.

Imperial Ethiopian Government

1956 *Five Year Development Plan, 1957–1961*. Addis Ababa.

1962 *Second Five Year Development Plan, 1963–1967 (EC1955–1959)*. Addis Ababa.

Ingold, Tim, David Riches and James Woodburn (eds.)

1988 *Hunters and Gatherers Vol. 2: Property, Power and Ideology*. Oxford: Berg.

Itana Ayana

1994 The State and Performance of Public Enterprise in Ethiopia: The Case of State Farms. Abdulhamid Bedri Kello (ed.), *Privatization and Public Enterprise Reform in Ethiopia*. Addis Ababa: Ethiopian Economic Association, pp. 39–65.

Juul, Kristine and Christian Lund

2002 Negotiation Property in Africa: Introduction. In Kristine Juul & Christian Lund (eds.), *Negotiating Property in Africa*. Portsmouth: Heinemann, pp. 1–43.

Kidane Mengisteab

1990 *Ethiopia: Failure of Land Reform and Agricultural Crisis*. New York: Greenwood Press.

Kopytoff, Igor

1986 The Cultural Biography of Things: Commoditization as Process. In A. Appadurai (ed.), *The Social Life of Things: Com-*

1998 Rethinking Legal Pluralism: Local Law and State Law in the Evolution of Water Property Rights in Northwestern Spain. *Comparative Studies in Society and History* 40(1): 42–70.

Guluma Gemeda

1983 The Process of State Formation in the Gibe Region: The Case of Gomma and Jimma. In *Proceedings of the Annual Seminar of the Department of History*. Addis Ababa University, pp. 129–152.

1984 Gomma and Limu: The Process of State Formation among the Oromo in the Gibe Region, c. 1750–1889. M. A. thesis, Addis Ababa University.

1986 Some Notes on Food Crop and Coffee Cultivation in Jimma and Limmu Awarajas, Kaffa Administrative Region (1959s to 1970s). In *Proceedings of the Third Annual Conference of the Department of History*. Addis Ababa University, pp. 723–736.

1994 Some Aspects of Agrarian Change in the Gibe Region: The Rise and Fall of Modern Coffee Farmers, 1948–76. In H. G. Marcus (ed.), *New Trends in Ethiopian Studies: Proceedings of the 12th International Conference of Ethiopian Studies.* Michigan State University. Lawrenceville: Red Sea Press, Vol. I, pp. 723–736.

1996 Conquest and Resistance in the Gibe Region, 1810–1990. *The Journal of Oromo Studies* 3(1–2): 53–61.

Hann, Chris M.

1998 Introduction: The Embeddedness of property. In C. M. Hann (ed.), *Property Relations: Renewing the Anthropological Tradition.* Cambridge: Cambridge University Press, pp. 1–47.

Hoben, Allan

1973 *Land Tenure among the Amhara of Ethiopia: the Dynamics of Cognatic Descent.* Chicago: The University of Chicago Press.

can Anthropologist 80(1): 21–41.

Fasil Nahum

1997 *Constitution for a Nation of Nations: The Ethiopia Prospect.* Lawrenceville: The Red Sea Press.

FAO (Food and Agriculture Organization of the United Nations)

1969 *Report on the Government of Ethiopia on Land Tenure and Landlord-tenant Relationships.* Rome: FAO.

Foster, George M.

1972 The Anatomy of Envy: A Study in Symbolic Behavior. *Current Anthropology* 13(2): 165–202.

1988 *Tzintzuntzan: Mexican Peasants in a Changing World.* Illinois: Waveland Press.

Gizachew Abegaz

1994 Rural Land Use Issues and Policy: Overview. In Dessalegn Rahmato (ed.), *Land Tenure and Land Policy in Ethiopia After the Derg: Proceedings of the Second Workshop of the Land Tenure Project.* Institute of Development Research, Addis Ababa University, pp. 21–34.

Gluckman, Max

1965 *Politics, Law and Ritual in Tribal Society.* Oxford: Blackwell.

Graeber, David

2001 *Toward an Anthropological Theory of Value: The False Coin of Our Own Dreams.* New York: Palgrave. (デヴィッド・グレーバー 2022『価値論——人類学からの総合的視座の構築』藤倉達郎訳，以文社.)

Granovetter, Mark

1985 Economic Action and Social Structure: The Problem of Embeddedness. *The American Journal of Sociology* 91(3): 481–510.

Gregory, Chris A.

1982 *Gifts and Commodities.* London: Academic Press.

Guillet, David

1975 *Land and Peasants in Imperial Ethiopia: The Social Background to a Revolution.* Assen: Van Gorcum & Comp. B. V.

Comaroff, John L. and Simon Roberts

1981 *Rules and Processes: The Cultural Logic of Dispute in an African Context.* Chicago: The University of Chicago Press.

Davies, James B., Susanna Sandstrom, Anthony Shorrocks and Edward N. Wolff

2006 *The World Distribution of Household Wealth.* UNU-WIDER. http://www.wider.unu.edu/events/past-events/2006-events/en_GB/05-12-2006/（2007年6月1日閲覧）

Demel Teketay

1998 History, Botany and Ecological Requirements of Coffee. *Walia* 20: 28–50.

Dessalegn Rahmato

1992 The Land Question and Reform Policy: Issues for Debate. *Dialogue* 1(1): 43–57, Addis Ababa.

Dessalegn Rahmato (ed.)

1994 *Land Tenure and Land Policy in Ethiopia after the Derg: Proceedings of the Second Workshop of the Land Tenure Project.* Institute of Development Research, Addis Ababa University.

Donham, Donald L.

1986 Old Abyssinia and the New Ethiopian Empire: Themes in Social History. In D. Donham & W. James (eds.), *The Southern Marches of Imperial Ethiopia: Essays in History and Social Anthropology.* Cambridge: Cambridge University Press, pp. 3–48.

Downs, R. E. and Stephen P. Reyna

1988 *Land and Society in Contemporary Africa.* Hanover: University Press of New England.

Dyson-Hudson, Rada and Eric Alden Smith

1978 Human Territoriality: An Ecological Reassessment. *Ameri-*

1989 Introduction: Money and the Morality of Exchange. In J. Parry & M. Bloch (eds.), *Money and the Morality of Exchange.* Cambridge: Cambridge University Press, pp. 1–32.

Bohannan, Paul

1957 *Justice and Judgment among the Tiv.* London: Oxford University Press.

Bohannan, Paul and Laura Bohannan

1968 *Tiv Economy.* London: Longmans.

Cancian, Frank

1989 Economic Behavior in Peasant Communities. In S. Plattner (ed.), *Economic Anthropology.* Stanford: Stanford University Press, pp. 127–170.

Carrier, James G.

1998 Property and Social Relations in Melanesian Anthropology. In C. M. Hann (ed.), *Property Relations: Renewing the Anthropological Tradition.* Cambridge: Cambridge University Press, pp. 85–103.

Cashdan, Elizabeth

1983 Territoriality among Human Foragers: Ecological Models and an Application to Four Bushman Groups. *Current Anthropology* 24(1): 47–66.

CSA (Central Statistical Authority)

1996 *The 1994 Population and Housing Census of Ethiopia: Results for Oromiya Region Volume I: Part VI, Statistical Report on Population Size of Kebeles.* Addis Ababa.

Clapham, Christopher

2002 Controlling Space in Ethiopia. In W. James et al. (eds.), *Remapping Ethiopia: Socialism and After.* Oxford: James Currey, pp. 9–30.

CPDE (Coffee Plantation Development Enterprise)

1994 *Coffee Plantation Development Enterprise.* (leaflet).

Cohen, John M. and Dov Weintraub

2000「所有と固有――propriété という概念をめぐって」大庭健・鷲田清一編『所有のエチカ』ナカニシヤ出版，pp. 4-41.
和田　安弘
1994『法と紛争の社会学――法社会学入門』世界思想社.

欧文

Appadurai, Arjun
1986 Introduction: Commodities and the Politics of Value. In A. Appadurai (ed.), *The Social Life of Things: Commodities in Cultural Perspective*. Cambridge: Cambridge University Press, pp. 3-63.
Barnard, Alan and James Woodburn
1988 Property, Power and Ideology in Hunter-gathering Societies: An Introduction. In T. Ingold, D. Riches and J. Woodburn (eds.), *Hunters and Gatherers Vol. 2: Property, Power, and Ideology*. Oxford: Berg, pp. 4-31.
Barth, Fredrik
1959 *Political Leadership among Swat Pathans*, Oxford: Berg.
Bassett, Thomas J. and Donald E. Crummey (eds.)
1993 *Land in African Agrarian Systems*. Madison: The University of Wisconsin Press.
Baxter, Paul T. W., Jan Hultin and Alessandro Triulzi (eds.)
1996 *Being and Becoming Oromo: Historical and Anthropological Enquiries*. Lawrenceville: The Red Sea Press.
Berry, Sara
1993 *No Condition is Permanent: The Social Dynamics of Agrarian Change in Sub-Saharan Africa*. Madison: The University of Wisconsin Press.
1997 Tomatoes, Land and Hearsay: Property and History in Asante in the Time of Structural Adjustment. *World Development* 25(8): 1225-1241.
Bloch, Maurice and Jonathan Parry

2010(1922)『西太平洋の遠洋航海者』増田義郎訳，講談社学術文庫.
2002(1926)『新版　未開社会における犯罪と慣習』青山道夫訳，新泉社.
マルクス，カール
1969(1867)『資本論（一)』エンゲルス編・向坂逸郎訳，岩波文庫.
宮本　勝（編）
2003『くらしの文化人類学6　〈もめごと〉を処理する』雄山閣.
森村　進
1995『財産権の理論』弘文堂.
2001『自由はどこまで可能か――リバタリアニズム入門』講談社現代新書.
モルガン，ルイス
1958-1961(1877)『古代社会（上・下)』青山道夫訳，岩波書店.
ラドクリフ＝ブラウン，A. R.
2002(1952)『新版　未開社会における構造と機能』青柳まちこ訳，新泉社.
リーヴ，アンドリュー
1989(1986)『所有論』生越利昭・竹下公視訳，晃洋書房.
リーチ，エドモンド・R.
1995(1970)『高地ビルマの政治体系』関本照夫訳，弘文堂.
ロック，ジョン
1968(1690)『市民政府論』鵜飼信成訳，岩波書店.
吉田　禎吾
1972『日本の憑きもの――社会人類学的考察』中公新書.
吉田　昌夫
1996「アフリカ社会主義の矛盾――国家形成過程を中心にして」歴史学研究会編『講座世界史10　第三世界の挑戦――独立後の苦悩』東京大学出版会，pp. 109-138.
1999「東アフリカの農村変容と土地制度変革のアクター――タンザニアを中心に」池野旬編『アフリカ農村像の再検討』アジア経済研究所，pp. 3-58.
鷲田　清一

1987『死と病いの民族誌――ケニア・テソ族の災因論』岩波書店.
ノージック，ロバート
1992(1974)『アナーキー・国家・ユートピア――国家の正当性とその限界』嶋津格訳，木鐸社.
ハーシュマン，アルバート
1985(1977)『情念の政治経済学』佐々木毅・旦祐介訳，法政大学出版局.
橋爪　大三郎
1985『言語ゲームと社会理論――ヴィトゲンシュタイン・ハート・ルーマン』勁草書房.
ハート，H. L. A.
1976(1961)『法の概念』矢崎光圀監訳，みすず書房.
ブラウ，ピーター・M.
1974(1964)『交換と権力――社会過程の弁証法社会学』間場寿一ほか共訳，新曜社.
ブロック，モーリス
1996(1983)『マルクス主義と人類学』山内昶，山内彰訳，法政大学出版局.
ポランニー，カール
1975(1957)『大転換――市場社会の形成と崩壊』吉沢英成ほか訳，東洋経済新報社.
松田　凡
1995「経済――形式－実在論争とモラル－エコノミー論争」米山俊直編『現代人類学を学ぶ人のために』世界思想社，pp. 35–54.
松村　圭一郎
2000「共同放牧をめぐる資源利用と土地所有――沖縄県・黒島の組合牧場の事例から」『エコソフィア』6: 100–119.
2005「社会空間としての「コーヒーの森」――ゴンマ地方における植林地の拡大過程から」福井勝義編著『社会化される生態資源――エチオピア　絶え間なき再生』京都大学学術出版会，pp. 219–255.
マリノフスキー，B.

杉島 敬志
1999「序論 土地・身体・文化の所有」杉島敬志編『土地所有の政治史――人類学的視点』風響社, pp. 11-52.
杉村 和彦
1994「「共食」に生きる理性――ザイール・クム人の世界から」井上忠司・祖田修・福井勝義編『文化の地平線――人類学からの挑戦』世界思想社, pp. 496-511.
2004『アフリカ農民の経済――組織原理の地域比較』世界思想社.
杉山 祐子
1987「「臼を貸してください」――生活用具の所有と使用をめぐるベンバ女性のマイクロ・ポリティクス」『アフリカ研究』30: 49-69.
スコット, ジェームス・C
1999(1976)『モーラル・エコノミー――東南アジアの農民叛乱と生存維持』高橋彰訳, 勁草書房.
竹内 潔
2002「分かちあう世界――アフリカ熱帯森林の狩猟採集民アカの分配」小馬徹編『くらしの文化人類学第5巻 カネと人生』雄山閣, pp. 24-52.
立岩 真也
1997『私的所有論』勁草書房.
2004『自由の平等――簡単で別な姿の世界』岩波書店.
丹野 正
2005「シェアリング, 贈与, 交換――共同体, 親交関係, 社会」『弘前大学大学院地域社会研究科年報』1(別冊): 63-80.
寺嶋 秀明
2004「人はなぜ, 平等にこだわるのか――平等と不平等の人類学的研究」寺嶋秀明編『平等と不平等をめぐる人類学的研究』ナカニシヤ出版, pp. 3-52.
デリダ, ジャック
1999(1994)『法の力』堅田研一訳, 法政大学出版局.
長島 信弘

譲」「交換」「再・分配」」『民族学研究』68(2): 145-164.

北西　功一

1997「狩猟採集民アカにおける食物分配と居住集団」『アフリカ研究』51: 1-28.

2004「狩猟採集社会における食物分配と平等――コンゴ北東部アカ・ピグミーの事例から」寺嶋秀明編『平等と不平等をめぐる人類学的研究』ナカニシヤ出版，pp. 53-91.

北村　光二

1991「「深い関与」を要求する社会――トゥルカナにおける相互作用の「形式」と「力」」田中二郎・掛谷誠編『ヒトの自然誌』平凡社，pp. 137-164.

1996「「平等主義」というノスタルジア――ブッシュマンは平等主義者じゃない」『アフリカ研究』48: 19-34.

串田　秀也

2006『相互行為秩序と会話分析――「話し手」と「共－成員性」をめぐる参加の組織化』世界思想社.

グレーバー，デヴィッド

2006(2004)『アナーキスト人類学のための断章』高祖岩三郎訳，以文社.

コーエン，G. A.

2005(1995)『自己所有権・自由・平等』松井暁・中村宗之訳，青木書店.

ゴッフマン，アーヴィング

1974(1959)『行為と演技――日常生活における自己呈示』石黒毅訳，誠信書房.

後藤　嘉也

2001「所有すること，存在すること――ハイデガーにおける自己に固有なものをめぐって」『思想』923: 29-49.

サーリンズ，マーシャル

1984(1972)『石器時代の経済学』山内昶訳，法政大学出版局.

ジンメル，ゲオルク

1999(1922)『貨幣の哲学』居安正訳，白水社.

1965(1891)『家族・私有財産・国家の起源』戸原四郎訳，岩波書店.
太田　至
1986「トゥルカナ族の互酬性――ベッギング（物乞い）の場面の分析から」伊谷純一郎・田中二郎編著『自然社会の人類学――アフリカに生きる』アカデミア出版会，pp. 181-215.
1996「規則と折衝――トゥルカナにおける家畜の所有権をめぐって」田中二郎・掛谷誠・市川光雄・太田至編著『続　自然社会の人類学――変貌するアフリカ』アカデミア出版会，pp. 175-213.
大塚　和夫
1989『異文化としてのイスラーム――社会人類学的視点から』同文舘.
大庭　健
2004『所有という神話――市場経済の倫理学』岩波書店.
小倉　充夫
1989「社会主義エチオピアにおける農業政策と農村社会の再編成」林晃史編『アフリカ農村社会の再編成』アジア経済研究所，pp. 36-65.
小田　亮
1994『構造人類学のフィールド』世界思想社.
掛谷　誠
1983「妬みの生態人類学――アフリカの事例を中心に」大塚柳太郎編『現代のエスプリ　生態人類学』至文堂，pp. 229-241.
川端　正久
1991「社会主義と革命――タンザニア」小田英郎編『アフリカの21世紀第3巻　アフリカの政治と国際関係』勁草書房，pp. 60-89.
ギアーツ，クリフォード
2001(1963)『インボリューション――内に向かう発展』池本幸生訳，NTT出版.
岸上　伸啓
2003「狩猟採集民社会における食物分配の類型について――「移

参考文献

著者がエチオピア人の場合，呼称どおり，〈本人の名前　父親の名前〉の順に表記している。（　）内の年号は，邦訳書の場合，原著書の初版出版年，欧文文献の場合，初版の出版年を指す。

邦文

赤坂　憲雄

1992『異人論序説』ちくま学芸文庫.

赤羽　裕

1971『低開発経済分析序説』岩波書店.

秋道　智彌

1995『なわばりの文化史——海・山・川の資源と民俗社会』小学館.

アタリ，ジャック

1994(1988)『所有の歴史』山内昶訳，法政大学出版局.

石原　美奈子

1996「オロモのクランの歴史研究の可能性について」『アフリカ研究』49: 27-52.

2001「エチオピアにおける地方分権化と民族政治」『アフリカ研究』59: 85-100.

市川　光雄

1991「平等主義の進化史的考察」田中二郎・掛谷誠編『ヒトの自然誌』平凡社，pp. 11-34.

ヴェーバー，マックス

1972(1922)『社会学の根本概念』清水幾多郎訳，岩波書店.

エヴァンズ＝プリチャード，E. E.

2001(1937)『アザンデ人の世界——妖術・託宣・呪術』向井元子訳，みすず書房.

エンゲルス，F.

ハ行

マ行

ヤ行

ラ行

タ行

ナ行

サ行

事項索引

ア行

カ行

人名・地名索引

ア行

カ行

サ行

タ行

ナ行

江戸の想像力　田中優子

平賀源内と上田秋成という異質な個性を軸に、江戸18世紀の異文化受容の屈折したありようとダイナミックな近世の〈運動〉を描く。（松田修）

日本人の死生観　立川昭二

西行、兼好、芭蕉等代表的古典を読み、「死」の先達から「終(しま)い方」の極意を学ぶ指針の書。日本人の心性の基層とは何かを考える。（島内裕子）

鏡のテオーリア　多田智満子

天然の水鏡、銅鏡、ガラスの鏡――すべてを容れる鏡は古今東西の人間の心にどのような光と迷宮をもたらしたか。テオーリア（観照）はつづく。

魂の形について　多田智満子

鳥、蝶、蜜蜂などに託されてきた魂の形象。夢のようでありながら真実でもあるものに目を凝らし、想念を巡らせた詩人の代表的エッセイ。（金沢百枝）

頼山陽とその時代(上)　中村真一郎

江戸後期の歴史家・詩人頼山陽の生涯は、病による異変とともに始まった――。山陽や彼と交流のあった人々を活写し、漢詩文の魅力を伝える傑作評伝。

頼山陽とその時代(下)　中村真一郎

江戸の学者や山陽の弟子たちを眺めた後、畢生の書『日本外史』をはじめ、山陽の学藝を論じて大著は幕を閉じる。芸術選奨文部大臣賞受賞。（揖斐高）

定家明月記私抄　堀田善衞

美の使徒・藤原定家の厖大な日記『明月記』を読みとき、大乱世の相貌と詩人の実像を生き生きと描く名著。本篇は定家一九歳から四八歳までの記。

定家明月記私抄　続篇　堀田善衞

壮年期から、承久の乱を経て八〇歳の死まで。乱世を生きぬき宮廷文化最後の花を開いた藤原定家の人と時代を浮彫りにする。（井上ひさし）

都市空間のなかの文学　前田愛

鷗外や漱石などの文学作品と上海・東京などの都市空間――この二つのテクストの相関を鮮やかに捉えた近代文学研究の金字塔。（小森陽一）

古事談（上）　源顕兼編　伊東玉美校訂・訳

鎌倉時代前期に成立した説話集の傑作。空海、道長、西行、小野小町など、奈良時代から鎌倉時代にかけての歴史、文学、文化史上の著名人の逸話集成。

古事談（下）　源顕兼編　伊東玉美校訂・訳

代々の知識人が、歴史の副読本として活用してきた名著。各話の妙を、当時の価値観を復元して読み解く。現代語訳、注、評、人名索引を付した決定版。

古事記注釈 第四巻　西郷信綱

高天の原より天孫たる王が降り来り、天照大神は伊勢に鎮まる。王と山の神・海の神との聖婚から神武天皇が誕生し、かくて神代は終りを告げる。

風姿花伝　世阿弥　佐藤正英校注・訳

秘すれば花なり――。神・仏に出会う「花」（感動）をもたらすべく能を論じ、日本文化史上稀有な、奥行きの深い幽玄な思想を展開。世阿弥畢生の書。

不動智神妙録／太阿記／玲瓏集　沢庵宗彭　市川白弦訳・注・解説

日本三大兵法書の『不動智神妙録』とそれに連なる二作品を収録。沢庵から柳生宗矩に授けられ山岡鉄舟へと至る、剣と人間形成の極意。（佐藤錬太郎）

万葉の秀歌　中西進

万葉研究の第一人者が、珠玉の名歌を精選。宮廷の貴族から防人まで、あらゆる地域・階層の万葉人の心に寄り添いながら、味わい深く解説する。

日本神話の世界　中西進

記紀や風土記から出色の逸話をとりあげ、かつて息づいていた世界の捉え方、それを語る言葉を縦横に考察。神話を通して日本人の心の源にわけいる。

解説 徒然草　橋本武

『銀の匙』の授業で知られる伝説の国語教師が、「徒然草」より珠玉の断章を精選して解説。その授業実践が凝縮された大定番の古文入門書。（齋藤孝）

解説 百人一首　橋本武

灘校を東大合格者数一に導いた橋本武メソッドの源流と実践がすべてわかる！　名文を味わいつつ、語彙や歴史も学べる名参考書文庫化の第二弾！

敗戦後論　加藤典洋

なぜ今も「戦後」は終わらないのか。敗戦がもたらした「ねじれ」を、どう克服すべきなのか。戦後問題の核心を問い抜いた基本書。（内田樹＋伊東祐吏）

柄谷行人講演集成 1985-1988
言葉と悲劇　柄谷行人

シェイクスピアからウィトゲンシュタインへ、西田幾多郎からスピノザへ。その横断的な議論は批評の可能性そのものを顕示する。計14本の講演を収録。

柄谷行人講演集成 1995-2015
思想的地震　柄谷行人

根底的破壊の後に立ち上がる強靭な言葉と思想——。この20年間の代表的講演を著者自身が精選した待望の講演集。学芸文庫オリジナル。

増補 **広告都市・東京**　北田暁大

都市そのものを広告化してきた80年代消費社会。その戦略と、90年代のメディアの構造転換は現代を生きる我々に何をもたらしたか、鋭く切り込む。

インテリジェンス　小谷賢

スパイの歴史、各国情報機関の組織や課題から、情報との付き合い方まで——豊富な事例を通して「情報」のすべてがわかるインテリジェンスの教科書。

良い死／唯の生　立岩真也

安楽死・尊厳死を「良い死」とする思考を批判的に検討し、誰でも「生きたいなら生きられる社会」へと変革するには何が必要かを論じる。（大谷いづみ）

20世紀思想を読み解く　塚原史

「自由な個人」から「全体主義的な群衆」へ。人間という存在が劇的に変質した世紀の思想を、無意味・未開・狂気等キーワードごとに解読する。

緑の資本論　中沢新一

『資本論』の核心である価値形態論を一神教的に再構築することで、自壊する資本主義からの脱出の道を考察した、画期的論考。（矢田部和彦）

反＝日本語論　蓮實重彦

仏文学者の著者、フランス語を母国語とする夫人、日仏両語で育つ令息。三人が遭う言語的葛藤から見えてくるものとは？（シャンタル蓮實）

橋爪大三郎の政治・経済学講義　橋爪大三郎

政治は、経済は、どう動くのか。この時代を生きるために、日本と世界の現実を見定める目を養い、考える材料を蓄え、構想する力を培う基礎講座！

学習の生態学　福島真人

現場での試行錯誤を許す「実験的領域」はいかに成立するか。救命病棟、原子力発電所、学校等、組織での学習を解く理論的枠組みを示す。（熊谷晋一郎）

フラジャイル　松岡正剛

なぜ、弱さは強さよりも深いのか？　薄弱・断片・あやうさ・境界・異端……といった感覚に光をあて、「弱さ」のもつ新しい意味を探る。（高橋睦郎）

言葉とは何か　丸山圭三郎

言語学・記号学についての優れた入門書。ソシュール研究の泰斗が、平易な語り口で言葉の謎に迫る。術語・人物解説、図書案内付き。（中尾浩）

戦争体験　安田武

わかりやすい伝承は何を忘却するか。戦後における戦争体験の一般化を忌避し、矛盾に満ちた自らの体験の「語りがたさ」を直視する。（福間良明）

〈ひと〉の現象学　鷲田清一

知覚、理性、道徳等。ひとをめぐる出来事は、哲学の主題と常に伴走する。ヘーゲル的綜合を目指すでなく、問いに向きあいゆるやかにトレースする。

階級とは何か　スティーヴン・エジェル　橋本健二訳

マルクスとウェーバーから、現代における展開まで。階級理論の基礎を、社会移動・経済的不平等・政治にも目配りしつつ総覧する、類書のない入門書。

モダニティと自己アイデンティティ　アンソニー・ギデンズ　秋吉美都／安藤太郎／筒井淳也訳

常に新たな情報に開かれ、継続的変化が前提となる後期近代で、自己はどのような可能性と苦難を抱えるか。独自の理論的枠組を作り上げた近代的自己論。

ありえないことが現実になるとき　ジャン＝ピエール・デュピュイ　桑田光平／本田貴久訳

なぜ最悪の事態を想定せず、大惨事は繰り返すのか。経済か予防かの不毛な対立はいかに退けられるか。認識の根源を問い、抜本的転換を迫る警世の書。

〈ほんもの〉という倫理
チャールズ・テイラー 田中智彦訳
個人主義や道具的理性がもたらす不安に抗するには「〈ほんもの〉という倫理」の回復こそが必要だ。現代を代表する政治哲学者の名講義。（宇野重規）

政治宣伝
ジャン＝マリー・ドムナック 小出峻訳
レーニン、ヒトラーの時代を経て、宣伝は今どのような役割を果たすか。五つの定則を示し、デモクラシーに対するその功罪を見据える。（川口茂雄）

空間の詩学
ガストン・バシュラール 岩村行雄訳
家、宇宙、貝殻など、さまざまな空間が喚起する詩的イメージ。新たなる想像力の現象学を提唱し、人間の夢想に迫るバシュラール詩学の頂点。

リキッド・モダニティを読みとく
ジグムント・バウマン 酒井邦秀訳
変わらぬ確かなものなどもはや何一つない現代世界。社会学の泰斗が身近な出来事や世相から〈液状化〉の具体相に迫る真摯で痛切な論考。文庫オリジナル。

社会学の考え方〔第2版〕
ジグムント・バウマン／ティム・メイ 奥井智之訳
日常世界はどのように構成されているのか。日々変化する現代社会をどう読み解くべきか。読者を〈社会学的思考〉の実践へと導く最高の入門書。新訳。

コミュニティ
ジグムント・バウマン 奥井智之訳
グローバル化し個別化する世界のなかで、コミュニティはいかなる様相を呈しているか。安全をとるか、自由をとるか。代表的社会学者が根源から問う。

近代とホロコースト〔完全版〕
ジグムント・バウマン 森田典正訳
近代文明はホロコーストの必要条件であった——。社会学の視点から、ホロコーストを現代社会の本質に深く根ざしたものとして捉えたバウマンの主著。

フーコー文学講義
ミシェル・フーコー 柵瀬宏平訳
シェイクスピア、サド、アルトー、レリス……。フーコーが文学と取り結んでいた複雑で、批判的で、戦略的な関係とは何か。未発表の記録、本邦初訳。

ウンコな議論
ハリー・G・フランクファート 山形浩生訳／解説
ごまかし、でまかせ、いいのがれ。なぜ世の中、こんなものがみちるのか。道徳哲学の泰斗がその正体とカラクリを解く。爆笑必至の訳者解説を付す。

21世紀を生きるための 社会学の教科書
ケン・プラマー 赤川学監訳
パンデミック、経済格差、気候変動など現代世界が直面する諸課題を視野に収めつつ社会学の新しい知見を解説。社会学の可能性を論じた最良の入門書。

世界リスク社会論
ウルリッヒ・ベック 島村賢一訳
迫りくるリスクは我々から何を奪い、何をもたらすのか。『危険社会』の著者が、近代社会の根本原理をくつがえすリスクの本質と可能性に迫る。

民主主義の革命
エルネスト・ラクラウ／シャンタル・ムフ 西永亮／千葉眞訳
グラムシ、デリダらの思想を摂取し、根源的で複数的なデモクラシーへ向けて、新たなヘゲモニー概念を提示した、ポスト・マルクス主義の代表作。

鏡の背面
コンラート・ローレンツ 谷口茂訳
人間の認識システムはどのように進化してきたのか、そしてその特徴とは。ノーベル賞受賞の動物行動学者が試みた抱括的知識による壮大な総合人間哲学。

ミメーシス(上)
E・アウエルバッハ 篠田一士／川村二郎訳
西洋文学史より具体的なテクストを選び、文体美学を分析・批評しながら、現実描写を追求する。全20章の前半のホメーロスよりラ・サールまで。

ミメーシス(下)
E・アウエルバッハ 篠田一士／川村二郎訳
ヨーロッパ文学における現実描写の流れをすばらしい切れ味の文体分析により追求した画期的文学論。全20章の後半、ラブレーよりV・ウルフまで。

人間の条件
ハンナ・アレント 志水速雄訳
人間の活動的生活を《労働》《仕事》《活動》の三側面から考察し、《労働》優位の近代世界を思想史的に批判したアレントの主著。（阿部齊）

革命について
ハンナ・アレント 志水速雄訳
《自由の創設》をキイ概念としてアメリカとヨーロッパの二つの革命を比較・考察し、その最良の精神を二〇世紀の惨状から救い出す。（川崎修）

暗い時代の人々
ハンナ・アレント 阿部齊訳
自由が著しく損なわれた時代を自らの意思に従い行動し、生きた人々。政治・芸術・哲学への鋭い示唆を含み描かれる普遍的人間論。（村井洋）

メディアの文明史
ハロルド・アダムズ・イニス
久保秀幹訳

粘土板から出版・ラジオまで。メディアの深奥部に潜むバイアス＝傾向性が、社会の特性を生み出す。大柄な文明史観を提示する必読古典。（水越伸）

重力と恩寵
シモーヌ・ヴェイユ
田辺保訳

「重力」に似たものから、どのようにして免れればよいのか……ただ「恩寵」によって。苛烈な自己無化への意志に貫れた、独自の思索の断想集。ティボン編。

工場日記
シモーヌ・ヴェイユ
田辺保訳

人間のありのままの姿を知り、愛し、そこで生きたい——女工となった哲学者が、極限の状況で自己犠牲と献身について考え抜き、克明に綴った、魂の記録。

青色本
L・ウィトゲンシュタイン
大森荘蔵訳

「語の意味とは何か」。端的な問いかけで始まるこのコンパクトな書は、初めて読むウィトゲンシュタインとして最適な一冊。（野矢茂樹）

法の概念〔第3版〕
H・L・A・ハート
長谷部恭男訳

法とは何か。ルールの秩序という観念でこの難問に立ち向かい、法哲学の新たな地平を拓いた名著。批判に応える「後記」を含め、平明な新訳でおくる。

生き方について哲学は何が言えるか
バーナド・ウィリアムズ
森際康友／下川潔訳

倫理学の中心的な諸問題を深い学識と鋭い眼差しで再検討した現代における古典的名著。倫理学はいかに変貌すべきか、新たな方向づけを試みる。

思考の技法
グレアム・ウォーラス
松本剛史訳

知的創造を四段階に分け、危機の時代を打破する真の思考のあり方を究明する。『アイデアのつくり方』の源となった先駆的名著、本邦初訳。（平石耕）

ポパーとウィトゲンシュタインとのあいだで交わされた世上名高い10分間の大激論の謎
デヴィッド・エドモンズ／ジョン・エーディナウ
二木麻里訳

このすれ違いは避けられない運命だった？　二人の思想の歩み、そして大激論の真相に、ウィーン学団の人間模様やヨーロッパの歴史的背景から迫る。

言語・真理・論理
A・J・エイヤー
吉田夏彦訳

無意味な形而上学を追放し、〈分析的命題〉か〈経験的仮説〉のみを哲学的に有意義な命題として扱おう。初期論理実証主義の代表作。（青山拓央）

大衆の反逆
オルテガ・イ・ガセット　神吉敬三 訳
二〇世紀の初頭、《大衆》という現象の出現とその功罪を論じながら、自ら進んで困難に立ち向かう《真の貴族》という概念を対置した警世の書。

啓蒙主義の哲学(上)
エルンスト・カッシーラー　中野好之 訳
理性と科学を「人間の最高の力」とみなし近代を準備した啓蒙主義。「浅薄な過去の思想」との従来評価を覆し、再評価を打ち立てた古典的名著。

啓蒙主義の哲学(下)
エルンスト・カッシーラー　中野好之 訳
啓蒙主義を貫く思想原理とは何か。自然観、人間観から宗教、国家、芸術まで、その統一的結びつきを鋭い批判的洞察で解明する。（鷲見洋一）

近代世界の公共宗教
ホセ・カサノヴァ　津城寛文 訳
一九八〇年代に顕著となった宗教の〈脱私事化〉。五つの事例をもとに近代における宗教の役割と世俗化の意味を再考する。宗教社会学の一大成果。

死にいたる病
S・キルケゴール　桝田啓三郎 訳
死にいたる病とは絶望であり、絶望を深く自覚し神の前に自己をすてる。実存的な思索の深まりをデンマーク語原著から訳出し、詳細な注を付す。

世界制作の方法
ネルソン・グッドマン　菅野盾樹 訳
世界は「ある」のではなく、「制作」されるのだ。芸術・科学・日常経験・知覚など、幅広い分野で徹底した思索を行ったアメリカ現代哲学の重要著作。

新編 現代の君主
アントニオ・グラムシ　上村忠男編訳
労働運動を組織しイタリア共産党を指導したグラムシ。獄中で綴られたそのテキストから、いま読み直されるべき重要な29篇を選りすぐり注解する。

孤島
ジャン・グルニエ　井上究一郎 訳
「島」とは孤独な人間の謂。透徹した精神のもと、話者の綴る思念と経験が啓示を放つ。カミュが本書との出会いを回想した序文を付す。（松浦寿輝）

ウィトゲンシュタインのパラドックス
ソール・A・クリプキ　黒崎宏 訳
規則は行為の仕方を決定できない――このパラドックスの懐疑的解決こそ、『哲学探究』の核心である。異能の哲学者によるウィトゲンシュタイン解釈。

人智学・心智学・霊智学
ルドルフ・シュタイナー
高橋巖 訳
身体・魂・霊に対応する三つの学が、霊視霊聴を通じた存在の成就への道を語りかける。人智学協会の創設へ向け最も注目された時期の率直な声。

ジンメル・コレクション
ゲオルク・ジンメル
北川東子編訳
鈴木直 訳
都会、女性、モード、貨幣をはじめ、取っ手や橋・扉にまで哲学的思索を向けた「エッセーの思想家」の姿を一望する新編・新訳のアンソロジー。

私たちはどう生きるべきか
ピーター・シンガー
山内友三郎監訳
社会の10％の人が倫理的に生きれば、政府が行う社会変革よりもずっと大きな力となる――環境・動物保護の第一人者が、現代に生きる意味を鋭く問う。

自然権と歴史
レオ・シュトラウス
塚崎智／石崎嘉彦訳
自然権の否定こそが現代の深刻なニヒリズムをもたらした。古代ギリシアから近代に至る思想史を大胆に読み直し、自然権論の復権をはかる20世紀の名著。

生活世界の構造
アルフレッド・シュッツ／トーマス・ルックマン
那須壽 監訳
「事象そのものへ」という現象学の理念を社会学研究で実践し、日常を生きる「普通の人びと」の視点から日常生活世界の「自明性」を究明した名著。

死と後世
サミュエル・シェフラー
森村進 訳
われわれの死後も人類が存続するであろうこと、それは想像以上に人の生を支えている。二つのシナリオをもとに倫理の根源に迫った講義。本邦初訳。

哲学ファンタジー
レイモンド・スマリヤン
高橋昌一郎訳
論理学の鬼才が、軽妙な語り口ながら、切れ味抜群の思考法で哲学から倫理学まで広く論じた対話篇。哲学することの魅力を堪能しつつ、思考を鍛える！

ハーバート・スペンサー コレクション
ハーバート・スペンサー
森村進編 訳
自由はどこまで守られるべきか。リバタリアニズムの源流となった思想家の理論の核が凝縮された論考を精選し、平明な訳で送る。文庫オリジナル編訳。

ナショナリズムとは何か
アントニー・D・スミス
庄司信 訳
ナショナリズムは創られたものか、それとも自然なものか。この矛盾に満ちた心性の正体を、世界的権威が徹底的に解説する。最良の入門書、本邦初訳。

日常的実践のポイエティーク
ミシェル・ド・セルトー
山田登世子訳

読書、歩行、声。それらは分類し解析する近代的知が見落とす、無名の者の戦術である。領域を横断し、秩序に抗う技芸を描く。（渡辺優）

反解釈
スーザン・ソンタグ
高橋康也他訳

《解釈》を偏重する在来の批評に対し、《形式》を感受する官能美学の必要性をとき、理性や合理主義に対する感性の復権を唱えたマニフェスト。

ウォールデン
ヘンリー・D・ソロー
酒本雅之訳

たったひとりでの森の生活。そこでの観察と思索の記録は、いま、ラディカルな物質文明批判となり、精神の主権を回復する。名著の新訳決定版。

聖トマス・アクィナス
G・K・チェスタトン
生地竹郎訳

トマス・アクィナスは何を成し遂げたのか。一流の機知とともに描かれる人物像と思想の核心。専門家からも賞賛を得たトマス入門の古典。（山本芳久）

声と現象
ジャック・デリダ
林好雄訳

フッサール『論理学研究』の綿密な読解を通して、「脱構築」「痕跡」「差延」「代補」「エクリチュール」など、デリダ思想の中心的〝操作子〟を生み出す。

歓待について
ジャック・デリダ
アンヌ・デュフールマンテル序論
廣瀬浩司訳

異邦人＝他者を迎え入れることはどこまで可能か？ギリシャ悲劇、クロソウスキーなどを経由し、この喫緊の問いにひそむ歓待の（不）可能性に挑む。

省察
ルネ・デカルト
山田弘明訳

徹底した懐疑の積み重ねから、確実な知識を探り世界を証明づける。哲学入門者が最初に読むべき、近代哲学の源泉たる一冊。詳細な解説付新訳。

哲学原理
ルネ・デカルト
山田弘明／吉田健太郎／久保田進一／岩佐宣明訳・注解

『省察』刊行後、その知のすべてが記された本書は、デカルト形而上学の最終形態といえる。第一部の新訳と解題・詳細な解説を付す決定版。

方法序説
ルネ・デカルト
山田弘明訳

「私は考える、ゆえに私はある」。近代以降すべての哲学は、この言葉で始まった。世界中で最も読まれている哲学書の完訳。平明な徹底解説付。

ちくま学芸文庫

所有《しょゆう》と分配《ぶんぱい》の人類学《じんるいがく》
――エチオピア農村社会《のうそんしゃかい》から私的所有《してきしょゆう》を問《と》う

二〇二三年十一月十日　第一刷発行

著　者　松村圭一郎（まつむら・けいいちろう）
発行者　喜入冬子
発行所　株式会社　筑摩書房
東京都台東区蔵前二―五―三　〒一一一―八七五五
電話番号　〇三―五六八七―二六〇一（代表）
装幀者　安野光雅
印刷所　株式会社精興社
製本所　株式会社積信堂

ISBN978-4-480-51200-0 C0139